Die Versunkene Basis

Geheimakte MARS 06

© 2022 D. W. McGillen

Umschlagsfoto: Mit Lizenz
Paperback: ISBN: 9781503336872
Imprint: Independently published

Hardcover: ISBN: 9798403765732
Imprint: Independently published

ISBN-e-Book: ebenfalls erhältlich:

Das Werk, einschließlich seiner Teile ist urheberrechtlich geschützt. Jede Verwertung ist ohne die Zustimmung des Verlages und des Autors unzulässig. Die Namen der Personen und die Handlung sind frei erfunden.

D.W. McGillen, 02.02.2022

Auch erhältlich:

Geheimakte Mars 01: Suche nach dem Ursprung
Geheimakte Mars 02: Erde in Gefahr
Geheimakte Mars 03: Entscheidung an der Dunkelwolke
Geheimakte Mars 04: Rebellion auf Proxima-Centauri
Geheimakte Mars 05: Flug in die zweite Dimension
Geheimakte Mars 06: Die versunkene Basis

Inhaltsverzeichnis

- Die Versunkene Basis 1
- Die Konferenz 4
- Auf Centros 42
- Atlanta – Die Königin von Tarid. 125
- 5.000 Jahre nach dem Angriff auf Natrid 184
- Der Angriffsplan 297
- Endspiel 472

Die Konferenz

Die Termar 1 war im Landeanflug auf Natrid. Rot schimmerte der Mars-Boden unter ihnen. Der große Panorama-Bildschirm gab jede Einzelheit exakt wieder. Der tiefe Canyon des Grabens Valles-Marines war bereits deutlich sichtbar. Die Kolonie breitete sich immer weiter aus. Bereits 2/5 der gesamten Fläche waren bebaut und mit Panzer-Glas-Kuppeln gesichert. Dieser Bereich konnte bereits als eine große Stadt bezeichnet werden. Ein geschäftiges Treiben war festzustellen. Die typische Verkehrsdichte, wie auf der alten Erde an einem normalen Arbeitstag, war deutlich sichtbar. Unzählige Spezialkräne und Förderbänder wiesen auf weitere Ergänzungs-Bauten hin. Ganze Kolonnen von Arbeits-Robotern waren mit ihren menschlichen Kollegen außerhalb der Sicherheitszone im Einsatz. Anti-Grav-Gleiter transportierten Materialien und vorgefertigte Teile zu den verschiedenen Baustellen. Speziell für den luftleeren Raum gefertigte Raupen, Bulldozer und Bagger leisteten die Vorarbeit. Sie gruben Löcher für die schweren Fundamente und Stützen, planierten und ebneten die Fläche. Natradische Spezial-Roboter unterstützten die Arbeiten. Alles lief harmonisch Hand in Hand ab.

Major Travis, Sirin, Commander Brenzby, Heinze und Barenseigs sahen dem Treiben zu.

»Die Kolonie ist schon wieder größer geworden?«, bemerkte Sirin erstaunt aus.

Der Besucher aus dem Sombrero-Nebel nickte begeistert. »Es ist schon beeindruckend, was sie hier alles wieder aufgebaut haben«, bemerkte Barenseigs.

»In unseren alten Dateien wird Natrid als eine verstrahlte und verseuchte Welt geführt. Ein öder und trockener Planet, ohne eine Atmosphäre für Lebewesen nicht bewohnbar. Deswegen spielt er als Geburtsort unserer Rasse keine Rolle mehr.«

Sirin schaute ihn entsetzt an.
»Wofür haben wir denn den langen Krieg geführt?«, schrie sie ihn an.» Wir hätten rechtzeitig alle Schiffe nehmen können und wären vor der großen Katastrophe ausgewandert. Unsere Heimat wäre den Rigo Dinosauriern geschenkt worden. So etwas nennt sich Kapitulation. Haben sie kein Ehrgefühl? Unser Planet war der Mittelpunkt des bekannten Universums und das Beste, was es lange Zeit im Sonnensystem gab. Ich sehe schon, dass die evakuierten Natrader sich in ihrer Denkweise sehr verändert haben. Ich finde keine Identität mehr in ihren Aussagen, auf unser Volk bezogen.«

Barenseigs verzog sein Gesicht.

»Ihr impulsives Verhalten zeigt mir, dass sie nichts dazu gelernt haben«, antwortete er. »Nach unserer Sichtweise ging der Krieg verloren. Die Rigo-Sauroiden haben uns förmlich in das Hinterteil gebissen. Wir sind unserer Heimat beraubt worden und haben viele Millionen Verluste an Lebewesen hinnehmen müssen. Welche Gefühle wiegen wohl stärker? Emotionen, die sich auf die Rache besinnen, oder Gefühle, die den Schmerz über die Verluste verarbeiten? Wir als Nachkommen der evakuierten Natrader nennen uns heute Gildoren. «

Barenseigs blickte Sirin an.
»Auch wir mussten uns den neuen Weg in unsere Zukunft genau überlegen«. Fuhr er fort. »Dies geschah durch unsere Vorfahren in freier Abstimmung und ohne jegliche Art von Beeinflussung. Wir haben uns ein neues Sternen-System aufgebaut, abgeschottet und gesichert, vor der so schrecklichen Außenwelt. Den Schlüssel hierzu besitzen nur wir Gildoren. Ein Kaiserreich nach dem früheren natradischen Vorbild, auch mit der damaligen immensen Expansion eines Kaisers, wollten wir nicht mehr aufbauen. Heute existiert in unserem Reich die Geburtenkontrolle. Alles läuft harmonisch und kontrolliert ab. Wir leben, um uns weiterzuentwickeln. Das meine liebe Freundin, ist ein sehr angenehmes und gutes Leben. Sicherlich kontrollieren wir aber auch über unsere Hemisphäre hinaus. Es wachsen immer wieder

neue Rassen und Völker heran. Nicht alle entwickeln sich freundlich und zurückhaltend. Falls in der Nähe zu unserem Sternenreich Kriege und Eskalationen verfeindeter Parteien entstehen, dann ist es selbstverständlich möglich, dass wir in Notfällen beruhigend eingreifen.«

»Eine andere Aufgabe hatte die kaiserliche Deeskalierens-Flotte auch nie«, fuhr Sirin ihm ins Wort.

»Doch«, entgegnete Barenseigs. »Das alte kaiserliche Imperium war zu Hochzeiten kontinuierlich expandiert und nahm keine Rücksicht mehr auf die Wünsche und Bedürfnisse anderer Rassen. Profit war das einzige Ziel der kaiserlichen Kaste. Entsprechend dieser unsensiblen Vorgehensweise musste irgendwann ein Krieg ausbrechen. Die Rigos waren leider zu früh da. Sie haben die Arbeit geleistet, die später vermutlich die unterdrückten Völker des Imperiums als Aufstand vollbracht hätten. Das wurde von unseren Analytikern in jahrzehntelanger Kleinarbeit sauber rekonstruiert. Die kaiserliche Kaste hatte damals gedacht, die einzige hochstehende Lebensform im Universum zu sein. Dieser Hochmut hat auch dazu beigetragen das Imperium zu Fall zu bringen. Heute wissen wir, dass es noch viel mehr technisch hochstehende Rassen im Universum gibt, die uns genauso viele Probleme bereiten könnten, wie seinerzeit die Rigo-Sauroiden. Es gibt Sternenreiche im Universum, die den technischen Stand der damaligen natradischen Entwicklungsstufe zur Hochzeit bereits weit überschritten haben. Wir können froh sein, dass diese sehr fortschrittlichen Imperien keinen Expansionsdrang mehr hegen. Anders als die Worgass fördern sie ihr Reich und entwickeln sich weiter. In unserer Kultur ist der Krieg nicht mehr gefragt. Wir fördern die weitere Entwicklung unserer Sicherheit und den Schutz des Reiches nach außen.«

Barenseigs machte eine kleine Pause.

»Es ist gut, dass ihre Rasse nicht mehr den Namen Natrid verwendet «, antwortete Sirin. »Der alte Stolz des kaiserlichen Imperiums und die damaligen Errungenschaften unserer Heimat sind in ihrer heutigen Zivilisation verloren gegangen. Selbst als reiner Nachkomme sind sie noch eine Schande für unser Volk. Ich fühle mich als echte Nataderin in keiner Weise mehr mit ihrer Rasse verbunden. «

Barenseigs schaute sie enttäuscht an.
»Ich habe schon länger bemerkt, dass sie immer noch die alte hochnäsige Impertinenz der kaiserlichen Kaste in sich tragen«, antwortete er. »Die heutigen Nachkommen der ehemaligen Auswanderer von Natrid kennen ihren

Heimatplaneten nur noch aus Bildarchiven. Das Ereignis, das vor über 100.000 Jahren hier stattgefunden hat, findet bei unserer jungen Generation keine Beachtung mehr. Wir Gildoren haben uns rechtzeitig eine neue Heimat geschaffen und wir dürfen hierauf auch stolz sein. Unser neues Heimat-System kann dreimal mehr, als das kaiserliche Imperium jemals hätte leisten können. «

Sirin lächelte ihn an.
»Das ist verständlich«, antwortete sie. »Sie konnten auf den Entwicklungen und der Technik des damaligen kaiserlichen Imperiums aufbauen und diese weiterentwickeln. Von daher ist es mir aber nicht verständlich, dass ihr Raumschiff von der Stadt-KI der Ablonder so leicht abgeschlossen werden konnte? «

Major Travis hatte zunächst genug gehört.
»Ich merke schon, unsere beiden natradischen Freunde haben noch viele Informationen auszutauschen«, lächelte er. »Das verschieben wir jedoch auf später. «

Marc blickte seinen Steuermann an.
»Sergeant Hausmann, leiten sie den Landeanflug ein«, befahl er.

Er blickte zu der Leitstelle der Funkoffiziere.

»Sergeant Farmer«, sagte er. »Senden sie einen Funkspruch an die Leitstelle des Raumhafens Tattarr. Sie möchten die Abdeckung des Einflugschachtes öffnen.«

Verstanden, bestätigte der Funkoffizier.

»Das Landemanöver wird eingeleitet«, meldete Sergeant Hausmann.

Die Termar 1 verringerte ihren Sinkflug. Alle Absorber und Anti-Grav.-Servos waren zugeschaltet worden.

Nur Sekunden später wurde auf dem Bildschirm des Schiffes ein großer Kreis mit roten Warnlichtern sichtbar.

»Die Lande-Positionslichter des Landebereiches wurden aktiviert«, rief Sergeant Hausmann.

Fasziniert schaute die Crew zu, wie durch Geisterhand der Sand anfing zu tanzen und sich wie elektrisiert verhielt. Er wurde durch breite Sauglöcher abgesaugt, anschließend durch ein 23 Kilometer langes Rohrsystem gewirbelt und an einer kleinen Gebirgskette wieder ausgeblasen.

Jetzt wurde der Landeschott aus hochwertigem Natridstahl in seiner ganzen Perfektion sichtbar. Die Crew der Termar 1 beobachtete, wie sich der drei Kilometer große Schott sternförmig zurückzog. Grelles Licht strömte aus dem Landeschacht.

Mit minimaler Geschwindigkeit schwebte die Termar 1 der Eröffnung entgegen. Vorsichtig passierte das große Schiff das Schott und sank dem Boden entgegen.

»Noch 6.000 Meter bis Bodenkontakt«, rief Sergeant Hausmann. »Ich verringere die Sinkgeschwindigkeit auf Minimum. «

Leicht wie eine Feder, sank die Termar 1 dem Flugfeld entgegen und setzte exakt auf einer der Markierungen auf.

»Alle Maschinen aus«, rief Marc.
Der Major drehte sich seinem 1. Offizier zu.

»Commander Brenzby machen sie sich bei unserer Mannschaft beliebt. Geben sie ihr Freigang bis auf Widerruf. «

»Danke, Herr Major«, antwortete der Commander. »Unsere Besatzung wird sich freuen. «

Marc dachte kurz nach.

»Sergeant Farmer, öffnen sie bitte eine Verbindung zu Professor Woicesk«, befahl er.

»Die Leitung steht«, antwortete der Funkoffizier. »Sie können sprechen, Herr Major. «

»Hier ist Major Travis«, sprach er in den Communicator. »Professor, bevor sie ihren Freigang nutzen, übergeben sie bitte unsere Gefangenen an Noel. Er wird ihn übernehmen und alles Weitere veranlassen. «

»In Ordnung, Herr Major«, tönte die Stimme des Professors aus den Lautsprechern. »Wir erledigen das.«

»Eingehender Funkspruch von Sergeant Hardin«, rief der Funkoffizier.

Marc schaltete den Kanal um.
»Hier ist Major Travis«, sagte Marc. »Was kann ich für sie tun Sergeant? «

»Wir sind bei unserer Ausschleusung auf Noel getroffen«, teilte Sergeant Hardin mit. »Er erwartet sie dringend. Er steht an den vorderen Landekufen der Termar 1 und bittet sie schnellstens zu ihm kommen. «

»Sagen sie ihm bitte, wir sind auf dem Weg«, erwiderte der Major. »Danke für die Info, Travis Ende«.

Major Travis winkte seinen Leuten zu.
»Wir checken aus«, sagte er. »Noel wartet dringend auf uns. Leutnant Bender, sichern sie das Schiff.«

Der Offizier nickte kurz.
»Viel Erfolg«, kam leise über seine Lippen.

Marc lächelte in kurz an, dann folgte er seinen Offizieren, die bereits die Brücke der Termar 1 verlassen hatten.

Als er und sein Team die Energiebrücke der Termar 1 hinunter schritten, sahen sie Noel an ihrem Ende wartend stehen. Ohne eine Gemütsregung im Gesicht zu zeigen, sah er den Ankömmlingen entgegen. Obwohl er in Barenseigs ein neues Crew-Mitglied registriert hatte, ließ er sich keine Regung anmerken.

»Schön, dass sie alle wohlbehalten zurück sind«, begrüßte er die Crew. »Wie ich sehe, haben sie einen Gefangenen mitgebracht?«

Major Travis schmunzelte ihn an.
»Höre ich da etwas Argwohn in ihrer Formulierung«, erkundigte er sich. »Das ist kein Gefangener. Es handelt

sich um einen Schiffbrüchigen. Er ist unser Gast. Darf ich ihnen Barenseigs vorstellen. Er ist ein Nachkomme der Evakuierungsflotte von Admiral Tarin und ein Angehöriger des Volkes der Santaraner. Die ausgewanderten Natrader haben sich einen neuen Namen gegeben. Trotzdem bleiben es Nachkommen der natradischen Evakuierungsflotte.«

Noel musterte ihn kurz.
»Ich begrüße sie auf dem Hoheitsgebiet des Neuen-Imperiums von Tarid und Natrid«, sagte er. »Es sollte ihnen klar sein, dass sie als Nachkomme der natradischen Auswanderer keine Ansprüche mehr auf irgendwelche Hinterlassenschaften des kaiserlichen Imperiums stellen können. Es gibt neue Machtverhältnisse, letztendlich auch dank der vorausschauenden Programmierung von Admiral Tarin.
Sie wurde umgesetzt und ist nicht mehr änderbar. Sie erhoffen sich hier keine besondere Bevorzugung? Die Umbenennung ihres Volkes zeigt mir, dass ihre Rasse kein Interesse an der natradischen Geschichte zeigt. Gemäß dieser Tatsache genießen sie unser neutrales Besuchsrecht. Gehen sie davon aus, dass wir sie auf Schritt und Tritt kontrollieren werden. Ich teile ihnen dies im Voraus mit, nicht dass es nachher für sie eine unangenehme Überraschung darstellt.«

Barenseigs nickte.

»Mit wem habe ich die Ehre?«, fragte er.

»Ich bin Noel«, antwortete der Klon. »Der mobile Arm der natradischen Hypertronic-KI, Verwalter des kaiserlichen Imperiums, Koordinator der Planetensysteme im Verbund, damals und auch heute. Ferner die allgegenwärtige Intelligenz zur Verwaltung der natradischen Hinterlassenschaften. Ich bin ein Kunst-Klon, erzeugt um humanoide Wesen als persönlicher Ansprechpartner zu dienen. Sie haben uns bestimmt viel zu erzählen?«

Bevor Barenseigs etwas sagen konnte, fiel ihm Noel ins Wort.

»Wir besprechen später alles Weitere«, erklärte er. »Jetzt haben wir vorrangigere Aufgaben zu diskutieren.«

Noel hob seinen rechten Arm und ein schwarzer City-Gleiter rauschte heran.

»Steigen sie bitte ein«, sagte er. »General Poison wartet bereits auf uns.«

Ein Service-Roboter lenkte den City-Gleiter. Die großen Fenster ließen klare Blicke nach außen zu. Der Gleiter verließ den oberhalb der Stadt liegenden, unterirdischen Raumflughafen. Obwohl der innere Raumhafen für irdische Verhältnisse recht groß bemessen war, durfte er nur von privilegierten Schiffen, oder Neubauten verwendet werden. Alle weiteren einfliegenden Raumkreuzer wurden zu der äußeren EWK-Kolonie umgeleitet. Von dort erfolgte ein Gleiter-Transfer zu der inneren Stadt. Der City-Gleiter schwebte durch die Hangar-Tore des inneren Raumhafens in den großen Felsendom ein.

Barenseigs pfiff erstaunt durch seine Zähne. Mehr als 8.000 Meter unter ihnen leuchtete die Stadt Tattarr in vollem Glanz. Nicht nur die vorhandenen Bauten wurden modernisiert, wieder aktiviert und neuen Bestimmungen zugeführt, auch etliche Neubauten waren zwischenzeitlich fertiggestellt worden.

»So hätte ich mir den unterirdischen Komplex nicht vorgestellt«, sagte Barenseigs. »Das ist ja eine moderne Stadt voller Leben. Keine leblose Ruine, wie man es uns Gildoren einzureden versucht. «

»Wie kommen sie hierauf, dass es eine leblose Ruine sein könnte? «, fragte Marc.

Sirin hob den Kopf. Sie saß neben Commander Brenzby und hatte mit Stolz auf ihre alte Stadt geschaut. Ihre Gedanken hatte sie nicht abgeschirmt. Heinze erhaschte unbewusst ihre Gedankenwellen. Er bemerkte, dass sie in der Stadt Tattarr immer noch ihre alte Heimat sah. Er stellte Freude und ein großes Glücksgefühl in ihr fest. Bedingt auch durch die Tatsache, dass die alte Stadt wieder zu voller Leistungen hochgefahren wurde und in der Zukunft als Mittelpunkt des neuen Tarid-Natrid Imperiums ausgebaut werden sollte.

»Unsere Lehrmeister sprechen davon, dass hier alles in Schutt und Asche liegt«, bemerkte Barenseigs. »Nichts wäre hier mehr von Bedeutung. Ich verstehe jetzt, dass sie den Auftrag erhielten, die schrecklichen Geschichten aus der Vergangenheit nicht unseren jungen Leuten zu vermitteln. Nach den Plänen unserer Politiker sollte niemand von unserer Rasse ein Interesse daran haben, die schlimmen Geschichten aus unserer Vergangenheit am Leben zu erhalten.«

Sirin blickte ihn nachdenklich an und schüttelte ihren Kopf.

Der Gleiter steuerte den imperialen Verwaltungs-Turm an. Auf dem Dach parkten bereits einige Schiffe des KSD. Der Navigations-Roboter flog souverän eine Schleife und setzte den Gleiter graziös auf der Lande-Markierung auf. Das Schott sprang auf. Noel bat seine Begleiter auszusteigen.

Vor einer breiten Glaspforte standen zwei Kampf-Roboter vom Typ Shy-Ha-Narde Wache. Ein Service-Roboter öffnete die Eingangstüre von innen. Man konnte diesen Vorgang auch elektronisch steuern, jedoch bevorzugte Noel die mechanische Dienerschaft. Dies wirkte nach seiner Überzeugung wesentlich persönlicher.

Die Besucher eilten durch den großzügigen Eingangsbereich.

»Wo ist der Anti-Grav-Lift?«, fragte Marc.
»Den haben wir ausgetauscht«, antwortete Noel. »Unser terranisches Personal tat sich schwer mit dieser Erfindung. Es waren teilweise zu viele Menschen gleichzeitig in den Schacht gesprungen. Wir haben jetzt einen Turbolift nach irdischer Konzeption eingebaut. Er funktioniert perfekt. Folgen sie mir bitte.«

Noel bog rechts ab und ging strammen Schrittes vorwärts. Er blickte Barenseigs an.

»Wir müssen weiter«, sagte Noel. »Sie haben später Zeit, sich alles in Ruhe anzuschauen.«

Sieben Etagen tiefer lag die Einsatzzentrale des Neuen Imperiums. Gläserne Trennwände aus Panzerglas sicherten den Durchgangsflur. Direkt an dem großen Büro der Raumaufklärung, grenzten, die Büros von Noel, General Poison und Major Travis an. Noel schritt schnellen Schrittes voran. Gefolgt von Major Travis und Tart 1 und Tart 2, die nicht von der Seite des Majors wichen. Die beiden Personen-Schutz-Roboter aus Natridstahl, waren seinerzeit als Sonderserie für die kaiserliche Kaste konstruiert worden. Im Gegensatz zu ihren baugleichen Kollegen für den militärischen Kampfeinsatz, wurden die Ausführungen für den Personenschutz mit einer hochsensiblen künstlichen Intelligenz, mit mehr Entscheidungsfreiheit und einem Waffenarsenal, von unvorstellbarer Breite, ausgestattet. Alles war auf den individuellen Schutz hochrangiger Persönlichkeiten ausgerichtet. Diese kostenintensiven Modelle waren sehr effektiv und konnten bereits viele Leben ihrer Schutz-Befohlenen retten. Sie waren keine Massenware, sondern individuell gefertigte Einzelstücke. Aus diesem Grund standen sie auch nur in begrenzter Stückzahl zur Verfügung. Noel verwaltete den Bestand und die Ausgabe. Theoretisch wäre es für Noel möglich gewesen, weitere Modelle zu fertigen, jedoch würde er hiermit gegen seinen selbst auferlegten Grundsatz der Einzigartigkeit verstoßen.

Sirin, Commander Brenzby und Heinze folgten den Vorauseilenden in dem gleichen Tempo. Nur Barenseigs hing als einzige Person etwas hinterher. Er nahm die neuen Bilder der wachsenden Stadt in sich auf, die in seiner Kultur als zerstört und nicht mehr bewohnbar galt. Noel blieb stehen und drehte sich zu ihm um.

»Ich bitte den Gildor auch um eine zügigere Schrittfolge«, bemerkte er gefühllos.

Barenseigs wendete seinen Blick von den Gebäuden der imposanten Stadt ab und beschleunigte seinen Gang.
»Ich bitte um Entschuldigung«, antwortete er. »Die neuen Eindrücke begeistern mich. «

»Sie werden doch auch große Städte auf ihrem Planeten haben? «, fragte Marc den Besucher.

Sicherlich«, antwortete der Gildor. »Jedoch aus Kostengründen verwenden wir nur Einheits-Module. Ihre Bauweise bietet viel mehr fürs Auge. Eine faszinierende Vielfalt aus unterschiedlichen Stilrichtungen. «

Marc lachte.
»Das ist ebenfalls ein Vorteil der Kooperation mit Noel. Auch die Erde bringt ihre stilistischen Entwicklungen mit

ein. Eine Kombination aus beiden Rassen optimiert das Endergebnis.«

Barenseigs nickte.
»Ich verstehe«, lächelte er. »Da wir uns seit Jahrtausenden abschotten, können wir nur auf Eigenkonstruktionen zugreifen. Ein Einfluss von außen ist in unserem Sternenreich derzeit noch ein Frevel.«

Endlich kam die Gruppe an dem großen Transport-Lift an. Noel öffnete die Türen und steckte seinen Chip in den Schacht der Tastatur. Diese leuchtete blau auf. Nachdem alle Besucher den Lift bestiegen hatten, drückte er auf eine Taste. Geräuschlos setzte sich die Kabine in Bewegung, um wenige Sekunden später wieder zum Stillstand zu kommen. Schlagartig öffneten sich die Türen und verschwanden in der Verkleidung. Ein langer, breiter Korridor lag vor ihnen. Die linke Seite war vollständig mit Sicherheitsglas ausgestattet. Diese wurde noch durch eine Schicht aus transparentem Aluminium verstärkt. Dahinter lagen die zentralen Hochsicherheits-Bereiche der globalen und stellaren Aufklärung. Hier liefen alle Informationen des neuen Imperiums von Tarid & Natrid zusammen.

Unzählige Personen in schwarzen Uniformen schritten umher. Auf der linken Seite prangerte das Logo des neuen

Imperiums. Ein Stück tiefer der Schriftzug "KSD". Allein in dieser Abteilung arbeiteten 86 Personen, die alle nur der einen Aufgabe nachkamen, auf Abweichungen oder Fehlern in den Informationsflüssen des Imperiums zu achten. Sie alle wurden von der natradischen Imperiums-Hypertronic-KI, dem natradischen Gehirn und der allgegenwärtigen Mutter von Noel, kontrolliert. Dank einer Wissens-Implantation wussten alle Mitarbeiter, was ihre Aufgabe war. Nur die fähigsten und loyalsten Köpfe aus den terranischen Schulen wurden für diesen sensiblen Bereich angeworben.

Der große Raum war überfüllt mit Technik. Großmonitore, kleine Monitore, Displays, Anzeigen und Skalen waren sichtbar. Ganze Wände mit Schaltern, Reglern, Leisten mit Drucktastern, ergänzten das Bild. Personen liefen von Bildschirm zu Bildschirm und stimmten Daten ab. Eine andere Gruppe Menschen diskutierte aufgeregt zusammen.

»Was ist das hier alles? «, fragte Barenseigs.

»Das ist unsere Informations-Zentrale«, antwortete der Kunst-Klon. »Hier laufen alle wichtigen Informationen aus dem gesamten Imperium zusammen. Unsere Experten werten alle Daten aus und suchen nach Abweichungen«.

»Aber warum in dieser Größe?«, fragte der Gildor.» Geht das nicht einfacher? «

»Doch«, antwortete Major Travis. »Doch wir schätzen den Eingang unterschiedlicher Informationen, die uns am Ende zu einer korrekten Entscheidung führen. Es sind die Ortungsdaten, Funkwellen, Subraumwellen, oder alle Ortungen und Aufzeichnungen unserer Außen-Stationen. Wir vergleichen und analysieren die Daten, bis wir ein optimales Ergebnis erzielen. «

Noel war in die Aufklärungs-Zentrale gelaufen und kam mit einem Datenchip wieder. Ihm folgten Marin und Gareck unfreiwillig. Man konnte den beiden natradischen wissenschaftlichen Genies ihren Unwillen ansehen, dass Noel sie von ihrer Arbeit abgezogen hatte. Als sie Major Travis und Sirin sahen, heiterten sich ihre Gesichtszüge auf.

»Hallo Prinzessin, Hallo Herr Major, schön sie einmal wiederzusehen«, riefen sie. »Wir haben ihnen so viel zu verdanken und konnten uns bisher nicht revanchieren. Es war die richtige Entscheidung von uns, für das neue Imperium zu arbeiten. Wir können uns über zu wenig Arbeit nicht beklagen. Mehr wollten wir nie. Wie können wir ihnen danken? «

»Sie brauchen mir nicht zu danken«, antwortete Marc. »Was wir getan haben, ist auch für uns von großem Interesse. Wer kennt die natradische Technik besser als sie beide. Wenn sie einmal Zeit haben sollten, dann würde ich gerne mit ihnen zusammen ein Glas Wein trinken. Bei dieser Gelegenheit würde ich mich freuen, von ihnen weitere Informationen aus ihrem früheren Leben zu erhalten.«

»Das machen wir gerne, Herr Major«, erwiderte Gareck. »Übrigens kennen wir dieses Getränk bereits aus dem Kasino. Beeindruckend, was alles aus Gerste hergestellt werden kann.«

»Gehen wir weiter, es ist nicht mehr weit«, bemerkte Noel ungeduldig.

Erst jetzt bemerkten Marin und Gareck den Gildoren. Sie erkannten sofort seine Herkunft.

»Sie haben auch in einer Stasis-Kammer überlebt?«, fragte Marin ihn.

Barenseigs schaute die Wissenschaftler irritiert an. »Nein«, antwortete er. »Ich war nie in einer Stasis-Kammer. Warum fragen sie?«

Er erhielt keine Antwort. Die beiden Wissenschaftler grübelten bereits in Gedanken.

Der Gang teilte sich in mehrere Abzweigungen auf. Rechts lag das Büro von General Poison. Noel öffnete die Türe. Die zwei Sekretärinnen des Generals blickten interessiert auf und musterten die Gruppe. Ihre Blicke blieben kurz auf Barenseigs hängen.

Frau Eisenhut stand auf und zog ihre Uniform zu Recht.
»Der General erwartet sie bereits«, flüsterte sie.

Sie klopfte an die Türe und verschwand dahinter. Sekunden später kehrte sie zurück und lächelte.
»Treten sie bitte ein«, sagte sie.

Der General saß wie gewohnt an seinem Schreibtisch und hatte den Blick auf seine Unterlagen gerichtet. Als Frau Eisenhut die Tür wieder geschlossen hatte, richtete er sich auf und ging auf Major Travis und seine Begleiter zu.

»Schön sie alle vollzählig und gesund zu sehen«, sagte er.

Nachdem er alle anwesenden Personen begrüßt hatte, ausgenommen die von ihm immer noch skeptisch betrachteten Tart 1 und Tart 2, hielt der General eine kurze Ansprache für angemessen.

»Wie sie sich denken können, hat sich in der Zwischenzeit bei uns einiges getan«, erklärte er.
Er blickte Major Travis in die Augen.
»Ich würde mir wünschen, dass sie nicht in den Diensten von Noel stehen würden. Aber dieses Thema haben wir ja bereits diskutiert. «

Vor Barenseigs blieb er stehen und musterte ihn genau.
»Sie gehören nicht zu der Truppe von Major Travis«, bemerkte er.

Obwohl der General teilweise schwerfällig wirkte, verfügte er über eine exzellente Auffassungs- und Kombinationsgabe.

»Ihre braune Hautfarbe ist fast identisch mit der von Sirin«, ergänzte er. »Man könnte fast glauben, dass sie auch von natradischer Abstammung sind. Welche Aufgaben haben sie im Team von Major Travis? «

Bevor Barenseigs jedoch etwas sagen konnte, fiel ihm Major Travis ins Wort.

»Herr General«, antwortete Major Travis.

Er sah das Grinsen in dem Gesicht seines Vorgesetzten.

»Sie haben doch bereits erkannt, dass Barenseigs unser Gast ist. Warum haben sie uns rufen lassen? Wir sind auf dem direkten Wege gekommen. Formell hätten wir ihnen von der Anwesenheit Barenseigs noch berichtet. Er ist ein Schiffbrüchiger und nennt sich "Gildor der Admiralität". Nennen sie ihn einen Forscher, Entdecker oder Wissenschaftler auf der Suche nach Artefakten und Hinweisen vergangener Zeiten. Sie haben recht, Herr General. Barenseigs ist ein direkter Nachkomme der Evakuierungsflotte von Admiral Tarin.«

Marin und Gareck horchten auf. Sie hatten es bereits vermutet. Ohne einen Zwischenruf abzugeben, konzentrierten sie sich weiter auf die Ausführungen von Major Travis.

»Er ist weit von seiner Heimat entfernt gestrandet«, erklärte der Major. »Ohne unsere Hilfe kommt er nicht mehr dorthin zurück. Sein Forschungs-Raumschiff wurde bei seiner letzten Expedition unverhofft angegriffen und zerstört. Wir hatten glücklicherweise das gleiche Ziel und konnten ihn mitnehmen. Aber hierzu später mehr. Von meinem detaillierten Bericht an Noel geht ihnen eine Abschrift zu.«

»Können wir ihm vertrauen?«, fragte der General nüchtern.

»Ich denke schon«, erwiderte Major Travis. »Seine Rasse lebt bereits einige Jahrtausende länger als wir Terraner. Er hat an unserer Seite einige Einsätze geleitet und war bislang immer zuverlässig. Andererseits weiß er selbst, dass er ohne unsere Hilfe nicht wieder zu seinem Planeten zurückkommt. Er ist auf unsere Hilfe angewiesen.«

General Poison nickte.
»Sie verbürgen sich für ihn«, lächelte er. Das reicht mir aus. Trotzdem möchte ich es nicht, dass sie immer neue Lebewesen von anderen Planeten mitbringen und diese durch unsere heiligen Hallen führen. Sie können viel zu leicht den Aufbau unserer Verteidigung studieren. Richten sie sich bitte zukünftig hiernach. Ich halte es nach wie vor für leichtsinnig, Fremde in unseren Hochsicherheits-Bereich und in unsere Zentrale zu bringen?«

Noel war der gehörten Worte überdrüssig und ergriff das Wort.

»Geschätzter General«, sagte er. »Worüber reden wir hier überhaupt? Barenseigs gehört zu der Rasse der

Natrader. Sie haben die ganze Technik entwickelt und aufgebaut, der sie sich heute bedienen dürfen. Glauben sie denn, wir können ihm hier etwas vormachen. Außerdem wird jede fortgeschrittene Rasse über eine Zentrale mit Ortungs-Einrichtungen und unterschiedlichen Kommando-Ebenen verfügen. Auch wir machen hier nichts anderes. Wir beobachten und sichern unsere Hemisphäre«.

General Poison blickte ihn durchdringend an.
»Ich weiß längst, dass sie alles sehr gelassen sehen«, grollte er.

Langsam schien er sich wieder zu beruhigen. Er wollte noch etwas sagen, als es erneut klopfte.

Frau Eisenhut führte Commodore von Häussen und Commodore McGregor herein. General Poison stellte seine Mitarbeiter vor.

»Das sind meine Stellvertreter«, bemerkte er. »Nicht jedem von ihnen werden die Commodore persönlich bekannt sein. Ich bin dankbar, dass ich sie habe. Sie nehmen mir bereits sehr viel Arbeit ab. «

Der General wies den Neuankömmlingen einen Platz zu.

»Bevor wir anfangen können, warten wir noch auf Captain Hunter«, teilte der General mit tiefer Stimme mit. »Er ist ein guter Mann, doch Pünktlichkeit war noch nie seine Stärke.«

»Der Captain kommt auch?«, ereiferte sich General von Häussen. »Mit dem habe ich noch ein Hühnchen zu rupfen« ergänzte er ärgerlich. »Er ignoriert grundsätzlich viele unserer Anweisungen.«

Der General blickte zur Seite auf seinen Mitarbeiter.
»Das kann warten«, beschwichtigte er den Commodore. »Eine Teilschuld für das Entkommen der Saboteure muss ich auch ihnen zuschreiben. Sie können Captain Hunter nicht mit den Maßstäben eines Soldaten messen. Er ist ein Sonder-Agent der EWK. Der Captain verfügt über alle Befugnisse des KSD und arbeitet nach seinem eigenen Stil. Er braucht ihre Anweisungen nicht zu befolgen. Er ist ausschließlich und allein direkt mir unterstellt. Ich hoffe, dass ist allen Personen endlich klar geworden.«

Commodore von Häussen senkte betroffen seinen Blick. In dieser Deutlichkeit hatte der General noch nie mit ihm gesprochen.

»Ich kann Captain Hunter nicht einschätzen«, bemerkte Major Travis. »Nach meiner Meinung geht er zu risikoreich vor.«

General Poison lächelte.
»Er ist so, wie sie früher waren, Herr Major«, scherzte er. »Denken sie einmal zurück, als die Erde noch ein kleiner unscheinbarer Planet war, versteckt in dem riesigen Universum. Wir dachten zu dieser Zeit nicht an außerirdische Rassen. Sie hatten sich mit Spionen, Dieben, Saboteuren und krankhaften Individuen herumzuschlagen. Etwas anderes macht Captain Hunter auch nicht. Er räumt für uns den Schmutz fort. Zwar steckt er noch in der Entwicklungs-Phase, aber er zeichnet sich bereits jetzt durch eine sehr gute Aufklärungsquote aus. Hunter ist aktiv und hat eine besondere Spürnase. Nur deswegen lasse ich ihm so manches durchgehen. Ihren Wunsch für Noel tätig sein zu dürfen, habe ich ja auch zugestimmt. Daher stehen sie nur noch bedingt zur Verfügung.

Captain Hunter untersteht ausschließlich mir und er ist da, wenn ich ihn brauche. Beklagen sie sich jetzt nicht, dass ich einen Nachfolger für sie gesucht habe. Ihr Sonderstatus und ihr Rang bleiben auch weiterhin unangetastet im Gefüge der EWK und des KSD bestehen. Das geht auch gar nicht anders, weil sie derzeit die einzige

Person sind, die über das kaiserliche Adelsgen von Natrid verfügt. «

Der General machte eine kurze Pause. «

»Kommen wir zum eigentlichen Thema«, sagte er. »Wie sie wissen, gab es wieder einen Vorfall mit den Worgass«, erklärte er. » Trotz der ausgereiften Ortungs-Systeme unseres Freundes Noel, haben sie es erneut geschafft in unsere Sterneninsel vorzustoßen. In diesem Fall ist es ihnen gelungen, mit einem getarnten Schiff in unser System einzudringen und einen bisher nur ihnen bekannten Horchposten zu aktivieren. Wir konnten ihre Spuren verfolgen. Sie hielten sich mit ihrem Tarn-Schiff zunächst in der Nähe der Venus versteckt, dann später in dem Asteroiden-Feld, hinter Natrid. «

Der General schaute ärgerlich Noel an.
»Eine fremde Rasse konnte sich unbemerkt in die Nähe unseres Heimatplaneten heranschleichen«, polterte er. »Das ist für mich äußerst beunruhigend und erschreckend. Wir konnten sie nicht orten, weil ihr eingesetztes Tarnfeld natradischen Ursprungs war. Ein Gerät mit hochwertiger Abschirmung. Noel und ich vermuten, dass es aus einem beschädigten natradischen Schiff ausgebaut wurde, das in dem großen Krieg verloren

ging. Es scheint ihnen gelungen zu sein, dieses Tarn-Modul in eines ihrer eigenen Schiffe einzubauen.

Von ihrem Standort aus wurde per Transmitter-Transport unsere Produktions- und Werft-Station 5 infiltriert. Durch einen Fehler in unserem Sicherheits-Protokoll war der Schutz-Schirm der Werft unten. Es hätte auch jede andere Werft treffen können. In der Vergangenheit wurde der Schirm grundsätzlich ausgeschaltet, wenn keine Produktionen oder Duplikationen erfolgten. Wir wollten einfach die Generatoren schonen. Durch die von Noel veranlassten Sicherheits-Vorkehrungen fühlten wir uns vor Angriffen von außen sicher. Wir dachten die sensiblen Taster von Noel würden sofort anschlagen, wenn sich etwas Ungewöhnliches ereignen sollte. Wir wurden eines Besseren belehrt. Unser Fazit hieraus, jede Technik lässt sich immer weiter verbessern.«

Der General blickte zu Marin und Gareck.
»Dank der Experten Marin und Gareck werden wir das Problem in Kürze gelöst haben«, erklärte er. »Es ist uns jetzt auch möglich, eigene natradische Tarnfelder zu orten.

Leider ist es diesem Team von drei Worgass gelungen, in unsere Werftstation 5 einzudringen und den dort stationierten Groß-Duplikator schwer zu beschädigen. Es wurde ein erheblicher Sachschaden angerichtet, ganz zu schweigen von unseren traurigen, personellen Verlusten. Selbst die Hülle der Werft-Station muss repariert werden. Die Instandsetzung des Duplikators wird sich über drei lange Monate hinziehen und wirft uns zeitlich sehr stark zurück. Durch diese Stockungen in der Produktion, wird unsere ganze Flottenplanung über den Haufen geworfen.«

Der Blick des Generals suchte Noel.
»Wir sind den Worgass auf die Spur gekommen und konnten ihnen eine Falle stellen«, teilte er mit. »Die Worgass waren dumm genug, den Anschlag ein zweites Mal verüben zu wollen. Wir verbreiteten Informationen über zerhackte Funkwellen ins All, dass der Groß-Duplikator nur leicht beschädigt wurde. Wir ließen mitteilen, dass er trotzdem seine Arbeit verrichten würde. Dank dieser ausgelegten Falle wurden die Worgass verunsichert. Sie kamen ein zweites Mal auf unsere Station 5, vermutlich um ihr Werk zu vollenden. Dies war auch unser beabsichtigtes Ziel. Die Falle schnappte zu. Sobald wir den Transmitter-Partikel-Fluss angemessen hatten, wurde von uns der lantranische Super-Schutz-Schirm aktiviert. Er hinderte die Worgass an einem Verlassen der Station. Spätestens jetzt wussten sie, dass sie in eine Falle der gehassten Terraner getappt waren. Es blieb ihnen nur die Flucht.«

Der General blickte die Zuhörer an. Dann fuhr er fort.
»Das war von uns im Vorfeld so geplant gewesen«, erklärte er. »Durch das Auslegen von Energie-Netzfallen, gelang es uns, einen dieser Saboteure zu fassen. Bei dem ersten Hinsehen dachten wir, ein Najekesio wäre uns in die Falle gegangen. Doch nach einem Körper-Scann mit den lantranischen Geräten, stellten wir eindeutig lebende Worgass-DNA fest. Der Gefangene wurde bereits Noel zum Verhör übergeben.«

Alle Blicke richteten sich auf den Angesprochenen.
»Speziell geschulte Wissenschaftler kümmern sich um ihn«, bemerkte Noel tonlos. »Erwarten sie jedoch nicht zu viel. Es ist das erste Mal, dass wir einen Gefangenen dieser Spezies haben. Wir können derzeit noch nicht viel sagen. Sie haben sich der Körperform der Najekesio bedient. Warum und weshalb sie nicht direkt die Körper von unseren terranischen Freunden imitiert haben, ist uns derzeit nicht klar. Wir injizierten dem Worgass ein Wahrheits-Serum, das seinerzeit für Gefangene der Rigo-Sauroiden entwickelt wurde.

Wenige Minuten nach der Injektion verwandelte sich der Gefangene in seine Urform zurück, in eine quallenartige Wesensart. In seiner jetzigen Form harrt er aus und schweigt. Alle unsere Versuche, den Worgass zum Reden zu bringen, müssen als gescheitert angesehen werden. Ich hoffe auf weitere Unterstützung. Es ist zwingend notwendig, mehr über diese Rasse herauszubekommen. Das ist für uns von sehr großem Interesse, wenn es irgendwann zu einem Zusammentreffen kommen sollte. Es muss möglich sein, auch einen Worgass zum Reden zu bringen. «

»An welche Hilfe denken sie? «, fragte Major Travis.

»Ihre direkte Frage zeigt mir, dass sie die Antwort bereits kennen «, antwortete Noel. »Bitte verwenden sie ihren lantranischen Hyperkomm-Impulsgeber. Senden sie Heran ein Zeichen. Er versprach bei seinem letzten Besuch, nach Erhalt einer Nachricht schnellstens zu kommen. «

»Dachte ich es mir doch«, antwortete Marc. »Ich gehe das Armband holen. «

»Das ist nicht mehr nötig«, sagte Noel ohne eine Regung. »Ich habe es bereits dabei. Ich hielt die Angelegenheit für zu brisant, als das sie länger aufgeschoben werden konnte. «

Noel stand auf und ging zu Major Travis. Er stellte einen kleinen Kasten vor ihm auf dem Tisch. Der war aus einem unbekannten lantranischen Material gefertigt. Marc legte seinen Zeigefinger auf den Kasten und wartete ab. Ohne Ankündigung sprang der Deckel auf. Marc hob das kunstvoll gearbeitete Armband heraus. Er war in der Mitte mit einem großen grünen Kristall versehen. Marc legte das Armband um seinen rechten Arm und warte einen Augenblick ab. Der Kristall war einzig und allein auf ihn synchronisiert. Es analysierte und verglich die Herzfrequenz und die DNA seines Trägers mit den eingespeisten Werten. Bei einem Verlust, oder einem Diebstahl, war das Armband für einen anderen Träger wertlos und nicht funktionsfähig.

Marc schaute auf den grünen Kristall. Hierin rotierte eine rote Lichtsequenz, die immer schneller wurde und sich zu einer Spirale entwickelte. Dann entstand aus dem roten Licht ein weißer pulsierender Punkt. Das Armband war jetzt aktiv. Marc drückte den grünen Kristall und erkannte, wie das weiße Licht erlosch. Das Armband hatte seine Funktion erfüllt. Marc nahm es ab und legte es in das Kästchen zurück und schloss den Deckel.

»Der Ruf ist raus«, bestätigte er. »Heran wird sich schnellstens bei uns melden. «

Es klopfte an der Tür. Die Sekretärin von General Poison steckte den Kopf neben der Tür durch.

»Herr General, Captain Hunter ist jetzt eingetroffen«, teilte sie mit.

»Das wird aber auch Zeit«, polterte der General los. »Er soll endlich eintreten.«

Frau Eisenhut zog den Kopf zurück und öffnete die Tür. Vorbei trat ein strahlender Captain, in schwarzer KSD-Uniform, gefolgt von einer weiblichen Person in der Uniform eines Commanders der Werft-Station 5. Beide salutierten vorschriftsmäßig.

»Captain Hunter und Commander Andersen melden sich zur Stelle«, sagte der Captain.

Bevor General Poison etwas sagen konnte, fuhr er fort. »Ich habe mir erlaubt, Commander Andersen mitzubringen«, erklärte er. »Sie kann ebenfalls einige Details über den Vorfall berichten.«

Der General verzog sein Gesicht. Er vermied es aber, einen Kommentar zu dieser Äußerung abzugeben.

»Warum kommen sie erst so spät?«, fragte er.

»Ich bin so schnell gekommen, wie es möglich war«, antwortete Captain Hunter trocken. »Wie sie wissen werden, musste ich noch mein Schiffchen in die Werkstatt bringen, Verletzte versorgen, und den Commander abholen. Jetzt sind wir aber hier. Sorry, schneller ging es beim besten Willen nicht. Flügel haben wir noch keine. «

Captain Hunter ließ seine Blicke schweifen. Er nickte allen weiteren Gästen zu.

»Commodore von Häussen ist auch da«, rief er verwundert. »Ich habe ihm doch gerade erst eine neue Unterkunft besorgt. «

»Lassen sie die Sprüche«, rief der General ungehalten. »Setzen sie sich hin und hören sie zu. «

Der Captain bemerkte, wie dem Commodore bei seinem Anblick die Zornesröte ins Gesicht stieg

»Der Bursche wird sicherlich nicht mehr mein Freund werden«, dachte er.

Commander Andersen hatte die pulsierenden Gesichtszüge von Hunter bemerkt. Sie konnte sich denken, an was er dachte und musste sich ein Lachen förmlich verkneifen. Schnell drehte sie sich ab und suchte sich einen freien Stuhl. Captain Hunter folgte ihr und setzte sich auf den zweiten freien Stuhl.

Auf Centros

Heran stand in der großen Werft-Halle des Planeten Centros, der unsichtbar für Neugierige in dem großen schwarzen Loch, in dem Zentrum der Milchstraße verankert war. Die Lantraner verschwendeten keinen Gedanken mehr hieran. Es war schon immer so gewesen. Seit Anbeginn der Zeit wurde diese Technik perfekt beherrscht.

»Habt ihr die Wartung endlich abgeschlossen?«, fragte er die Spezialisten.

»Ja«, antwortete der Angesprochene. »Es war wie immer alles in Ordnung. Wir haben lediglich den Zeitmanipulator ausgetauscht. Er schien zwar noch in einem tadellosen Zustand zu sein, aber laut dem Wartungsprotokoll sollte er jede 1.000 Jahre getauscht werden.«

»Warum hat dieses Gerät nur eine so kurze Lebensdauer?«, erkundigte sich Heran.

»Dieser Austausch dient als reine Vorsichts-Maßnahme«, bemerkte der Techniker. »Nach unserer Einschätzung würde das Gerät auch 3.000 Jahre und länger durchhalten, doch das Wartungs-Protokoll fordert eindeutig seinen Austausch.«

»Gibt es irgendwelche Neuerungen?«, fragte Heran nach.

»Was für Neuerungen wünschen sie denn?«, entgegnete der Techniker.

»Ist die Schwingungs-Kanone eingebaut? «, lächelte Heran.

»Die Schwingungs-Kanone befindet sich in der Endstufe der Erprobung«, erwiderte der Techniker genervt. »Hierüber sollten sie eigentlich informiert sein. «

Heran schüttelte den Kopf.
»Das erzählen sie mir seit 150 Jahren«, monierte er. Meinen sie nicht, dass die Zeit ausreichen sollte, um endlich einmal die neue Waffe fertig zu stellen? «

»Was denken sie denn, gute Dinge dauern immer etwas länger«, scherzte der Techniker.

»Ich glaube, ihr habt komplett das Zeitgefühl verloren«, fluchte Heran. »Ich werde Aritron von eurer schnellen Arbeit berichten. «

»Wollen sie uns drohen? «, schimpfte der Techniker ungehalten. » Seien sie vorsichtig mit ihren Äußerungen, ansonsten verursachen wir bei der nächsten Wartung einen schweren Fehler in der Elektronik ihres

Raumschiffes. Dann bleiben sie irgendwo am Rand der Milchstraße liegen und verrotten da.«

Heran zog sein Gesicht in Falten.
»Ihnen muss man anscheinend einmal Manieren beibringen«, flüsterte er in einem leisen Ton.

Er ballte seine Hand zu einer Faust und schlug dem Techniker diese mitten ins Gesicht. In dem Schlag lag die ganze Entrüstung Herans über die Äußerung des Spezialisten. Dieser hatte nicht hiermit gerechnet. Der Schlag hatte gesessen. Der Techniker sackte wortlos zusammen. Die anderen Techniker kamen angerannt und sprachen Heran an.

»Was ist hier passiert?«, fragten sie.

»Nichts von Bedeutung«, antwortete Heran. »Ihr Kollege ist unglücklich gestolpert. Ich vermute, er hat einen leichten Schwächeanfall. Holen sie bitte ein Glas Wasser, dann wird es ihm gleich wieder besser gehen.«

Der Techniker lief los und kam kurze Zeit später mit einem Glas Wasser zurück. Heran nahm es an sich und schüttete es dem auf dem Boden liegenden Techniker ins Gesicht.

Er kam zu sich und schüttelte sich.

»Ich hoffe, sie sind wieder bei Sinnen?«, fragte Heran. »Solche Zwischenfälle sind hier nicht erwünscht. Falls sie nochmals solche Äußerungen von sich geben, dann werde ich sie sofort bei der Administration melden.«

Tatsächlich war der Techniker sichtlich benommen. Langsam richtete er sich auf.

»Ich habe verstanden«, antwortete der Techniker. »Bitte entschuldigen sie meine Entgleisung.«

»Helft ihm hoch«, sagte Heran zu den Kollegen des Technikers. »Wenn die Wartung abgeschlossen ist, legen sie bitte mein Evolutions-Schiff auf Landeplatz 13.496. Ich werde in Kürze zu einer neuen Mission starten.«

Er bemerkte ein pulsierendes Gefühl an seinem rechten Handgelenk. Er schaute auf sein das Armband und erkannte, dass der grüne Azoth-Stein leuchtete. Heran drückte auf den Stein. Die Bezeichnung Tarid formte sich in hellen Buchstaben.

»Ein Signal aus dem Sol-System«, dachte er. »Major Travis bittet um mein Erscheinen. Endlich wird es wieder spannend.«

Der Techniker, der neben ihm stand, hatte es mitbekommen.

»Was ist los?«, erkundigte er sich.
Heran schaute ihn an.

»Ich habe einen Notruf von Tarid erhalten«, erklärte er. »Bitte beeilt euch mit der Wartung des Schiffes. Ich werde die Administration kurz informieren, dann fliege ich los. «

Nach diesen Worten drehte er sich um und eilte dem Ausgang der Werfthalle entgegen. Die kurze Strecke zur zentralen Administration, die direkt an dem Raumflughafen lag, konnte er mit einem Anti-Grav-Tablett überbrücken. Er schaute nach links. In der Regel standen diese Tabletts überall zur freien Verfügung herum. Er sollte Recht behalten. Vor der Werfthalle standen etliche Flugtabletts sauber in einem Ständer aufgereiht.

Heran zog eines heraus legte es auf den Boden und aktivierte es. Er klappte den Halte- und Steuerungsgriff aus und zog ihn nach oben. Heran trat auf das Tablett und aktivierte den Antrieb. Der Lantraner beschleunigte das Tablett und schwebte der zentralen Administration entgegen. Vor dem Gebäude ließ er das Tablett achtlos stehen und trat durch den Eingang. Die Wachen kannten ihn und salutierten vorschriftsmäßig. Er eilte durch das Gebäude und drückte den Signalgeber an der Türe von Aritrons Büro. Oberhalb seines Kopfes bewegten sich Kameras und identifizierten den Besucher. Ein grünes Licht an der Türe bestätigte ihm seinen Zugang. Heran durcheilte zwei Vorzimmer und fand seinen Chef an seinem großen Schreibtisch sitzend.

»Heran«, rief Aritron. »Du bist ein unruhiger Geist. Keiner von uns verbreitet so viel Unruhe, wie du es machst. Du bist doch gerade erst von deinen Wartungsflügen zurückgekommen? «

»Ich möchte trotzdem wieder auf eine neue Mission«, antwortete Heran. »Ich habe ein Signal von Tarid erhalten. «

Aritron nickte.
»Ich weiß«, lächelte er. »Brontan hat sein allwissendes Rad gedreht und mir mitgeteilt, dass die Worgass wieder einen Sabotageakt in unserem System vorgenommen haben. «

»Waren es wirklich die Worgass? «, fragte Heran ungläubig.

»Hieran besteht leider kein Zweifel«, antwortete sein Chef.

»Wieso vereiteln wir solche Dinge nicht bereits im Anfangsstadium?«, ereiferte sich Heran.

»Weil wir den jungen Rassen beibringen müssen, sich selbst zu helfen«, erwiderte Aritron. »Wir wollen nicht die Polizeimacht in der Milchstraße sein. Die Hohe Empore hat beschlossen, dass wir uns zukünftig wieder entschlossener um die wichtigen Themen in unserer Sterneninsel kümmern. Das heißt aber nicht, dass jeder kleine Vorfall auf unsere Tagesordnung kommt.«

»Ich denke, die Terraner haben bereits gehandelt und die Worgass zurückgedrängt«, bemerkte Heran.

»Du hältst sehr viel von deinen Terranern?«, bemerkte Aritron.

Heran holte Luft und wollte hierauf etwas erwidern. Aritron ließ ihn aber nicht zu Wort kommen und sprach weiter.

»Ich kann dich aber beruhigen«, ergänzte er. »Deine Terraner haben bereits reagiert. Sie konnten das eingedrungene getarnte Schiff der Worgass und einen bisher nicht bekannten Horchposten auf dem Kleinst-Planeten Sedna eliminieren. Anscheinend haben wir es diesmal mit äußerst gerissenen Worgass zu tun. Zwei von ihnen konnten sich eines älteren Tarin-Jets bemächtigen und flüchten. Interessant hieran ist, dass sie über einen Code verfügten, der die alte Atlantis-Station wieder reaktiviert hat.«

»Willst du andeuten, die alte Atlantis-Basis existiert noch und ist wieder reaktiviert worden?«, staunte Heran. »Sie wurde doch in unseren Archiven als vernichtet deklariert.«

Aritron lächelte.
»So kann man sich täuschen«, erwiderte er. »Das Leben bringt immer wieder neue Überraschungen mit sich. Wir wussten schon immer, dass die Natrader seinerzeit über hervorragende technische Kenntnisse verfügten. Sie scheinen auf Tarid eine experimentelle Hypertronic-KI entwickelt, gebaut und eingesetzt zu haben. Das wirst du sicherlich noch alles selbst herausfinden. Jedenfalls verfügten die geflüchteten Worgass über einen Code, der die zerstört geglaubte Atlantis-Basis auf Tarid wieder zum Leben erwecken konnte.«

Heran ließ die Worte auf sich wirken.

»Zu dieser Station sind die Worgass geflüchtet?«, stutzte Heran.

Aritron schaute Heran an.
»Ja«, antwortete er knapp. »Wir scheinen in der Vergangenheit nicht alle Informationen richtig interpretiert zu haben. Deine zukünftige Direktive heißt, aufspüren und eliminieren. Wir dulden keine Worgass in unserer Milchstraße. Diese Quallen dürfen niemals in unserer Galaxis Fuß fassen. Ist das klar?«

Heran nickte.
»Völlig klar«, antwortete Heran. »Ich gebe aber zu bedenken, wenn es zum großen Showdown kommt, dass wir nicht nur die Hände in den Schoß legen können, um unser Ansehen wieder herzustellen. Wir sollten den jungen Rassen auch aktive Hilfe leisten«.

»Über dieses Thema werden wir mit der Hohen-Empore noch sprechen«, antwortete Aritron.

»Es sollte nicht zu lange diskutiert werden«, erwiderte Heran. »Ich bin der Meinung, dass ein Vorstoß der Worgass bereits im Keim erstickt werden sollte.«

»Ich bin deiner Meinung«, antwortete Aritron. »Aber wie immer braucht die Hohe-Empore Zeit für ihre Entscheidungen.«

Heran wollte sich umdrehen und gehen.
»Noch etwas«, rief Aritron.
Heran schaute ihn fragend an.

»Ich schiebe den Vorfall in der Werft-Halle darauf zurück, dass du zu lange bei den Terranern warst«, sagte Aritron in einem ernsten Tonfall. »Was sollte der Zwischenfall mit dem Wartungs-Techniker?«

Heran zog sein Gesicht zu einer Grimasse.
»Dieser Techniker war zu impulsiv, er hatte mir gedroht«, antwortete Heran. »Das konnte ich nicht hinnehmen.«

Aritron schaute ihn eine Zeitlang an.
»Trotzdem sind wir über solche Vorgehensweisen zur Klärung von Zwischenfällen schon lange hinweg«, antwortete er. »Wir werden nicht wegen dir wieder einen Rückschritt in unserer Entwicklung machen. Sollte ich so etwas nochmals hören, werde ich dich als Koordinator für die Terraner abziehen und dich möglicherweise auch als Monteur für technische Wurmloch-Anlagen vom Außendienst in den Innendienst versetzen.«

»Das kannst du gerne machen«, empörte sich Heran selbstbewusst. »Dann könnt ihr eure maroden Wurmloch-Stationen wieder selbst reparieren. Ich bin darauf gespannt, ob ihr das hinbekommt.«

Aritron sagte nichts hierauf, denn er wusste, dass es keine Alternative zu Herans technischen Fähigkeiten gab.

»Fliege jetzt los und versuche neue Informationen zu erhalten, die wir über das Rad des Wissens nicht sehen können«, wechselte der oberste Weise des lantranischen Volkes das Thema. »Erstatte uns nach deiner Rückkehr sofort Bericht. Verhalte dich wie ein vorbildlicher Lantraner. Das sage ich dir als ein Freund. Gute Reise.«

Heran verbeugte sich höflich und drehte sich um und schritt schnellen Schrittes aus der Tür, dem Ausgang des Gebäudes entgegen. Als er die Zentral-Administration verlassen hatte, dachte er nochmals über das Gespräch mit seinem Vorgesetzten nach.

»Die anmaßende Belehrung hätte sich Aritron sparen können«, fluchte er. »Ich bin kein Lakai eines Technikers und werde es auch nicht werden.«

Heran war sichtlich verärgert.

»Ich will nicht länger warten«, dachte er. »Das passiert mir nur, wenn ich mich zu lange auf Centros aufhalte. «

Heran winkte einen selbst fahrenden Anti-Grav.-Gleiter herbei und gab die Nummer des Landeplatzes seines Raumschiffes ein. Der Gleiter nahm Fahrt auf und näherte sich schnell dem großen Landefeld. Heran schaute auf die unzähligen Raumschiffe, die schon lange keinen Einsatz mehr absolviert hatten.

»Es müssen mehrere tausend von Schiffen sein«, dachte er. »Alle sind tadellos in Schuss, weil sie kontinuierlich gewartet wurden. Hinzu kommen jeden Monat neue Modelle, welche von der Produktion fertiggestellt werden. Sie alle haben noch keinen Einsatz durchgeführt und werden nur eingelagert. Das alles ist eine große Schande. Früher waren unsere Evolutions-Schiffe zumindest zu Kontroll- und Beobachtungszwecken unterwegs. Wir Lantraner zeigten Präsenz im Universum. Unsere Zurückgezogenheit muss sich ändern. Auch wir sind ein Teil der Milchstraße und wollen es auch bleiben. «

Der Gleiter näherte sich seinem Landeplatz. Heran schaute sich sein Raumschiff an.

»Gut«, sagte er zu sich. »Die Techniker haben Wort gehalten. Alle beschädigten Teile wurden gewechselt.«

Der Gleiter hielt an, das Schott öffnete sich. Heran sprang heraus und schritt auf sein Schiff zu. Er steckte seinen ID-Chip in den hierfür vorgesehenen Schlitz, an der rechten Landekufe seines Schiffes. Die Bord-KI erfasste die Daten und bestätigte seine Rückkehr. Sicherheitssignale blinkten auf, die KI fuhr die Laserbrücke herunter. Heran eilte in das Evolutions-Schiff und ließ die Laserbrücke wieder einfahren. Nach kurzer Zeit nahm er in seinem wohlgeformten Kommando-Sessel Platz.

Ein zufriedener Seufzer entwich seinem Munde. Seine Hand fuhr nach vorne. Er drückte nacheinander fünf Knöpfe. Um ihn herum flammten Bildschirme auf. Jetzt hatte er einen optimalen Blick über das ganze Landefeld. Die Ausmaße des Raumschiff-Hafens reichten bis zum Horizont. Und es gab viele dieser Landezonen auf Centros. Heran hatte es plötzlich nicht mehr eilig. Er lehnte sich zurück und genoss den Blick.

Nach einer gewissen Zeit richtete sich Heran in seinem Sessel wieder auf.

»So meine Liebe«, sagte er zu KI seines Schiffes. »Leite den Startprozess ein. Es wird Zeit, dass wir von hier fortkommen.«

»Der Start wird initiiert, Heran«, hauchte die KI ihm mit einer weichen Stimme zu. »Ich begrüße dich an Bord unseres Schiffes. Welchen Raumsektor darf ich heute programmieren?«

»Ich freue mich auch deine Stimme zu hören«, antwortete Heran. »Hast du einen System-Check gemacht? Haben die Techniker alles richtig angeschlossen?«

»Alle Systeme funktionieren einwandfrei«, antwortete die KI. »Die Wartung war effektiv.«

»Wir fliegen in die Milchstraße«, sagte Heran. »Zielkoordinaten Wega-Arm XY 34 107, Planet Tarid.«

»Die Daten werden abgerufen«, teilte die KI mit. »Wir waren dort bereits einmal zu Besuch.«

»Das hast du richtig erkannt«, antwortete Heran belustigt. »Ich möchte zu den Terranern. Sie haben um meinen Besuch gebeten. Bitte leite den Start ein.«

»Der Start wird initiiert«, antwortete die KI.

Über die eingeschalteten Monitore sah Heran, wie seine Antriebe anfingen zu grollen. Langsam hob das Evolutions-Raumschiff von seinem reservierten Landeplatz ab und beschleunigte in die Luftschichten des Kunst-Planeten Centros. Oberhalb der Atmosphäre aktivierte Heran eine rote Taste, die das Raumschiff entmaterialisierte und aus dem schwarzen Loch springen ließ. Das Schiff materialisierte weit genug entfernt, um der gewaltigen Gravitation dieses Schwerkraft-Riesen zu entgehen.

»Ich öffne jetzt ein Wurmloch-Portal ins das Sol-System«, bemerkte die KI.

»Gut, darauf warte ich«, erwiderte Heran. »Bitte den Sprung durchführen. «

Heran sah auf seinen Monitoren, wie sich sein Schiff in das Wurmloch-Fenster stürzte. Er bemerkte, wie sich der Schubregler bewegte und sein Evolution-Schiff katapultmäßig in den künstlichen Horizont des Wurmloches eintauchte.

»Wir Lantraner beherrschen diese Technik bereits, solange wir zurückdenken können«, dachte Heran. »

Irgendwann ist die Zeit reif, auch die jungen Rassen an diese Technik heranzuführen.«

Heran wusste jedoch, dass Aritron und der Rat der Hohen-Empore sich mit dieser Denkweise schwertaten. Es würde noch sehr viel Überzeugungs-Arbeit nötig sein, um ein Umdenken der Mitglieder dieses Gremiums zu ermöglichen. Er lehnte sich in seinem bequemen Kommando-Sessel zurück. Heran schaute auf seinen zentralen Kontroll-Bildschirm. Die grau-schwarzen Farben des inneren Wurmloch-Portals zogen an ihm vorbei. Der Flug kam ihm wie eine Ewigkeit vor. Er wusste jedoch, dass in der Realzeit nur wenige Sekunden vergehen würden. Heran sah wieder ungeduldig auf seinen Monitor. Das Ende des Wurmlochs war erreicht. Vor ihm bildete sich ein hellblaues Energiefenster. Das Evolutions-Schiff flog darauf zu und verschmolz Sekunden später mit der Helligkeit.

Die Dunkelheit des Alls löschte seinen Schmerz. Er erkannte die bekannten Sternen-Formationen wieder.

»Die Instrumente justieren sich neu«, weckte ihn die sanfte Stimme der KI aus seinen Gedanken.

»Bitte lege mir die aktuellen Bilder auf den zentralen Monitor«, befahl er. »Bitte aktiviere die Tarnung unseres Schiffes.«

»Die Tarnung wurde aktiviert«, bestätigte die Hypertronic-KI. Es ist jetzt ausgeschlossen, dass wir geortet werden.«

»Danke«, antwortete Heran. »Das ist mir bekannt.«

Das Bild flackerte und baute sich neu auf. Jetzt zeigte es erste Außenaufnahmen an. Heran lächelte, als er das Planeten-System sah.

»Das alte Sol-System«, dachte er. »Es liegt weit abgelegen von dem Zentrum der Galaxie. Doch immer wieder wird es zu der Geburtsstätte intelligenter Wesen und aufregender Ereignisse.«

Heran dachte an die natradische Kultur, die längst untergegangen war. Die Letzten dieser Rasse hatten sich einen neuen Planeten im Sombrero-Nebel gesucht. Es gab aber auch Kulturen, die vor den Natradern hier heimisch gewesen waren. Sie hatten ebenfalls viele Eindrücke hinterlassen. Mit Unbehagen erinnerte er sich an die Raguner, die sich als wichtigste Lebensform in der Milchstraße verstanden hatten. Doch das war lange her.

»Warum spielt das Sol-System immer wieder eine wichtige Rolle in der Milchstraße?«, fragte sich der Lantraner. » Was hat dieses System, was andere Sternen-Systeme nicht haben? Jetzt ist die Zeit der Terraner gekommen. «

Heran grinste still vor sich hin.
»Ich habe das gute Gefühl, dass sie es besser machen werden als alle Rassen vor ihnen«, murmelte er.

Er stoppte sein Schiff, parallel zur Saturnbahn. Neugierig zoomte er das Bild von dem Mond Titan heran.

»Die Terraner sind sehr fleißig«, erkannte er.

Mit Respekt erkannte der die größer werdende Stadt auf dem Saturn-Mond. An den Außenverkleidungen zahlreicher Firmengebäuden und Lagerhallen wurden Montage und Schweißarbeiten durchgeführt. Das industrielle Areal breitete sich immer weiter aus. Verladekräne und Arbeits-Roboter löschten die Ladungen von Transportschiffen. Sie beförderten kontinuierlich Nachschub an Material von Tarid, das mit Anti-Grav-Plattformen durch große Sicherheits-Schleusen in die angrenzenden Schiffswerften transportiert.

Zahlreiche Raumschiffe starteten von dem Landehafen, andere Transportschiffe warteten auf ihre Landegenehmigung im Orbit.

Er schüttelte verständnislos seinen Kopf.
»Äußerst bemerkenswert«, flüsterte er. »Hast du genügend Aufnahmen gemacht? Diese forsche Arbeitsweise können sich unsere Techniker einmal als Vorbild nehmen.«

»Alle Bildaufnahmen wurden gespeichert «, antwortete die KI freundlich. »Wie du weißt, ist das eine programmierte Vorgabe.«

»Zwischendurch kann die weibliche KI sehr nervig sein«, dachte Heran. »Zu gegebener Zeit werde ich mich einmal mit ihr beschäftigen und diesen vorlauten Ton korrigieren.«

»Öffne bitte eine Hyperraum-Funkverbindung nach Tarid«, befahl er.

»Die Verbindung hat sich eingerastet«, antwortete die KI. »Du kannst sprechen.«

»Hier ist Heran«, sprach er in einen Communicator. »Ich rufe Major Travis. Mein Schiff befindet sich im Anflug auf

Tarid. Bitte erteilen sie mir eine Landegenehmigung. Ich folge ihrer Einladung und bitte um weitere Einweisungen.«

Heran wartete einen Augenblick.
»Jetzt warten wir, bis eine Antwort eingeht«, bemerkte er. »Lasse die Frequenz bitte eingestellt. «

»Das versteht sich von selbst«, antwortete die KI verstimmt.

Heran ignorierte den Kommentar und lehnte sich in seinem Kommando-Stuhl bequem zurück.

»Beobachten wir einmal, wann ihre Ortungs- und Frühwarnsysteme anschlagen werden«, lächelte er.

***

»Wir sind jetzt vollständig«, fuhr General Poison fort. »Wie sie alle wissen, sind die Worgass mit einem leichtsinnigerweise abgestellten, älteren Tarin-Jet geflüchtet. Wie sie diesen bedienen konnten, das entzieht sich unserer Kenntnis. Die Analyse der Flugroute ergab, dass der Jet zunächst eine Position im Kuiper-Gürtel angeflogen hat. Von diesen Koordinaten aus, konnten wir dann später die Funksprüche der wartenden Gruppe aufzeichnen. Vermutlich haben die Saboteure bemerkt, dass wir sie geortet hatten.

Kurz nach dem abgesetzten Funkspruch, flog das getarnte Schiff neue Koordinaten an. Es handelte sich um ein Objekt in der Oortschen-Wolke. Wir lokalisierten den Kleinst-Planeten Sedna 90377 als Ziel. Er ist uns als ein transneptunisches Objekt bekannt und gehört zu den Zwergplaneten. Hier existierte ein uns unbekannter Horchposten. Die Cuuda 001, unter dem Befehl von Captain Hunter, hatte die Verfolgung aufgenommen.«

Der General machte eine kurze Pause und ließ seine Worte wirken.

»Glücklicherweise kam Major Travis gerade in diesem Moment von seiner Expedition zurück«, fuhr er fort. »Wir konnten die Termar 1 über eine verstärkte Hyperkomm-Funkverbindung erreichen. Der Major wurde über die Vorfälle informiert. Wir baten ihn die Koordinaten anzufliegen und Captain Hunter zu unterstützen.

Zwischenzeitlich gelang es aber Captain Hunter, dass sich im Landeanflug auf Sedna befindliche Raumschiff der Worgass komplett zu vernichten. Im Anschluss hieran konnte die Termar 1 den Horchposten auf diesem Planeten ebenfalls zu eliminieren.«

General Poison nickte Noel zu. Der drückte eine Taste vor sich auf dem Tisch. Ein dreiseitiger Bildschirm senkte sich von der Zimmerdecke herunter. Als er in Position war, drückte Noel erneut einen Knopf. Bildsequenzen huschten über den Bildschirm. Die Zuschauer sahen, wie ein mächtiges Hyperspace-Geschütz ihr Geschoss abfeuerte. Des Weiteren zischten starke Laserlanzen aus den 15 Waffentürmen der Termar 1 auf den Planeten zu.

»Das sind die Aufzeichnungen der Termar 1«, erklärte er General. »Sie sehen die letzten Sekunden des Horchpostens.«

Die Zuschauer folgten gebannt den Aufzeichnungen. Es dauerte nur wenige Sekunden, bis das Geschoss der Hyperspace-Kanone wieder materialisierte und am Boden einschlug. Ein Höllen-Szenario brach aus. Die Explosion entwickelte sich zu einem Feuerball extremer Größe. Der Steinboden im Bereich des Horch-Postens brach ein. Steine, Geröll und Staub wirbelten durch die Luft. Die massive Hitze hatte die Energie-Generatoren der geheimen Basis erreicht und brachte sie zur Detonation.

Eine komplette Breitseite, der backbord liegenden Waffentürme der Termar 1 schossen auf die angeschlagene Basis zu. Die Lasersalven trafen direkt in die offene Wunde. Neue Kettenreaktionen folgten. Weitere Flächen des ausgehöhlten Kleinst-Planeten brachen ein. Wieder und wieder stießen Flammen lodernd aus dem Boden hervor und verpufften. Eine große Rauchfahne verlief von dem Planeten ins All. Weitere Detonationen und Explosionen folgten. Dann endlich hörte das Inferno auf. Nur noch dicker Raum und Qualm stiegen auf. Der Horchposten der Worgass war vollständig zerstört worden. Die Aufzeichnung endete.

»Die in unserem Tarin-Jet fliehenden Worgass müssen die Zerstörung ihres Tarn-Schiffes und des Horchpostens mitbekommen haben«, sagte General Poison. »Nach ihrer Materialisierung scannten sie kurz die Umgebung und flüchteten direkt wieder mit einem neuen programmierten Kurs. Dieser führte sie nach einigen Orientierungs-Stopps, direkt zu unserer Erde. Durch ein äußerst geschicktes Manöver materialisierte das Schiff direkt in der Atmosphäre unseres Planeten. Wir hatten uns immer gefragt, wieso und weshalb sie diese Koordinaten in den Bord-Navigator eingegeben hatten. Was wollten sie wieder auf der Erde?

Wir befürchteten bereits das Schlimmste. Vergeltung, Zerstörung, Rache und ähnliche Gedanken waren ja naheliegend. Sie hatten ihre Kameraden, ihr Schiff und ihren Horchposten durch die gehassten Humanoiden verloren. Seltsamerweise empfingen wir einen alten Code, den der Tarin-Jet gesendet hatte. Auch die verfolgenden Schiffe konnten ihn aufzeichnen. Nach unserer Meinung handelte es sich um einen kombinierten natradischen Notruf mit einem Aktivierungsbefehl. «

Der General blickte die interessiert zuhörenden Offiziere an. Dann fuhr er fort.
»Zu unserem Erstaunen, registrierten wir auf dem Meeresboden eine bisher nicht für möglich gehaltene Energieleistung. Es schien so, als liefen unter dem Meeresboden hunderte von Hochleistungs-Energiemeilern mit einem Schlag an. Eine gewaltige, für uns nicht abschätzbare Anzahl von Energie-Reaktoren, nahm seine Arbeit auf. Wir wussten nichts von ihnen. «

General Poison blickte seine Zuhörer an.
»Ich gebe der Einfachheit halber an dieser Stelle das Wort an Noel weiter «, sagte er.

Der General setzte sich auf einen Stuhl und lehnte sich zurück.

Noel stand auf, drückte wieder eine Taste, auf der mobilen Konsole vor ihm. Der Bildschirm flammte wieder auf.

»Hier sehen sie die letzten Sekunden des Geschehens«, erklärte er.

Alle anwesenden Besucher starrten gespannt auf den Bildschirm. In der ablaufenden Sequenz wurde der flüchtende Tarin-Jet gezeigt. Ein gelber Energiestrahl der Termar 1 schlug in das rechte Triebwerk des Jets ein. Die Anwesenden sahen, wie der Antrieb aussetzte, Feuer fing und eine Rauchfahne hinter sich herzog. Das Feuer erlosch, die automatische Löschvorrichtung funktionierte noch. Der Tarin-Jet fing an zu trudeln und drehte sich um die eigene Achse. Er war scheinbar nicht mehr steuerbar und fiel der Meeres-Oberfläche entgegen. Ein Teil der Zuschauer schrie auf, als ein breiter Laser-Fangstrahl aus der Wasserfläche schoss und den Tarin-Jet komplett einhüllte. Der Strahl stabilisierte die Kreiselbewegungen des Tarin-Jets und zog ihn der Wasser-Oberfläche entgegen.

Laserstrahlen der Termar 1 wurden von dem starken Fangstrahl abgeleitet. Sie richteten keinen Schaden an. Der Tarin-Jet wurde von dem Fangstrahl abgebremst und sanft durch die Wasseroberfläche gezogen. Er sank tiefer und tiefer in das Meer Dann entzog sich der Tarin-Jet schemenhaft der Aufzeichnung. Die Zuschauer sahen, wie ein baumstammdicker Energiestrahl aus dem Wasser hervorbrach und in Richtung des Himmels davon schnellte. Die Aufnahme wurde unruhig und brach ab.

Noel schaute die Anwesenden an.
»Die unruhige Aufzeichnung der letzten Sekunden resultierte aus dem Streifschuss, der in die Schutz-Schirme der Termar 1 einschlug«, bemerkte er. »Der fast ein Meter messende Laserstrahl stammt von einem Hochleistungs-Abwehrgeschütz natradischer Bauart. Es ist ein ähnliches Abwehrgeschütz, wie die Geschütztürme, die sie hier auf Natrid vorgefunden haben. Dieses Geschütz ist nur eines von vielen, die wir zur Verteidigung unserer Basis auf Tarid installiert hatten.«

Lautes Gemurmel füllte den Raum. Noel blickte in die Runde der Zuhörer.

»Ja, sie vermuten richtig, meine Damen und Herren«, sagte er. »Auch auf der Erde gab es eine mächtige natradische Verteidigungsstation. Auch sie wurde durch eine sehr moderne und intelligente Hypertronic-KI verwaltet.«

Der Klon der natradischen Hypertronic-KI blickte in die Gesichter der Zuhörer.

»Neben unserer eigenen KI auf Natrid, besaß die mächtige Basis auf Tarid die modernste und die fortschrittlichste künstliche Intelligenz im ganzen Universum. Diese Basis war nicht nur als eigenständiges Abwehr-Bollwerk konstruiert, die den Abwehrkampf von Natrid unterstützen sollte, sie war weit mehr. Die Anlage diente gleichzeitig als Forschungs-Zentrum, Handelszentrum, als Bildungszentrum für unsere Hilfsvölker und als ein riesiger Raumschiff-Hafen. Ferner besaß sie einen geheimen Bereich, der nur von der kaiserlichen Kaste betreten werden durfte. Hier wurden geheime Projekte entwickelt, die nicht bekannt werden durften.«

Er blickte Marin und Gareck an.
»Ich glaube, hierzu können uns gleich unsere wissenschaftlichen Genies weitere Informationen geben«, lächelte Noel.

Die Angesprochenen wirkten wie in einer Schockstarre. Sie rutschten auf ihrem Stuhl unruhig hin und her.

»Sie konnten damals den geheimen Bereich des Kaisers ohne weitere Prüfungen betreten«, fuhr Noel fort. »Dies war nur wenigen Natradern gestattet.«

Noel schaute wieder die Zuhörer an.

»Für uns Natrader war diese Station die Wichtigste von allen Stationen«, fuhr er fort. »Entsprechend dieser Einstufung wurde auf der Tarid-Basis jede 500-Meter ein großkalibriger Abwehr-Geschützturm installiert. Vor dem Krieg unterhielt die Basis eine eigene Raumschiffsflotte, die als schnelles Eingreif-Geschwader fungierte. Jedes sich nähernde Schiff wurde bereits im All abgefangen und kontrolliert, bevor eine Landegenehmigung erteilt wurde.

Die bodengebundenen Abwehr-Geschütze waren neben unseren Raumschiffen die effektivsten Waffen im kaiserlichen Imperium. Das mussten jetzt auch Major Travis und Captain Hunter erfahren. Die Termar 1 wurde nur leicht gestreift. Aber dieser Streifschuss ließ bereits alle Generatoren des Schiffes sprunghaft auf Maximum ansteigen, um genügend Energie für den Schutzschirm bereitstellen zu können. Captain Hunter hatte nicht so viel Glück. Obwohl sein Schiff genügend Abstand hatte und sich mit einem vollständig aktivierten Schutzschirm näherte, sorgte der zentrale Treffer des Abwehr-Geschützes für einen massiven Rückstoß seines Schiffes. Die Absorber und die Antriebe wurden hiervon völlig überrascht und konnten nicht mehr rechtzeitig reagieren. Sie überhitzten und rissen anhängende Systeme mit in den Überlastungsbereich.

Jetzt werden sie fragen, warum verwenden wir nicht solche durchschlagenden Geschütze auf unseren Raum-Schiffen. Die Antwort ist einfach. Diese enorme Kraftentfaltung kann nicht nur mit 10 Energie-Generatoren bereitgestellt werden, wie sie auf unseren Schiffen installiert werden. Nennen sie es ein Platzproblem, oder auch eine Unterversorgung durch Energiemeilern. Die Kraftentfaltung ist nur möglich, wenn im Bedarfsfalle hunderte von Energiemeilern synchron geschaltet werden können. Über diesen Weg kann die Energie an die Abwehr-Geschütztürme weitergeleitet werden. Ferner besitzt die Tarid-Basis einen modernen, dreifachen Kreuzfeld-Schutzschirm. Einfach ausgedrückt handelt es sich um drei Energie-Schirme, die versetzt übereinander liegen. Mögliche Angreifer hätten das Problem, das sie nach und nach jeden einzelnen Schirm ausschalten und kollabieren lassen müssten. Nach meinen zugänglichen Informationen ist das aber nie etwas vorgekommen.«

Noel hielt kurz inne. Alle Zuhörer waren von seinen Schilderungen in den Bann gezogen.

»Wieso galt denn die Tarid-Basis als vernichtet?«, fragte Barenseigs.

»Warum wurden wir nicht über die Existenz der Tarid-Basis informiert?«, ergänzte Marc die Frage.

Noel hob die Hand.
»Gute Fragen«, erwiderte er. »Hierauf komme ich jetzt zu sprechen. Wie bereits anfänglich erwähnt, war die Tarid-Basis unser Prunkstück. Der Standort wurde in den Anfängen sorgfältig ausgewählt. Eine gemäßigte Zone, gelegen im Atlantik, zwischen dem heutigen Europa und Amerika, war für unsere Zwecke die beste Wahl. Gelegen an dem Golfstrom, wurde eine Fläche von 253.000 qm 2 von dem Kaiser für den Bau Vorzeige-Station eingeplant. Sie sollte alle bestehenden Abwehr-Stationen an Größe und Leistungsfähigkeit übertrumpfen. Allein die Kantenlänge von 13.500 Kilometern waren beachtlich. Aber auch die klimatischen Eigenschaften des kleinen Kontinentes entschieden über den Standort der Tarid-Basis. Aufgrund der Nähe zu Natrid gelegen, wurde die KI-geführte Basis über Jahrhunderte immer weiter ausgebaut und vergrößert. Durch ihre erweiterten Aufgaben konnte sie nach und nach zu einer Großstadt wachsen. Sie wurde zu einem Moloch, mit nicht mehr überschaubaren Grenzen.

Die mittlerweile gewaltige Basis, mit ihren technischen Einrichtungen und dem Raumflug-Hafen, besaß ein Jahr vor dem großen Krieg eine Größe von 830 Kilometern.

Zählen wir die Wohn-Einrichtungen, die angesiedelte Firmenkomplexe, externe Fertigungshallen und sonstige Einrichtungen von Zulieferanten hinzu, sowie die ausfernde Urbanisierung, dann kommen wir auf eine gesamte Bebauungs-Fläche von fast 1.530 Kilometern. Es war damals schwer möglich, die privaten Bereiche ebenfalls durch einen Schutzschirm abzusichern. Es kann aber auch sein, dass die kaiserliche Kaste seinerzeit keine Notwendigkeit hierfür sah. Diese Bereiche waren in einem Krisenfall auf sich selbst gestellt. Der aber aus der Sicht der damaligen Militärs, sowieso nie eintreten wäre.

Die Führungs-Kaste des kaiserlichen Imperiums sonnte sich in großer Selbstüberschätzung. Für sie gab es keinen zweiten vergleichbaren Komplex im ganzen bekannten Sonnen-System. Ähnlich, wie wir jetzt unser kleineres Logistik-Zentrum auf Titan aufbauen, war zu den Zeiten des kaiserlichen Imperiums, die Tarid-Basis der vorrangige Dreh und Angelpunkt im Sol-System und zuständig für alle Importe des täglichen Lebens. Hier war das imperiale Handels-Zentrum eingerichtet worden.

Massenhaft eingehende Waren wurden in speziellen Sicherheits-Zonen kontrolliert und geprüft. Sie können sich vorstellen, dass von allen Planeten des Imperiums unterschiedliche Lieferungen erfolgten. Das war der größte Bereich der Basis. Abgeschottet in dicken

Kammern aus Natrid-Stahl, wurden alle eingehende Sendungen geprüft. Diese Konstruktionen sollten auch die Explosionen von planetenzerstörenden Bomben abschmettern. Es gab zu der damaligen Zeit bereits Feinde des Imperiums. Die Militärs versuchten auf diesem Wege, alle Lieferungen von Bomben, oder von zerstörerischen Waffen zu verhindern. Einen entsprechenden Zwischenfall hatte es nie gegeben. Vermutlich war der Respekt vor einer Vergeltung der kaiserlichen Flotte zu hoch.

Das war aber noch nicht alles. Ich sprach bereits davon, dass hier auf der Tarid-Basis unterschiedliche Forschungs-Zentren installiert und eingerichtet worden waren. Zwar wurden hier keine Großprojekte für Raumschiffe entwickelt, diese Aufgabe war nach wie vor dem Natrid Mond Nors vorbehalten, aber viele kleine Entwicklungen wurden hier ausgetüftelt. Zusätzlich gab es den Raumschiff-Hafen, Werften und Reparaturzentren. «

Marin und Gareck fühlten sich sichtlich unwohl. Sie hatten sich abgedreht und schauten zum Fenster hinaus. Noel hatte dies mitbekommen.

»Vielleicht wollen unsere wissenschaftlichen Genies noch etwas hierzu beitragen«, fragte er. »Es scheint ihnen ja langweilig zu sein. «

Die Augen aller Zuhörer richteten sich auf die beiden Wissenschaftler.

»Ich hoffe, sie erkennen alle das Problem mit solchen Wissenschaftlern? «, sagte Noel plötzlich. »Sie werden einer Behörde unterstellt, sie bekommen eine Aufgabe, doch sie geben in den seltensten Fällen eine Rückmeldung, wie weit sie mit ihren Arbeiten gekommen sind. Nach meiner Meinung haben sie eindeutig zu viele Freiheiten. «

Die Angesprochenen drehten sich erzürnt um.

Major Travis stand auf.
»Jetzt gehen sie nicht so schwer mit Marin und Gareck ins Gericht«, lächelte er. »Wir sind froh, dass wir sie haben. Sie verhalten sich äußerst kooperativ und sind uns eine große Hilfe. «

Noel hielt seine Hände hoch.
»Schon gut, das Experiment ist gelungen«, rief er. »Sie alle haben es mitbekommen, dass Major Travis gegenüber den Wissenschaftlern als Gönner auftritt. So war es schon immer. Die Wissenschaftler hatten ihre eigenen Protegés. Entsprechend dieser Tatsache habe ich in meinen Datenbanken nur wenige Informationen über

die geheimen Arbeiten gespeichert, die von der wissenschaftlichen Kaste durchgeführt wurden. Ich bitte jetzt Marin und Gareck noch einmal um weitere Informationen, welche geheimen Projekte auf der Tarid-Basis durchgeführt wurden.«

Marin und Gareck standen auf.
»Noel, geschätzter Major Travis, geehrter General Poison«, sagte Marin. »Erst einmal möchten wir uns für ihr Entgegenkommen und ihr Vertrauen bedanken. Sie haben uns in ein neues Leben geführt, das uns sehr gut gefällt. Es ist ganz anders, als alles was wir bisher kannten.«

Major Travis winkte ab.
»Das ist selbstverständlich«, sagte er. »Aber lassen wir das freundliche Wortspiel und kommen direkt zu dem Wesentlichen. Klärten sie uns bitte auf, mit welchen Geheimprojekten die Tarid-Basis betreut wurde?«

Marin und Gareck schauten sich an. Sie tuschelten leise untereinander. Die restlichen Zuhörer verstanden nicht, was sie besprachen.

General Poison schlug mit der flachen Hand auf den Tisch. Ein schallendes Geräusch fuhr durch den Raum. Erschreckt blickten ihn alle Zuhörer an.

»Bitte sprechen sie laut, damit wir mithören«, schrie er.
»Sie sind mir und dem neuen Imperium unterstellt. Haben sie ein Problem hiermit? «

Marin und Gareck blickten den General an.
»Bitte entschuldigen sie General«, antwortete Gareck irritiert. »Das sollte keine Unhöflichkeit sein. Wir mussten uns kurz besprechen. Wie sie wissen, waren wir unter dem Kaiser als Geheimnisträger eingestuft. Das Weitergeben von Informationen hatte die Todesstrafe zur Folge. Wir waren immer loyal und zuverlässig. So verfahren wir heute immer noch. Sie können uns vertrauen. Zuerst eine Frage an Noel. Sind wir aus der alten Bindung der kaiserlichen Gesetzgebung entlassen? «

Noel nickte.
»Die Bindung ist aufgehoben«, bestätigte der Klon der natradischen Hypertronic-KI. »Das kaiserliche Imperium existiert nicht mehr. Das sollten sie zwischenzeitlich auch mitbekommen haben. Durch die Programmierung von Admiral Tarin stehen alle Hinterlassenschaften und auch die hieraus resultierenden Informationen uns und den Terranern zur Verfügung. Sie sind als rechtmäßige Nachkommen anerkannt. Reicht ihnen das als Rechtfertigung? «

Marin und Gareck nickten.
»Das reicht uns völlig«, antwortete Marin. »Wir werden jetzt ihre Fragen beantworten. «

Er blickte die Zuhörer an. Dann fing er an zu reden.
»Die große Basis war auch für uns ein Mysterium«, erklärte er. »Hier wurden viele geheime Projekte durchgeführt, in die wir leider auch nicht immer eingeweiht wurden. Sie wurden von dem Kaiser genehmigt und von den Forscher der wissenschaftlichen Kaste durchgeführt. Es kam öfters vor, dass besonders geheime Langzeitprojekte von der pflichtbewussten und allwissenden Verwalterin der Basis im Auftrag des Kaisers überwacht wurden. Sie war die engste Mitarbeiterin von Quoltrin-Saar-Arel und genoss sein volles Vertrauen.

Alle Aufgaben der Station unterlagen ihr. Somit auch die Überwachung der geheimen Forschungs-Zentren. Noel kannte sie nicht, weil sie stets im Hintergrund agierte. Sie zog alle Fäden für den Kaiser. Im Gegenzug für ihren absoluten Gehorsam, stattete der Kaiser seine eigenwillige künstliche Verwalterin mit unglaublichen Freiheiten aus. Er akzeptierte ihre mitunter doch sehr eigenwilligen Ideen. Die junge Frau war der Inbegriff des natradischen Wissens, kombiniert mit ausgesuchter DNA aus Tarid. Diese Person konnte sich selbst weiter entwickeln und optimieren. Der Kaiser hatte es ihr zugestanden. Sie war der mobile Arm der mächtigen Hypertronic-KI von Tarid. Ununterbrochen stand sie mit der M-KI in geistiger Verbindung.«

Marin und Gareck sahen irritierte Blicke der Zuhörer.

»Diese Bezeichnung verwendeten wir, wenn die KI die Mutter darstellte und ihr mobiler Arm ein eigenständiges Wesen war«, erklärte Mareck. »Sie konnte auf gedanklicher Ebene eine Verbindung zu ihrer Mutter herstellen. Ihr Gehirn war entsprechend modifiziert worden. Aufgrund dieser Tatsache war sie immer über alle Geschehnisse auf der kompletten Basis informiert. Wir konnten nie herausfinden, ob sie eine künstliche Person war, ob sie ein Klon-Wesen, oder letztendlich ein Cyborg war.«

Noel wirkte irritiert.
»Wieso wurde ich nicht informiert?«, fragte Noel. »Diese Person ist mir nicht vorgestellt worden.«

»Das geht mir genauso«, bemerkte Sirin. »Ich halte diese Geschichte für Fantasie. Mein Onkel hätte mir so etwas Kurioses bestimmt mitgeteilt.«

Marin und Gareck lachten gleichzeitig auf.

»Sie werden gleich noch mehr hören Prinzessin, dass sie auch für Fantasie halten werden«, bemerkte Marin ernst.

Sirin blickte die natradischen Genies skeptisch an.

»Der Kaiser war mit der Tarid-Basis völlig neue Wege gegangen«, sagte Marin. »Wie ich ihnen schon mitteilen konnte, wurde dem ganzen Personal unter Androhung der Todesstrafe verboten, jegliche Informationen der Tarid-Basis weiterzugeben. Der mobile Arm der Hypertronic-KI sollte nach außen nicht in Erscheinung treten. Zu diesem Zweck gab es die M-KI, wie sie auch auf Stationen von Kolonien, Basen, oder Flotten-Kampfstationen eingesetzt wurde. Die künstliche Intelligenz von Tarid, sollte nach dem Willen des Kaisers über mehr Wissen verfügen als die alte natradische Groß-Hypertronic-KI auf Natrid. Ferner sollte sie als externer Speicher für alle sensiblen von Noel und von den anderen Behörden auf Natrid eingesetzt werden. «

»Warum wurde aus dieser Hypertronic-KI ein großes Geheimnis gemacht? «, erkundigte sich Barenseigs.

Marin blickte in seine Richtung.
»Das wissen wir nicht«, antwortete er. »Wir waren nur für wissenschaftliche Projekte eingeteilt. Der Kaiser hat uns

seine Pläne nicht verraten. Aber irgendetwas, noch Geheimeres wird es wohl gewesen sein.«

»Das werden wir wohl nie mehr erfahren«, erwiderte Noel. »Die kaiserliche Kaste ist durch den Angriff der Rigo-Sauroiden bekannter Weise getötet worden. Sämtliche geheimen Informationen wurden vernichtet.«

Marin und Gareck sahen sich an.
»Wir würden das jetzt so nicht unterschreiben«, bemerkte Gareck.

Noel stand auf und schüttelte seine Kopf.
»Jetzt habe ich langsam genug von euch«, sagte er in einem leisen Tonlage. »Warum gebt ihr alle Informationen immer nur stückchenweise preis. Vielleicht sollte ich euch von meinen Shy-Ha-Narde abführen lassen. Diese Roboter würden die Informationen schon aus euch herausbekommen.«

General Poison winkte ihm zu.
»Sie werden mir immer ähnlicher«, rief er ihm zu.

Marin und Gareck schauten ängstlich zu Major Travis.
»Darf ich sie zur Ordnung rufen«, bemerkte der Major. »General Poison und Noel, bitte lassen sie Marin und Gareck ihren Bericht zu Ende führen. Sie sind

Wissenschaftler und haben ihre eigene Art. Ich bin sicher, dass sie uns alles Wichtige noch mitteilen werden.«

Er nickte den beiden Wissenschaftlern zu.
»Lassen sie sich von dem General und von Noel nicht einschüchtern«, beruhigte er sie. »Sie beide stehen unter meinem Schutz. Bitte sprechen sie jetzt weiter.«

»Danke, Herr Major«, antwortete Marin. »Wir fahren jetzt in unseren Ausführungen fort.«

Die beiden ließen eine kurze Pause vergehen.
»Wir erklären ihnen jetzt, warum wir das nicht so bedenkenlos unterschreiben können«, sagte Gareck. »Seit dem Krieg sind 100.000 Jahre ihrer Zeitrechnung vergangen. Dieses bedeutet aber nicht, dass der mobile Arm der Tarid M-KI nicht mehr existent ist.«

Lautes Gemurmel erfüllte den Raum.
»Unmöglich«, rief einer der Anwesenden.

»Dieses Wort haben wir bereits lange aus unserem Vokabular gestrichen«, antwortete Marin. »Die künstliche Person, von der wir hier sprechen, ist praktisch unsterblich.«

Wieder störte lautes Geflüster die weiteren Ausführungen der Wissenschaftler. Erneut sprang Major Travis auf.

»Ich möchte keine Zwischenrufe und Bemerkungen mehr hören«, sagte er laut. »Der Nächste, der hier unaufgefordert redet, wird des Raumes verwiesen. Ich meine es ernst. Bitte fahren sie fort, Marin. «

Das natradische Genie nickte nur.
»Die Person, über die wir gerade sprechen, ist weiblich«, lächelte Marin. »Sie ist das exakte Gegenstück zu Noel. Die Kommandantin der großen Basis hatte von Kaiser Quoltrin-Saar-Arel, den vollen Zugriff auf das Projekt „Unsterblichkeit" gewährt bekommen. Sie besaß ein eigenes für die gefertigtes DNA-Klon-Bad. Das ist eine Anlage, die mit generierter und programmierbarer DNA-Substanz angereichert und mit ISO-Energie aufgeladen wird. In diesem Zustand senden die DNA-Partikel gespeicherte Informationen aus und suchen ihre nachfolgenden und anhängenden Teilchen. Diese fügen sich dann, gemäß einer vorherigen Programmierstruktur, lückenlos nach den vorgegebenen Befehlen im Energie-Baukasten zusammen. Es entstand eine vollkommene Person.

Diese Kunstfrau aus reiner, geordneter und programmierter DNA kann schon fast als ein Überwesen bezeichnet werden. Sie konnte sich grenzenlos neue Körper produzieren und ihren Gedächtnis-Inhalt, wir meinen damit ihr ganzes Wissen, immer wieder downloaden. Sie verfügt über extreme Möglichkeiten, die ein normaler Natrader oder auch ein Mensch niemals hätte aktivieren können. Sie ist das erste gelungene Experiment einer genoptimierten, humanoiden Person. Mit diesem Genmaterial wollte der Kaiser zu gegebener Zeit eine neue natradische Rasse erzeugen. Doch hierzu kam es nicht mehr. Die ersten Zwischenfälle mit den Rigo-Sauroiden vereitelten den Plan. Der Kaiser gab seinem weiblichen Experiment einen Namen, der die Geschichte von Tarid veränderte. «

Wieder fügte Marin eine kurze Pause ein und schaute auf die gespannten Gesichter der Zuhörer. Dann fuhr er fort.

»Ihr Name lautet Atlanta«, schmunzelte er. »Sie war, oder ist vielleicht immer noch die eigentliche Königin der Tarid-Basis. Alle eingehenden Informationen wurden ihr zugänglich gemacht. Sie bildete eine Einheit mit ihrer M-KI. Gleichzusetzen mit einem Verhältnis, das wir es auf der heutigen Erde wiederfinden, wenn wir von einer Mutter-Kind-Beziehung reden. Das Verhältnis war sehr intensiv. Entschuldigen sie bitte, dass ich in der Vergangenheit rede. Ich muss mich auch erst auf die neue Situation einstellen. Also wird sie das auch in der Zukunft so sein. Atlanta muss sehr verärgert gewesen sein, wenn sie sich die ganze lange Zeit nicht gemeldet hat. Bevor sie weitere Fragen stellen, lege ich weitere Informationen unseres Wissen offen. Kaiser Quoltrin-Saar-Arel hatte viele Geheim-Projekte finanziert, die von der wissenschaftlichen durchgeführt wurden. Hierunter waren auch sogenannte Zeitexperimente. Zu diesem Zweck waren durch die wissenschaftliche Kaste bereits Zeitmanipulatoren konstruiert worden.«

Gareck führt die Geschichte fort.

»Sie müssen sich die Zeit als eine Dimension vorstellen«, erklärte er »Diese Zeit-Dimensions-Manipulatoren konnten die unterschiedlichen Zeitepochen anwählen und sie auch ansteuern. Leider reichte die Zeit nicht mehr aus für eine Erprobung. Drei fertiggestellte Prototypen der Zeit-Jets waren auf Nors stationiert und fast einsatzbereit. Leider wurden sie mit der Vernichtung des Mondes vollständig vernichtet.«

»Dort wurden auch die Forschungen mit Wurmloch-Antrieben vorangetrieben«, bemerkte Marin. »Dabei wurde festgestellt, dass überall im Universum bereits Wurmlöcher existieren, die für diese Antriebe genutzt werden konnten. Wer sie installiert hat, oder ob sie natürlichen Ursprungs sind, konnte nicht mehr geklärt werden. Diese Verbindungen reichen durch das ganze Universum. Stellen sie sich einmal die Möglichkeiten vor. Man könnte innerhalb kurzer Zeit neue unbekannte Galaxien anfliegen und sie erforschen.

Hierfür wäre allerdings ein immenser Energiebedarf nötig. Ferner wurde an einer Technik geforscht, die den Eingang in andere Dimensionen öffnen konnte. Es scheinen gleichzeitig mehrere Universen in unterschiedlichen Dimensionen zu existieren. Der Forschungsdrang war sehr groß auf dieser Basis. Nicht alle Projekte waren erfolgreich. Doch es wurden auch unzählige Erfolge verbucht. Auf unserer Tarid-Basis war das Zentrum für weiterreichende Gen-Experimente eingerichtet worden. Diese Experimente gab es auf Natrid natürlich auch. Hier aber wurden Labore optimiert und ein makabreres-Museum mit fremden Lebensformen eingerichtet, die nicht von Natrid stammten.«

Marin machte wieder eine Pause. Kein Gemurmel wurde hörbar. Die Ansprache von Major Travis hatte gewirkt.

»Sie haben richtig gehört«, fuhr Gareck fort. »Natürlich wussten sie, dass die wissenschaftliche Kaste von Natrid Gen-Versuche an vielen Angehörigen unterschiedlicher

Rassen durchgeführte. Doch ein Erfolg stellte sich nicht direkt ein. Der größte Teil der außerirdischen Lebens-Formen konnte nicht genoptimiert werden. Trotz dem Ehrgeiz der natradischen Wissenschaftler und vieler intensiver Bemühungen, die unterschiedlichen Rassen als Hilfsvölker aufzubauen, waren die Experimente meistens an der nicht belastbaren Gehirnmasse und an der zu groben Feinmotorik, der unterschiedlichen Spezies gescheitert. Irgendwann bemerkten wir, dass auf dem Planeten Tarid selbst unscheinbares, aber intelligentes, robustes Leben heranwuchs. Diese bisher nicht beachtete Lebensform war von humanoider Natur, aber weitgehend noch im Frühstadium ihrer Entwicklung.

Die kräftigsten Exemplare dieser Gattung wurden für unsere Versuche eingefangen. Doch es war noch ein langer Weg. Nach endlosen Experimenten, einem angewandten Gehirnwachstums-Experiment, einer gelungenen Genmanipulation in Verbindung mit eingesetzter natradischer DNA, wurde die Spezies als Endergebnis für uns vielseitig einsetzbar. Diese neuen Barbaren des jungen Planeten Tarid wurden später unsere engsten Verbündeten. Die kaiserliche und die wissenschaftliche Kaste zeigten sich äußerst zufrieden mit dem Endprodukt. Unsere Bildungs-Zentren und die Implantations-Einrichtungen schulten die ausgewählten Exemplare dieses Planeten intensiv weiter. Sie konnten später für alle Bereiche des natradischen Lebens eingesetzt werden. Um nur einige Beispiele zu nennen, wurden sie als Ordnungs-Personal, als Sicherheitspersonal, als Gebiets-Kommandeure, Schiffs-Führer, sogar als Commander von Raumschiffs-Divisionen angelernt. Viel später füllten sie später viele bislang nur von Natradern besetzte Stellen aus.«

Captain Hunter hob die Hand.
Gareck blickte ihn an.

»Bitte Captain, sie haben eine Frage?«, erkundigte er sich.

»Es scheint mir, dass sich ihr ehemaliges Imperium intelligente Sklaven herangezüchtet hat«, fragte der Captain. »Diese haben sie vermutlich schamlos ausgenutzt und als Kanonenfutter verheizt? Das gab es bei uns auf der Erde auch schon einmal.«

Marin schaute ihn traurig an.
»Lieber Captain«, erwiderte er. »Sie scheinen die Tragweite meiner Ausführungen nicht verstanden zu haben. Nur durch unsere damals durchgeführte Manipulationen ihrer DNA, befähigt sie heute dazu, hier zu sitzen und diese Frage zu stellen. Falls sie sich einmal mit der Geschichte ihres Planeten beschäftigt haben,

dann hätten sie feststellen müssen, dass zu einer gewissen Zeit die ganze Evolution ihres Planeten förmlich explodierte. Was denken, wie dieser Prozess entstanden ist?«

Gareck unterstützte seinen Freund.
»Glauben sie tatsächlich, die Evolution hat einen Gang schneller geschaltet und die Intelligenz vom Himmel fallen lassen«, bemerkte er. »Das ist einzig und allein auf unsere Gen-Experimente zurückzuführen. Bitte verzeihen die meine direkten Worte, aber lassen wir Marin bitte fortfahren. «

Marin schaute zu Noel und General Poison. Diese lächelten und nickte ihm zu.

»Diese jungen belastbaren Barbaren von Tarid wurden Atlanta unterstellt«, erklärte Marin. »Sie bezeichnete sie später als ihre Kinder. Ihre spezielle Ausbildung, unterstützt durch Wissens-Implantationen, verdankten die Barbaren dem mobilen Arm der Tarid-M-KI. Es stellte sich heraus, dass diese modifizierten Personen sehr gerne unsere Kampf-Geschwader flogen. Später erzielten sie große Erfolge in dem Ausspähen und dem Vernichten eindringender, feindlicher Fremdrassen. Ihr Gehirn war zu dem Zeitpunkt flexibler und leistungsfähiger als das der Natrader selbst.

Zu ihrem besseren Verständnis sollte ich ihnen mitteilen, dass in allen Zeit-Epochen Gen-Versuche an Angehörigen des natradischen Volkes verboten waren. Ihre junge Rasse wies sich durch eine begeisterte Lernbereitschaft aus und sie konnte das Erlernte schnell in die Tat umsetzen. Sie alle waren durch und durch pflichtbewusst und loyal. Alle Aufgaben, die wir ihnen anvertrauten, erledigten sie mit Bravur. Den Namen, den wir dieser aufwendig modifizierten Rasse gaben, lautete später Atlanter. Die weiteren Projekte betrafen Hand-Feuerwaffen, Schilde, Modifizierungen an Raumschiffen und weitere Dinge, in die wir aber nicht eingeweiht waren. Wir geben auch zu bedenken, dass wir nicht nur auf Tarid eingesetzt waren. Zu der damaligen Zeit hatten wir viele Wirkungsstätten. Hier endet unser Bericht. Ich hoffe sie sind zufrieden. Ich gebe jetzt an Noel zurück. Vielleicht kann er noch alte Archive aktivieren, aus denen weitere Informationen hervorgehen. «

Noel schaute in die Runde der Zuhörer, konnte aber keine Handzeichen registrieren.

»Danke Marin, für ihre Ausführungen«, sagte er. »In den Archiven muss gelegentlich gesucht werden. Es sind so viele, dass ich ohne nähere Datei-Informationen, keine Archive öffnen kann. Aber ich schließe mich den

Ausführungen von Marin an. Sie können sich jetzt bereits denken, wie die Frühmenschen ihre Insel später benannten. Ab diesem Zeitpunkt wurde der Insel-Kontinent in unseren Archiven nur noch mit dem Namen Atlantis geführt. Die KI-Basis wurde in den nachfolgenden Jahrhunderten weiter ausgebaut und verstärkt. Die Stadt wuchs weiter, auch durch den Anschluss weiterer und neuer natradischer Industrie-Firmen, die alle irgendwie mit der Entwicklung und der Industrie auf Atlantis zu tun hatten. Die letzte Einwohner-Zählung bestätigte den positiven Lebensstil auf dem Inselkontinent und registrierte eine Zahl von 18 Millionen Einwohnern. Die Basis und der unter dem Schutzschirm liegende Bereich wurden kontinuierlich allen neuen technischen Erkenntnissen angepasst. Durch viele bestehende Transmitter-Verbindungen war es für die führende Kaste von Natrid leicht, von ihrer Heimat nach Tarid zu wechseln.

Leider gab es bei allen positiven Entwicklungen, immer noch Probleme, die nicht so einfach gelöst werden konnten. Obwohl sich der junge Planet Tarid klimatisch gefestigt hatte, wurden von Zeit zu Zeit immer wieder planetarische Probleme registriert. Vulkanausbrüche, Tsunamis aufgrund von Seebeben und tektonische Erdverschiebungen waren die vorrangigen Ereignisse. Nachdem in den früheren Jahren, bereits Teile der Basis, durch diese Probleme beschädigt oder vernichtet wurden, entschloss sich die kaiserliche Führung für die nachträgliche Installation eines aufwendigen Sicherungs-Systems. Die ganze Basis wurde auf unzähligen 2,5 Kilometer großen Modul-Boden-Platten gesetzt und mechanisch verankert. Die Steuerung der Servos wurde von der M-KI kontrolliert. Ferner wurden unter den massiven Bodenplatten leistungsfähige Antigrav-Einheiten verbaut.

So konnte sich die komplette Basis im Bedarfsfall von dem Boden lösen und sich bis zu einer Höhe von 10.000 Metern anheben. Es war eine immense, energiereiche Maßnahme gewesen. Alle für diesen Zweck mussten 750 neue Reaktoren zusätzlich in der Basis integriert werden. Aus meinen Daten-Archiven kann ich entnehmen, dass in den nachfolgenden Jahren mehrmals diese besondere Technik eingesetzt werden musste. Aber die geplanten Sicherheits-Maßnahmen funktionierten. Die Tarid-Basis wurde zu keiner Zeit mehr von Umwelt-Problemen beschädigt.«

»Das sagt aber immer noch nicht aus, warum wir nicht über die Existenz dieser Basis informiert worden sind«, bemerkte Major Travis.

Noel schaute in die Runde.

»Sorry, mein Fehler«, antwortete Noel betroffen. »Gemäß den mir vorliegenden Informationen galt die Basis als zerstört. Durch Beobachtungen, der wenigen verbliebenen Schiffe unserer Heimat-Flotte im Kampf gegen die Rigo-Sauroiden, wurden mir die vollständige Zerstörung und der Untergang der M-KI-Basis mitgeteilt. Aber auch die anschließende, durch die Flotte von Admiral Tarin, konnte nur die komplette Vernichtung und Auslöschung des Insel-Kontinentes feststellen. Zu keiner Zeit registrierte ich einen Hilferuf der Tarid-Basis oder ein Lebenszeichen von ihr. «

»Kann es sich hierbei um einen technischen Defekt gehandelt haben? «, fragte Sirin.

Noel schaute sie an.
»Ich sehe schon, ihnen und vielen der hier anwesenden Personen, sind die damaligen Geschehnisse von der Tragweite völlig unbekannt«, erklärte Noel. Ich werde daher jetzt auf Aufzeichnungs-Material aus meinen Archiven zurückgreifen und ihnen die letzten Stunden des Angriffes der Rigo-Sauroiden vorspielen. «

Noel zog eine kleine Tastatur aus der Innentasche seiner weißen Uniform. Er gab einige Zahlen hierauf ein und schaute auf den großen Monitor. Dieser fing an zu flackern.

»Dank der guten Arbeit unserer Spionage-Abwehr und der Informationen gefangener und gefolterter Sauroiden, kannte Admiral Tarin jetzt die Koordinaten ihres Heimat-Planeten«, erklärte Noel. »Das war lange überfällig gewesen. In Absprache mit dem Kaiser sollte zukünftig dem Spuk ein Ende bereitet werden. Viel zu lange war man nur das Opfer gewesen und man musste tatenlos dem Verlust von tausender Kolonien zusehen. Den Rigo-Sauroiden ging es nicht um die Planeten. Es war der Hass, gegenüber allem humanoiden Leben. Diese unnützen Lebensformen wollten sie vernichten. Die führende Kaste von Natrid wusste genug. Aus allen undenklichen Regionen des Imperiums wurden Raumschiffe zusammengerufen. In diesem Moment war es Admiral Tarin egal, ob die vielen Außensektionen des Imperiums entblößt wurden. Er wollte an den Rigos ein Exempel statuieren. Selbst von der bislang immer unantastbaren Heimat-Verteidigung wurde der größte Teil der schnellen Kampf-Zerstörer abgezogen und in die Schlacht-Flotte von Admiral Tarin integriert. Nach und nach zog sich die große Angriffsflotte des Imperiums in der Nähe von Natrid zusammen.

Eine nie gesehene Armada von 750.000 Groß-Raumschiffen war bereit für den Vergeltungsschlag. Der Admiral hatte die regierende Kaiser-Kaste überzeugt. Vor

100.000 Jahren startete das Projekt "Grüner Tod". Bis unter die Zähne bewaffnet, mit Bomben, mit Raketen und ausreichend Wasser und Energiekristallen, machte sich die Flotte auf dem Weg, des zehn Monate dauernden Fluges. Jeden Tag, jede Woche trafen positive Hyperkomm-Nachrichten ein und berichteten von einem positiven Verlauf des Fluges. Dann war die Flotte an ihrem Ziel angekommen. Die große Schlacht begann ohne weitere Vorwarnung. Zu groß war der Hass von beiden Seiten aufeinander. Entsetzen machte auf der Befehlsebene der natradische Flotte breit. Sie registrierte 7 Millionen kampfbereite Schiffe der Rigo-Sauroiden. Ein Zurück gab es nicht mehr. Dafür war es jetzt zu spät. Lediglich der Zufall war auf der Seite der Natrader. Niemals hätten die Rigos mit dem Einfall einer so starken natradischen Flotte in ihr Heimat-System gerechnet. «

Noel blickte die Zuhörer an.
»Dann veränderten sich plötzlich die positiven Nachrichten«, berichtete er. »Uns wurde mitgeteilt, dass sich das heimatliche System auf einen Angriff durch Fremdwesen vorbereiten sollte. Mehr als 2 Millionen Schiffe der Rigos waren mit einem unbekannten Ziel in den Hyperraum gesprungen. Eine Verfolgung konnte derzeit von Admiral Tarin nicht aufgenommen werden. Die Raumschlacht um den Heimat-Planeten der Rigos tobte unerbittlich. Unter schweren Verlusten gelang es

der natradischen Flotte, die große Flotten-Armada der Rigos zu vernichten. Die Raum-Abwehr war endlich ausgeschaltet. Ab diesem Zeitpunkt wurde ihr Heimat-Planet angegriffen. Mit einem Schlag wurden alle bodengebundenen Abwehr-Anlagen, Hyperfunk-Stationen, Radio-Stationen des Planeten dem Erdboden gleichgemacht. Alle Daten des Planeten wurden erfasst und gespeichert. Die Zao-Strahlen erfassten bisher noch unbekannte Techniken und speicherten sie.

Gemäß diesen Analysen und Hinweisen war es für uns später möglich den Groß-Duplikator nachbauen. Der ganze aufgestaute Hass der Natrader entlud sich an der Heimat-Welt der Rigo-Sauroiden. Zuerst wurden die Brutstationen vernichtet, dann folgten Verwaltung, Behörden und hiernach zivile und religiöse Einrichtungen. Ganze Bomben-Teppiche überzogen den Planeten und verbrannten alle Lebewesen und die Vegetation. Abschließend wurden die Planeten-Bomben eingesetzt. Sie setzten einen Atombrand in Gang, der nicht mehr löschbar war. Der Planet entwickelte sich in wenigen Stunden zu einer Sonne. Die Hitzeentwicklung ging weiter. Der Prozess endete mit der Explosion der Sonne als Super-Nova. Nichts blieb mehr von dem Planet der Sauroiden übrig. Genussvoll hatte die Führung der natradischen Flotte, dieses seltene Ereignis an ihren Bildschirmen verfolgt. Jetzt hieß die neue Anordnung, sofortiger Rückflug ins Heimat-System. Die fehlenden 2 Millionen Schiffe waren mit unbekanntem Ziel entschwunden. Gleichzeitig wurde uns mitgeteilt, dass die wenigen überlebenden Rigos nach dem Verlust ihrer Heimatwelt einen Suizid begangen hatten. Mit 3 Tagen Rückstand machte sich Admiral Tarins verbliebene Flotte von 273.000 Schiffen auf den Rückflug nach Natrid. Wir erhielten die entsprechenden Funksprüche und hofften auf sein rechtzeitiges Erscheinen.«

Noel ließ die Worte auf die Zuhörer wirken. Major Travis und Sirin kannten die Geschichte bereits. Jedoch kamen immer wieder neue Bruchstücke hinzu, die nicht in den Archiven von Noel abrufbar waren. Marc vermutete, dass der Klon der natradischen Hypertronic-KI immer noch auf geheime Datenspeicher zurückgreifen konnte.

»Falls sie Fragen haben sollten, bitte ich um ihre Meldung«, versuchte Noel die Zuhörer aufzumuntern. »Ich fahre ansonsten mit dem Zeitgeschehen fort.

»Die auf Natrid eingehenden Funksprüche der Angriffs-Flotte des Admirals und der Hinweis über den Abflug von zwei Millionen Schiffen der Sauroiden, ließen alle Sicherheits-Vorkehrungen des Imperiums anlaufen«, sagte er. »Von allen Sternen-Systemen forderte der Kaiser einen letzten Tribut. Sie sollten sich für ihn aufopfern. Er befahl alle noch kampffähigen Schiffe der verbliebenen Schutz-Flotte der Außen-Sektoren, ins heimatliche System zurückzufliegen. Es war jedoch eine bescheidene Ausbeute. Alle modernen Groß-Kampfschiffe hatten sich der Flotte von Admiral Tarin angeschlossen.

Kleinere Kreuzer, schlecht ausgestattete Polizei-Schiffe und viele Tarin-Jets, die für einen Kampf gegen Piraten umgebaut worden waren, mussten sich nun der Heimat-Verteidigung anschließen. Es wurde förmlich alles aufgeboten was fliegen und noch schießen konnte. Viele Konsulate auf den Kolonien und den annektierten Planeten legten heftigen Protest ein und forderten mehr Sicherheit für ihren eigenen Planeten. Der Kaiser ignorierte sie und deklassierte sie als zweitrangige Natrader.

Dann vor 99.000 Jahren passierte das Unvorstellbare. Mehr als 2,7 Millionen Schiffe der Rigos materialisierten in der Milchstraße. Ihr Angriff hatte die Vernichtung aller bewohnten Welten mit humanoiden Lebensformen zum Ziel. Noch wussten sie nicht, dass ihr Nachschub bereits vernichtet war und ihnen nicht mehr folgte. Keinen Funkspruch, keinen Hinweis erreichte ihre Flotte. Sie fühlten sich äußerst siegessicher. Die natradischen Schutz-Flotten waren abgezogen, weitgehend dezimiert und standen nicht zur Verfügung. Sie kämpften in einer anderen Galaxie. Die hierdurch entstandene, völlige Entblößung der externen Systeme, wurde von der kaiserlichen Führung und Admiral Tarin in Kauf genommen. Sicherlich aus heutiger Sicht der größte Fehler des Admirals.

Wie Höllenhunde aus dem Dunkel fielen die Rigo-Sauroiden über die Völker der Milchstraße her. Bisher wurden die Systeme immer von der Flotte des Imperiums beschützt. Diese stand aber in der schwersten Zeit unserer Epoche nicht zur Verfügung. Fast alle Systeme konnten jetzt nur auf die eigene planetare Abwehr zurückgreifen. Gerettet wurden nur die Sternen-Systeme, die rechtzeitig von einer der wenigen verbliebenen Eingreif-Schutzflotten, wie auch Sirin eine befehligte, erreicht werden konnten. Hierdurch gelang es mühsam, die Angreifer auszuschalten. Eine Flucht kam für die Rigos nicht in Frage. Sie kämpften bis zum
letzten Schiff.«

»Die Rigo-Flotte hatte sich zwischenzeitlich in unterschiedliche Angriffs-Geschwader aufgeteilt«, erklärte Noel. »Sie griffen alle ihnen bekannten Ressourcen-Planeten des kaiserlichen Imperiums an. Der Nachschub für die natradische Kriegsmaschinerie sollte lahmgelegt werden. Hyperfunksprüche nach Hilfe und

Verstärkung, wurden bewusst von der natradischen Befehlsebene ignoriert. Die wenigen, verbliebenen Kampf-Verbände, hierunter auch die Geschwader von Sirin, kämpften tapfer und erzielten leichte Erfolge. Sie konnten Teile der aufgesplitterten Flotte vernichten und einige Sternen-Systeme und ihre Lebewesen retten. Die Flotten-Kampf-Stationen waren übers das ganze Gebiet des Imperiums verteilt.

Sie sicherten meist vorrangige Systeme für das kaiserliche Imperium, die als unverzichtbar eingestuft wurden. Auch sie schaffen es, alle ihre Sternen-Systeme und die ihnen anvertrauten Lebewesen zu retten. Die emotionslosen, exoiden Angreifer wurden vernichtet. Alle Kampf-Geschwader kämpften in Unterzahl, gegen eine zahlenmäßig weit überlegene Armada von Angreifern. Die Kampf-Stationen selbst und ihre stationierten Schiffe waren in ihren Sektoren gebunden. Sie konnten nur aufwendig die Position wechseln. Wir mussten später feststellen, dass die Rigos gut vorbereitet gekommen waren. Die einzelnen Schlachten dauerten lange, doch unsere externen Verbände konnten viele Geschwader der Rigos Kampf-Flotten vernichten, oder unschädlich machen. Wie schon erwähnt, waren die Kampf-Stationen durch den Befehl von Admiral Tarin gebunden und konnten Natrid nicht zu Hilfe eilen. Dennoch hatten sie einen großen Anteil an der Reduzierung der Angreifer-

Flotte.

Weitere große Verbände der Rigo-Sauroiden durchflogen unsere Milchstraße und zerschlugen die ausgedünnten Abfang-Geschwader von Natrid. Sie wussten seltsamerweise, wo sie anzutreffen waren. Der angreifenden Übermacht hatten die natradischen Wach-Kreuzer nichts entgegenzusetzen. Es konnten keine Groß-Zerstörer zu Hilfe eilen. Für sie war es ein aussichtsloser Kampf. Wir wurden hiervor gewarnt. Von überall her gingen Hilferufe ein. Es wurde Unterstützung angefordert. Die kaiserliche Wach-Flotte sollte für Vergeltung sorgen. Doch diese stand nicht zur Verfügung. Das Imperium war entblößt. Die noch 15.000 einsatzfähigen natradischen Kampf-Schiffe hatten sich um den wichtigsten Planeten des Universums, um Natrid gescharrt und warteten todesmutig auf den Angriff, der so gehassten Sauroiden. Selbst der so nahegelegene Planet Tarid und sein Mond Lorz waren auf sich selbst gestellt und auf seine vorhandenen und aufwendigen Abwehr-Einrichtungen. Laut der kaiserlichen Einsatz-Planung konnten keine Schiffe zum Schutz der Peripherie abgestellt werden.«

Noel schaute die Zuhörer an.
»Wie ich schon anfangs erwähnte, war die Tarid-M-KI weitgehend eigenständig und konnte ihre Abwehr-

Maßnahmen selbständig planen«, teilte er mit. »Von dem mobilen Arm, der sich laut Marin und Gareck Atlanta nannte, war mir bis zu dem heutigen Tage nichts bekannt. Die Tarid-M-KI bestätigte den Befehl des Kaisers. Dieser lautete für die M-KI, die Basis unter allen Umständen zu sichern und die Gegner zu vernichten. Alle hierzu erforderlichen Maßnahmen konnte die M-KI selbst planen. «

Noel drückte einen Knopf der vor ihm liegenden Tastatur.

»Ich wechsle jetzt meine Archive und interpretiere vorliegende Aufzeichnungen der Tarid-M-KI«, erklärte er. »Die Informationen stammen von der KI der Atlantis-Basis. «

Die Videosequenzen starteten.
»Die natradische Basis auf Tarid verfügte über ein Kontingent von 500 Naada-Kreuzern, die in ihren Werften auf einen Einsatz-Befehl warteten«, erklärte Noel. »Die M-KI hatte den Einfall der Rigo-Sauroiden-Flotte durch ihre feinjustierten Ortungs-Anlagen bereits registriert. Noch wartete sie ab und beobachtete die Erfolge der dezimierten Heimat-Flotte von Natrid. Schnell erkannte sie, dass die entblößte natradische Flotte unterlegen war. «

»Unsere so hochgelobte Flotte ist zahlenmäßig stark in Bedrängnis geraten«, bemerkte sie.

Die Tarid-M-KI aktivierte ihr atlantisches Flugpersonal. Es waren ausgebildete Ersatz-Piloten.

»Was heißt schon Ersatz-Piloten«, dachte sie zu sich. »Die von mir geschulten Atlanter sind um ein Vielfaches besser und geschickter als ihre natradischen Vorbilder. «

Ihr missfiel es bereits seit langer Zeit, dass sie den Befehlen der natradischen Groß-Hypertronic-KI untergeordnet war. Nicht alle Befehle des Nachbar-Planeten konnte sie bedenkenlos akzeptieren. Leider war es so, dass Natrid der Geburtsort der natradischen Rasse war. Hieran war nichts zu ändern. Vorsorglich fuhr sie alle ihre noch brachliegenden Hochleistungs-Generatoren hoch und sicherte ihre großen Raumflug-Häfen durch zusätzliche Schutzschirme. Ferner aktivierte Schirmfelder, mit denen sie ihre äußerst wichtigen wissenschaftlichen Entwicklungs-Zentren, sicherte.

Die M-KI erhielt nur wenige Informationen von Natrid. Aber das war sie gewohnt. Sie hatte gelernt, allein zu entscheiden. Aus allen eingehenden und aufgefangenen Hyperraum-Funksprüchen zog sie ein Resümee.

»Die natradische Führung rechnet mit einem Endschlag der Rigo-Sauroiden«, analysierte sie die aufgefangenen Mitteilungen. »Mir ist das recht. Das bisherige Hin und Her von Angriffen kann nicht in meinem Interesse liegen.«

Sie bewertete eine endgültige Entscheidung als Hilfreich für beide Kriegsparteien. Der Mond Lorz unterstand ebenfalls ihrem Kommando. Sie wusste, dass etwas Unvorhergesehenes passieren würde. Das natradische Flottenkommando war nervös und verunsichert. Der Stab ignorierte bereits Anweisungen des Führungsstabes von Natrid. Bereits öfters hatte sie mit ihren Auswertungen richtig gelegen. Sie informierte unverzüglich die kleine KI ihres Mondes. Seine Anlagen wurden auf die höchste Alarmstufe geschaltet. Das Wartungs- und Service-Personal war bereit. Sie registrierte, wie sich ein Schutz-Schirm aufbaute und den lebenssichernden Bereich der Wartungs-Kolonie schützte. Zur Sicherheit öffnete sie eine stabile Transmitter-Verbindung, mit der ihr Personal rechtzeitig fliehen konnte.

Die M-KI erkannte, wie unzählige Laser-Geschütztürme auf dem Abwehr-Mond ausfuhren und auf ein noch nicht sichtbares Ziel schwenkten. Der Mond Lorz wurde zu einem weiteren Abwehr-Bollwerk gegen die feindlichen Eindringlinge.

Sie wusste von der extremen Ausdünnung der Heimatflotte. Schnell rechnete sie die Erfolgschancen hoch.

»Das war wieder ein gravierender Fehler der natradischen Flotten-Führung«, dachte sie.

Die M-KI analysierte, dass sich zu gegebener Zeit eine große Flotte von Angreifer auf die Mondabwehr stürzen würde. Sie wusste, dass sie rechtzeitig reagieren würden.

»Sobald die Situation zu gefährlich wird, opfern wir die Abwehr-Geschütztürme des Mondes«, teilte sie ihrem Personal mit. »Haltet euch bereit. Meine Analysen besagen, dass ein Angriff kurz bevorsteht.«

Die Tarid-MKI war anders als die Standard KIs im kaiserlichen Imperium. Sie allein wusste warum, doch sie gab diese Information nicht weiter.

Der Zeitpunkt des Schreckens war gekommen. Die von Admiral Tarin angekündigte Flotte, von mehr als 2 Millionen Schiffen materialisierte an unterschiedlichen Koordinaten des Sol-Systems. Eine eiligst durchgeführte Zählung der Natrid-KI ergab die Anzahl von 2,7 Millionen feindlichen Schiffen. Vermutlich hatte sich die Flotte mit wartenden Verbänden an unbekannten Koordinaten vereint. Den gehassten Natradern sollte ihre Lebens-Grundlage entzogen werden. Der Heimatplanet der humanoiden Spezies musste vernichtet werden.

Alle bodengebundenen Basen wurden gleichzeitig angegriffen. Über 795.000 Kriegsschiffe stürzten sich auf die vor Natrid formierte Heimat-Flotte. Das Verhältnis konnte entsprechend mit 1:53 für die Angreifer angeben werden. Tapfer wehrten sich die Schiffe der natradischen Heimatflotte. Die bodengebundenen Abwehr-Geschütztürme von Natrid feuerten im Salventakt. Der Funkverkehr zwischen den Schiffen wurde nicht mehr chiffriert, sondern der Einfachheit halber im Klartext durchgegeben. Es sickerte durch, dass die Flotte von Admiral Tarin zwar aufgeholt hatte, aber derzeit immer noch 20 Stunden von Natrid entfernt war.

Die Atlantis-Basis hatte sich mit in den Kampf eingeschaltet. Sie koordinierte ihre Abwehr-Geschütztürme mit den Lasertürmen auf dem irdischen Mond. Gemeinsam waren sie ein fast unüberwindliches Bollwerk. Die natradischen Abwehr-Geschütztürme feuerten ihre baumstammdicken Laserlanzen in Sekundenschnelle auf alle feindlichen Schiffe. Es waren elektronische Höchstleistungen der KIs, die besagten keine Ressourcen zu verschwenden. Die Abstimmung, welches Schiff von welchem Abwehr-Geschütz anvisiert wurde, stimmten die KIs exakt untereinander ab.

Glühend heiße, vernichtende Laser-Strahlen rasten den Schiffen der Rigo-Sauroiden entgegen und brachen ihre Schutzschirme auf. Die heißen Strahlen bohrten sich direkt ins Schiffsinnere und ließen die Schiffe der Angreifer förmlich explodieren. Im Sol-System, speziell über Tarid und Natrid gingen in schnellen Abständen immer neue Kunst-Sonnen auf. Die schweren Zerstörer der Heimat-Flotte hatten mit einem Sperrfeuer begonnen. Positioniert in breiter Linie feuerten die Schiffe der Kaiser-Klasse im Salventakt Breitseite um Breitseite, ihrer 25 seitlichen Waffentürme, auf die Angreifer.

Wieder und wieder feuerten die Kriegsschiffe ihre tödliche Fracht den Angreifern entgegen. Auch die Atlantis-Basis tat ihr Bestes, um die Angreifer auf Distanz zu halten. Die gewaltigen Energie-Schirme auf Tarid und Natrid hielten bislang alle Treffer ab. Die Schirmfelder wurden zwar vereinzelt von Bomben getroffen, diese richteten jedoch keine großen Schäden an. Die gewaltige Übermacht der Rigo-Sauroiden wurde mehr und mehr ausgedünnt. Die Angreifer bemerkten sehr schnell, dass sie so nicht zum Ziel kommen würden.

Die Schiffe der Rigo-Sauroiden forderten weitere Verstärkung an. Alle bereits im Sol-System vorhandenen Kampf-Verbände ließen von ihren bisherigen Zielen ab und nahmen Kurs auf Natrid. Die Geschwader der Rigo-Flotte, welche die gesicherten natradischen Anlagen auf Varid (Venus) und Marid (Merkur) attackiert hatten, drehten ab und flogen zurück zu ihrer Haupt-Armada. Die Kommandeure schienen hier neue Befehle zu erhalten. Wer gab diese Befehle, wer stand hinter den Angreifern, das konnte von uns nie ermittelt werden.«

Noel machte wieder eine kleine Pause.
»Ich wollte ihnen die Denkweise der Tarid-KI näherbringen«, erklärte er. » Sie war einzigartig und eine besondere M-KI. Sie organisierte sich selbst und war lediglich unserer Hypertronic-KI auf Natrid untergeordnet. Ich habe einen großen Respekt vor ihr.«

Noel fuhr mit seinem Vortrag fort. Er drückte auf einen Knopf der Tastatur.

»Sie sehen, wie die Flotten-Verbände der Rigo-Sauroiden unsere Heimat-Flotte pausenlos attackierten. Durch die abgezogenen Schiffsverbände von Varid und Marid wurde ihre Angriffsflotte nochmals verstärkt. Die Sauroiden legten eine gewisse Schläue an den Tag, der ihnen früher immer abgesprochen wurde. Starke Geschwader-

Verbände versuchten unsere Heimat-Flotte zu binden. Gleichzeitig verstärkten sie ihren Raketen- und Bomben-Abschuss. Unsere Abwehr musste sich nicht nur mit den angreifenden Schiffen, sondern auch mit dem Abwehrfeuer von zahlreichen Bomben und Raketen beschäftigen. Zunächst kannten die ferngelenkten Gefechtsköpfe nur ein Ziel und das hieß Natrid. Unsere Abwehr-Geschütztürme auf allen bodengebundenen Basen leisteten Gewaltiges.«

Kein Laut war zu hören. Der Film verdeutlichte, wie der Weltraum brannte. Durch den nicht endenden Anflug von Bomben und Raketen, durch die Lasersalven unzähliger Schiffe und durch die grellen Explosionen vernichteter Sauroiden-Raumschiffe. Im Rhythmus von Sekunden entstanden neue helle Kunstsonnen im All. Sie ließen das normale Licht der heimatlichen Sonne zeitweise verblassen. Die Zuschauer sahen, wie immer wieder Schiffe auf die Kamera des aufzeichnenden Schiffes zuflogen und kurz vor dem Einschlag explodierten. Grelle Laser-Strahlen zischten durch das All.

Noel fuhr mit seinen Erläuterungen fort.
»Zu diesem Zeitpunkt erlebte das Sol-System eine bislang nie dagewesene Auseinandersetzung zweier unterschiedlicher Rassen, die keine gemeinsame Koexistenz finden konnten«, dokumentierte er. Die KIs

von Natrid und Tarid wurden zu immer schnelleren Schlägen gezwungen, die sie an ihre Belastungsgrenzen führte. Es waren zu viele Feindschiffe auf einmal, die von allen Seiten die Kultur des natradischen Kaiser-Imperiums auslöschen wollten. Die Explosionen und das Aufgehen neuer Glutbälle im dunklen All, die von vernichteten Feindschiffen stammte, nahm immer mehr zu.«

Der Film zeigte, wie plötzlich 150.000 Schiffe der Angreifer vor dem Natrid-Mond Nors materialisierten. Die wenigen Schiffe der Verteidigung konnten den Teppich aus Bomben und Raketen nicht aufhalten.

»Erst jetzt erkannte das kaiserliche natradische Flottenkommando ihren fatalen Fehler«, bemerkte Noel. Schauen sie bitte genau auf den Bildschirm. «

Die Aufnahmen zeigten, wie hilflos die bedrängte Heimat-Flotte die Zerstörung ihres Werft-Mondes hinnehmen musste. Zahlreiche Teppiche aus Raketen und Bomben hagelten auf ihn nieder. Die wenigen Schiffe der natradischen Heimatflotte waren hilflos. Der dritte Mond von Natrid explodierte und wurde in kleine Bruchstücke. zerrissen.

Ein Aufschrei hallte durch den Raum der Zuhörer. Sie sahen viele Felsen und Steinstücke des Mondes von ihrer bisherigen Position fortdriften. Metallstücke, Leichenteile und sonstige Einrichtungsgegenstände befanden sich unter ihnen.

»Alle technischen Errungenschaften, alle Archive, viele hochrangige Wissenschaftler und die wichtigsten Köpfe der Produktions-Firmen waren auf diesem Mond stationiert«, erklärte Noel. Der Verlust unseres dritten Mondes muss als ein mehr gutzumachender Fehler der natradischen Flottenführung und als ein fataler Rückschlag für die natradische Zivilisation angesehen werden. Das Wissen von vielen Jahrhunderten ging mit einem Schlag verloren. Von diesem Erfolg angestachelt, stießen die Schiffe der Sauroiden immer weiter in die durchlässige Blockade der Heimat-Abwehr vor. «

Die Aufzeichnung vermittelte, wie die KI-Abwehr-Stellungen, auf Natrid und Tarid und auf dessen Mond Lorz, pausenlos auf jedes angreifende und erreichbare Schiff feuerten. Es war ein schreckliches Szenarium.

»Die geschulten Atlanter funktionierten wie Roboter, bemerkte Noel. »Ihre Basis war das gefährlichste Bollwerk, das wir erfolgsverwöhnte Natrader je hervorgebracht hatten. Die mächtigen Geschütz-Türme schalteten Raumschiff um Raumschiff der Angreifer aus. Die gewaltigen Schutz-Schirme waren aktiviert, die

Transmitter-Verbindungen von und nach Natrid vorsorglich eingestellt. Der Transport konnte bei aktivierten Schirmen nicht stattfinden. Noch wussten die hier stationierten Atlanter und ihre wenigen natradischen Vorgesetzten nicht, wie es auf ihrem zentralen Planeten Natrid aussah. Sie konzentrierten sich auf die Wellen der angreifenden Geschwader.

Dann materialisierten ohne Vorwarnung 450.000 Schiffe oberhalb des Trabanten Lorz. Die Mond-Abwehr, sollte ausgeschaltet werden. Sofort eröffneten die angreifenden Sauroiden ihr Feuer auf den Schutzschirm und der hierunter liegenden Steuerzentrale der Abwehr-Geschütztürme. Obwohl die Anzahl der angreifenden Schiffe von dem Abwehr-Bollwerk im Sekundentakt reduziert wurde, schlugen tausende von Laserzungen von in den sich bereits rot verfärbten Schirm ein. Er wurde mehr und mehr geschwächt. Die nachfolgenden, Glut-Bomben und Raketen durchdrangen den bereits löchrigen Schirm und explodierten auf der Oberfläche der Mondfestung. Sie rissen tiefe Krater in den Boden. Die Gefechtsköpfe trafen weiterhin in die tiefen Wunden und gruben neue Krater aus. Dann erreichten die Geschosse die tief im Mondboden installierte Elektronik- und die vielen Generatoren der Abwehrfestung.

Die Tarid-M-KI registrierte die gewaltigen Explosionen, die ihre Kommunikation schlagartig von der Abwehr-Bastion des Mondes Lorz abschnitt. Ihre Ortungsinstrumente vermittelten ihr, dass eine große Explosion den Mondboden erschüttert hatte. Feuer, Felsen und Staub wurden von der Mondoberfläche aufgewirbelt. Sämtliche Schutzschirme der Abwehr-Geschütztürme waren erloschen. Sie beobachtete, wie die fest installierten, nicht einfahrbaren Geschütze mitsamt ihren unterirdischen Generatoren angegriffen und vernichtet wurden. Die Mondfestung des Trabanten Lorz hatte aufgehört zu existieren. Sie registrierte tiefe Krater an der Stelle, wo das funktionierende Abwehr-Bollwerk gestanden hatte. Die Rigo-Sauroiden hatten das Unglaubliche geschafft.«

Noel schaute die Zuhörer an.
»Sie haben gesehen, dass wir trotz unserer ausgereiften Technik nichts gegen diese große Übermacht ausrichten konnten«, teilte er mit.

Barenseigs war in Gedanken versunken.
»Diese ganzen Informationen stehen in unseren Archiven nicht zur Verfügung«, bemerkte er. »Das hätte unsere Vergangenheit in einem ganz anderen Licht dargestellt.«

»Das ist verständlich«, antwortete Noel. »Welche Regierung will sich mit der schlimmsten Niederlage ihrer Geschichte schmücken?«

Noel blickte die Zuhörer an.
»Die Geschichte ist noch nicht zu Ende«, fuhr Noel fort. »Immer mehr Schiffe der vereinigten Rigo-Flotte versammelten sich vor Natrid und entfesselten eine Hölle aus Laserstrahlen auf die Reste der natradischen Flotte Die Anzahl der Schiffe unserer Heimat-Verteidigung war zwischenzeitlich auf 11.000 Einheiten gesunken. Einige Zerstörer mussten aufgegeben werden. Andere fielen antriebslos aus, oder zogen sich beschädigt zurück. Es war ein verzweifelter Kampf unserer stolzen Schiffe. Die Geschütze unserer Abwehr-Stellungen feuerten auf Höchstleistungen. Fast jeder Schuss wurde ein Treffer und löste eine grelle Explosion im All aus. Trotzdem griffen die Rigo-Sauroiden weiter an. Mit der Unverdrossenheit von Todeskandidaten steuerten sie ihre Schiffe in die Abwehrlinien der natradischen Groß-Zerstörer. Diese schickten ihnen Breitseite um Breitseite entgegen. Viele der angreifenden Sauroiden-Schiffe gelangten gar nicht in die Nähe unserer Abwehrlinien und wurden bereits beim Anflug zerrissen.

Doch auch diese Angriffs-Manöver der Sauroiden fruchteten. Versteckt und geschützt durch ihre Schiffs-

Körper gelang es ihnen, immer mehr Raketen und Bomben unentdeckt an den Abwehrlinien der Schiffe unserer Heimat-Flotte vorbei, auf den Planeten Natrid zu lenken. Viele der Gefechtsköpfe wurden im Nachhinein entdeckt und bereits im All zur Detonation gebracht. Doch leider gelang es einigen ungehindert auf dem Boden unserer Heimatwelt aufzuschlagen. Diese Raketen und Bomben richteten ein Schreckens-Szenarium eines bisher nicht gekannten Ausmaßes an. Atom-Explosionen vernichteten Städte, Gebiete und ganze Ländereien.

Erst jetzt erkannte der Hochadel unseres Planeten, dass das Ende von Natrid nahe war. Die Panik hatte die Zivil-Bevölkerung unseres Planeten erfasst. Die Erklärungen der regierenden Kaste, die immer behauptet hatte, der Planet wäre unangreifbar, lösten sich in Luft auf. Erste Flüchtlings-Wellen von Natrid versuchten in ihren privaten Schiffen die Basis auf Tarid zu erreichen. Doch oberhalb des Planeten tobte die Vernichtungs-Schlacht. Viele der zivilen Schiffe wurden bereits im All, von der immensen Überzahl der Kriegsschiffe der Sauroiden, gestellt und vernichtet. Nur durch einen schnellen Hypersprung entkamen einige Schiffe der Katastrophe. Sie materialisierten in der Atmosphäre von Tarid. Hier konnte es passieren, dass sie in den Salven-Beschuss der Geschütztürme flogen. Der große Raumflug-Hafen von Tarid war für den Ansturm so vieler Flüchtlinge nicht ausgelegt. Beschädigte Schiffe stürzten aus der Atmosphäre zu Boden und explodierten. Riesige Krater entstanden. Weitere Schiffe versuchten waghalsig zu landen, um sich in Sicherheit zu bringen. Bei ihren Lande-Manövern beschädigten sie die bereits geparkten Schiffe, oder sie schlugen schwer auf dem Boden auf.

Die Tarid-M-KI erhielt die Nachricht, dass über 4.000 private Raumschiffe dem Gemetzel in der Umlaufbahn von Natrid entkommen und auf dem Weg nach Tarid waren. Diese Menge von Schiffen konnte die Basis in keiner Weise aufnehmen. Sie sperrte die Landezonen und deckte diese mit einem Sicherheits-Schirm ab. Sie sandte den Schiffen eine Mitteilung, in der sie auf die Überfüllung ihrer Landebasen hinwies. Unterdessen nahmen etliche Greif-Geschwader der Rigos die Verfolgung der zivilen Schiffe auf. Ohne Mitleid attackierten die Kriegsschiffe der Sauroiden die flüchtenden Privatschiffe und vernichteten viele von ihnen. Fast alle zivilen Schiffe waren unbewaffnet und nicht für Auseinandersetzungen ausgelegt. Sie wollten nur nach Tarid, zu der Vorzeige-Basis des kaiserlichen Imperiums. Der dritte Planet des Sonnen-Systems, mit der sagenumwobenen Atlantis-Basis, schien die einzige Rettung im ganzen Universum zu sein.

Dutzendweise stürzten die getroffenen und beschädigten Schiffe der Natrader in die Atmosphäre und verglühten dort. Andere zerschellten auf dem Boden und rissen tiefe, breite Krater auf. Nur wenigen Schiffen gelang es, einen geeigneten Landeplatz zu finden. Doch der Raum-Flughafen war geschlossen. Keiner Person wurde mehr Zutritt gewährt. Die privaten Schiffe der Natrader drehten ab und suchten ihr Heil in einer unorganisierten Flucht.

Die gewaltige Material-Schlacht dauerte bereits 17 Stunden. Die technische Abwehrschlacht der Tarid-Basis hatte bei den Rigo-Sauroiden Interesse geweckt. Sie konzentrierten ihren Beschuss auf die M-KI- geführte Basis. Die vielen Abwehr-Geschütztürme von Atlantis arbeiteten an ihrer Leistungsgrenze. Immer wieder wurden Schiffe der Rigos vernichtet. Die beschädigten Einheiten stürzten in die Atmosphäre und verglühten, andere schlugen schwer am Boden auf und detonierten. Es häufte sich der Einschlag von Glut-Bomben und Raketen, die durch das Abwehrnetz des Salven-Beschusses gelangten und auf dem Boden von Tarid einschlugen. Der Schutzschirm der Atlantis-Basis, für viele Natrader der letzte Rückzugsort. Er lag unter einem schweren Beschuss. Die Tarid-M-KI wusste, dass der Krieg nicht mehr zu gewinnen war. Sie sandte uns eine letzte Nachricht, dass sie an ihrer Leistungsgrenze angekommen sei. Das war die letzte Information, die wir von der Tarid-Basis aufzeichnen konnten.«

Noel hielt kurz inne.

»Die letzten 5.600 Schiffe der Heimat-Verteidigung stellten sich weiter den Rigo-Sauroiden in den Weg«, kommentierte er die Videoaufzeichnungen. »Es ging um die Heimat der Natrader und um ihre Familien. Meine Sensoren registrierten, wie die Sauroiden einen letzten Schlag gegen Tarid befahlen. Wie ein gefräßiger Insektenschwarm, materialisierten 650.000 Rigo-Raumschiffe, verteilt um den Planeten Tarid. Fast gleichzeitig feuerten sie im Sekundentakt ihre Glutbomben und Raketen auf den Planeten. Die Rückseite des Planeten war ungeschützt. Dort standen keine Abwehr-Türme.

Die Basis-Atlantis verstärkte nochmals ihren Dreifach-Schutzschirm und leitete Energien in die Anti-Gravitations-Plattformen, die sie als massive Bodenplatte nutzte. Ihre zahlreichen Abwehr-Geschütze verwandelten den größten Teil der anfliegenden und erreichbaren Bomben und Raketen bereits in der Atmosphäre zu grellen Explosionen. Doch der ihr abgewandte Teil des Planeten musste sie den Angreifern überlassen. Hier waren ihre Waffen wirkungslos.«

Noel blickte die Zuhörer an.

»Ein schwerer Fehler unserer hochintelligenten Führung, den ganzen Planeten nicht mit unseren effektiven Abwehr-Geschützen zu bestücken«, erklärte Noel. »Wir bemerkten erste Beben in der Erdkruste von Tarid. Der Plan der Rigos schien aufzugehen. Sie zerstörten die architektonische Struktur des Planeten. Vorsichtshalber löste die M-KI die komplette Basis von dem Erdboden. Ihre Geschütze justieren sich jede Sekunde auf neue Ziele ein. Ihre baumstammdicken Laser-Lanzen entfesselten ein Höllen-Szenarium am Himmel. Wieder konnte sie die anfliegenden Bomben abwehren und Raumschiffe vernichten. Dennoch gelang es der Basis nicht, die Einschläge anderer Bomben auf der Rückseite ihres Planeten zu verhindern. Die Erschütterungen hörten nicht mehr auf und fraßen sich durch die Erdkruste.

Wir registrierten, dass Stürme und Vulkane ausbrachen. Riesige Flutwellen stürzten über das Land herein und versuchten die glutflüssige Lava abzukühlen. Leider ohne Erfolg. Tarid war schwer getroffen. Trotzdem kannten die Rigo-Sauroiden keine Gnade. Ihr Hass schien sie des normalen Denkens zu berauben. Der Boden wurde glutflüssig. Immer mehr Bomben trafen weiter in die ungeschützte Kruste von Tarid. Abstürzende Raumschiffe rissen tiefe Krater und Furchen. Immer mehr Vulkane brachen aus, die Erde erbebte und wehrte sich. Die Basis-

M-KI gab ihr Bestes. Ihr geschützter Bereich lag immer noch unter dem stabilen Hoch-Leistungs-Energieschirm.

Die natradische Heimat-Abwehr brach immer mehr zusammen. Es sollte immer noch 2 lange Stunden dauern, bis Admiral Tarin mit der Restflotte eintraf. Diese Zeit war für die verbliebenen Schiffe der Heimat-Flotte nicht mehr zu überstehen. Soeben kam die Mitteilung durch, dass die komplette kaiserliche Kaste in ihren Palästen getroffen und vernichtet wurde. Mehrere Atombomben hatten das Gebiet großflächig in eine Gluthölle verwandelt. Man vermutete Sabotage, denn wenige Minuten vor dem Einschlag fielen sämtliche Energie-Schirme und Verbindungen zu allen Abwehr-Geschützen aus. Tiefe Trauer machte sich breit. Der Kaiser und alle Getreuen waren tot. Weitere Katastrophen-Maßnahmen liefen auf Natrid an. Die Eigenrotation des Planeten war gestört. Sie hatte sich verlangsamt. Die Atmosphäre verflüchtigte sich hierdurch immer mehr. Giftige Wolken aus atomaren Gasen breiten sich aus.

Grünflächen gab es längst nicht mehr. Flüsse und Seen waren verdampft, oder das Wasser war in die tiefen Schluchten und Krater gestürzt, um die Wunden aus heißer Lava abzulöschen. Die Kruste des Planeten war in weiten Teilen in Bewegung. Kochendes Magma überfluteten das Land. Alle Lebewesen, die es nicht in eine gesicherte Basis geschafft hatten, waren getötet worden. Der Planet stand kurz vor dem Exitus. Die wenigen verbliebenen Führungs-Offiziere öffneten den Zugang zu einer geheimen unterirdischen Stadt. Ihr Name war Tattarr. Sie war im Notfall für eine intelligente Gruppe von Natradern bebaut worden. Jetzt aber wollten alle Überlebenden in diese Stadt hinein. Das war in dem Sicherheits-Protokoll nicht vorgesehen. Die Verwaltung funktionierte noch. Nicht autorisierten Personen wurde der Zugang verweigert. Diese Natrader starben jämmerlich in den Außenzonen zum Eingangsbereich der Stadt. Sie teilten das gleiche Schicksal, wie ihr gelobter Planet. Dieses wurde von der Übergangs-Regierung akzeptiert.«

Noel schüttelte den Kopf.
»Der Beschuss der beiden Planeten wurde immer intensiver und bedrohlicher«, teilte er mit. »Die wenigen übriggebliebenen Schiffe der natradischen Heimat-Flotte waren völlig überfordert. Auf Tarid hatte sich ebenfalls ein Großteil der Landfläche verflüssigt. Glühend heiße Lava verbrannte das grüne Land. Der Planet formte sein Gesicht neu. Täler brachen ein, neue Gebirge entstanden. Sturmfluten peitschen über das Land und ließen das junge Leben ertrinken. Die Hölle tobte auf Tarid. Immer wieder flogen die Bomben-Teppiche heran und schlugen in die Kruste des Planeten ein. Erdbeben und Explosionen und

tobende Stürme waren die Folge. Die Rigo-Sauroiden konnten zwar den Abwehr-Schirm der Tarid-Basis nicht durchdringen, aber sie konnten ihr den Boden unter den Füßen wegschmelzen.

Allein durch die andauernden tektonischen Verschiebungen und die Verflüssigung des nicht geschützten Erdbodens, wurde der Insel-Kontinent Atlantis bereits stark in Mitleidenschaft gezogen. Der Insel-Kontinent heulte auf. Die Erdstöße und die Beben hatten sich massiv ausgebreitet. Dann bemerkten wir, wie ein erster Teil der Kruste von Atlantis einbrach. Der Boden unter ihr fiel in sich zusammen. Wir registrierten, wie Abwehr-Geschütze ihr Dauerfeuer einstellten und wie die Türme eingefahren wurden. Die Fluten hatten die Basis erreicht und schwappten an ihren Schutzschirmen hoch. Unter der Basis riss der Boden auf. Mit aktivierten Schirmen registrierten wir, wie die Atlantis-Basis in den Fluten versank. Der ganze Insel-Kontinent schwand innerhalb von nur wenigen Minuten.

Ein Schmerzschrei hallte durch die letzten Schiffe der Heimat-Verteidigung. Sie alle hatten den Untergang der Tarid-Basis miterlebt. Jetzt stürzten unzählige Glutbomben der Rigos dem ungeschützten Planeten entgegen und explodierten auf der Oberfläche. Das Abwehr-Bollwerk existierte nicht mehr. Nach und nach erkannten die nachrückenden Schiffe der Rigo-Sauroiden, dass ihr Werk vollendet war. Die Schiffe drehten ab und nahmen Kurs auf das letzte Hindernis, die ausgedünnte Heimat-Flotte von Natrid.«

Die Aufzeichnung endete. Die Zuhörer waren sichtlich gezeichnet.

»So etwas habe ich vorher noch nicht gesehen«, sagte General Poison. »Das bestärkt mich in meiner Ansicht, dass die Erde vorbereitet sein muss, wenn die Worgass tatsächlich angreifen sollten.«

Major Travis nickte.
»Wir sind auf einem guten Wege«, bemerkte er. »Ich bin mir sicher, dass wir den Worgass eine Schlappe bereiten und ihre Planung durcheinanderbringen können. Hierzu will ich aber erst mit Heran sprechen. Erst dann teile ich ihnen meinen Vorschlag mit.«

General Poison und Noel blickten gespannt in seine Richtung.

»Erzählen sie die Geschichte zu Ende«, bat Marc den Kunst-Klon der großen natradischen KI. »Viele der hier Anwesenden kennen diese Form der Geschichte nicht.«

Der Klon der natradischen Hypertronic-KI stand auf und verbeugte sich.

»Das mache ich gerne«, bedankte sich Noel. Die Toten des natradischen Volkes werden nicht vergessen werden.

Atlanta – Die Königin von Tarid.

Zwischenbericht aus den Archiven der M-KI Tarid-Basis von Atlantis, nach späterer Auswertung:

Vor 100.000 Jahren

»Die hochgelobte Technik erweist sich als völlig wertlos«, dachte das Kunstwesen der Tarid-M-KI.

Die humanoide Person war außer sich. Sie war in dem geheimen Raum der Hypertronic-KI, die sie als ihre Mutter bezeichnete. Nur ihr, als der mobile Arm der Tarid-KI wurde der Zugang gestattet. Sie war ein weiblicher Klon, der von der Tarid-KI für ihre externen Belange ins Leben gerufen wurde. Sie wirkte in ihrem Aussehen härter als die natradischen Lebewesen der Adelskaste, die ihr Befehle gaben. Die junge Frau war eine Züchtung aus programmierbarer natradischer DNA und dem besten unverbrauchten DNA-Material, das der Planet Tarid hervorgebracht hatte. Das gelungene Experiment einer planetaren DNA-Verbindung zweier Welten.

»Alle Ortungs-Stationen in der Peripherie und der ganzen Milchstraße haben die Armada der Sauroiden nicht rechtzeitig erfassen können«, monierte sie. »Wo sie materialisiert sind, haben sie Zerstörung und Tod hinterlassen. Viele junge Völker und ihre Planeten wurden vernichtet. Jetzt wird zum Endschlag ausgeholt. Unsere eigene Flotte ist restlos ausgedünnt worden.«

»Ich bin deiner Meinung«, erwiderte die allwissende Mutter. »Beruhige dich jetzt wieder. Wir haben bereits viele Jahrhunderte hierüber geredet. Dass dieser Zeitpunkt einmal kommen musste, war uns beiden klar. Vermutlich wird dieser letzte Konflikt schlecht für uns ausgehen. Jetzt geht es um die Maßnahme der Schadensbegrenzung.«

»Noch haben wir die Schlacht nicht verloren«, ereiferte sich Atlanta.

Sie war 1.90 Meter groß. Ihre spezielle Taja saß hauteng an ihrem Körper. Der natradische schwarze Kampf-Anzug war ihre bevorzugte Kleidung. Ihre Hüfte umschlang ein Waffengurt, der auf jeder Seite einen Holster aufwies, in denen eine schwere natradische Laserwaffe saß. Ihre strohblonden Haare reichten ihr bis zu ihrer Schulter. Die rosabraune Hautfarbe gab ihr ein berauschendes Aussehen. Sie bevorzugte ihre geklonten Körper in der Altersstufe 35 Jahre bis 45 Jahre. Atlanta hatte Zugriff auf ein modernes DNA-Klon-Bad aus den geheimen wissenschaftlichen Abteilungen des Kaisers.

Ihr Wissen konnte sie in jeden neuen Körper downloaden. Sie war die heimliche Geliebte des aktuellen Kaisers und verstand sich gut mit ihm. Entsprechend dieser Tatsache durfte sie sich auch spezielle Eigenarten leisten. Sie konnte Geheimnisse für sich bewahren. Denn auch der Kaiser war ein geheimer Spender für ihr gemischtes und optimiertes DNA-Material. Sie war in letzter Instanz nur ihm unterstellt. Sie brauchte nicht unbedingt Aufgaben der natradischen Groß-KI von Natrid zu akzeptieren. Trotzdem hatte der Kaiser ihrer Mutter befohlen, die Wünsche der natradischen KI zu erfüllen, um keine Spannungen entstehen zu lassen. Das betraf aber nicht Atlanta. Sie dachte nicht daran, dieser imperialen namenlosen Maschine auf Natrid zu helfen, die glaubte, das Wichtigste im bekannten Universum zu sein.

Sie hatte andere vorrangige Aufgaben. Die Tarid-Basis M-KI registrierte die Anzahl der Angreifer. Atlanta konnte die neuen Informationen per transformierten Gedanken-Impuls blitzschnell empfangen. Schnell rechnete sie die Erfolgschancen hoch und kann zu dem Schluss, dass die Erfolgs-Aussichten äußerst gering waren.

»Deine Ergebnisse sind präzise«, dachte Atlanta zu ihrer Mutter. »Die Erfolgschancen stehen schlecht. Wir sind die am besten ausgestattete Basis im ganzen kaiserlichen Imperium, leider haben wir ein Manko. Unsere Abwehr-

Anlagen sind ausschließlich auf den Insel-Kontinent Atlantis beschränkt. Habe ich nicht in den vergangenen Jahrhunderten immer wieder darauf hingewiesen, dass es notwendig ist, den ganzen Planeten mit ausreichend vielen Abwehr-Geschütztürmen auszustatten.«

»Das wurde bekannter Weise von der kaiserlichen Kaste aus Kostengründen abgelehnt«, antwortete die M-KI.

Atlanta verfolgte die Gedanken ihrer Mutter.
»Ich habe es vorausberechnet, dass dieser Tag einmal kommen würde«, dachte die M-KI.

Sie kalkulierte alle Möglichkeiten und Ergebnisse durch. Sie kam aber zu dem Schluss, dass nur eine gezielte Abwehr der Angreifer im All, den globalen Untergang noch abwehren könnte.

»Unsere leistungsstarken Abwehr-Geschütztürme auf Tarid, in Kombination mit den Abwehr-Forts auf unserem Trabanten Lorz, sind um ein wesentliches moderner als sämtliche Abwehr-Stellungen auf Natrid«, erinnerte Atlanta.

»Meine weitreichenden und starken Laserstrahlen sollten viele Schiffe der Angreifer bereits in der Nähe der Natrid- Umlaufbahn ausschalten können. Wir können auf ein ganzes Arsenal von Plasma-Torpedos zurückgreifen. Unsere Lager und Depots sind gut gefüllt.«

»Trotzdem stehen wir 2,8 Millionen feindlichen Schiffen gegenüber«, entgegnete die Tarid M-KI. »Trotz der gefüllten Depots werden die Plasma-Torpedos nicht ausreichen. Es wird ein schwieriges Unterfangen werden. Richte dich auf unsere Zerstörung ein.«

»Das kann ich nicht«, erwiderte Atlanta. »Vorher werde ich uns in Sicherheit bringen. Auf den richtigen Zeitpunkt kommt es an. Informiere mich, wenn du etwas Neues erfährst.«

»Das werde ich«, antwortete die Tarid M-KI.
Atlanta hob ihren Kopf und lief aus dem Raum. Die Türe schloss sich nahtlos mit der Außenwand. Ein Unbeteiligter hätte hier niemals den Eingang zu dem Großgehirn der Tarid M-KI vermutet. Atlanta zog einen Communicator aus der Uniform und klappte ihn auf.

»Ich befehle die höchste Alarmbereitschaft für die komplette Basis«, sprach sie in das Gerät. »Einsatz für alle 500 Naada-Schiffe. Wir werden angegriffen. Sofortiger Einsatz für die Angriffs-Kreuzer.«

Sie wusste, dass ihre Kinder jetzt die Schiffe bemannten. Die Hypertronic-KI auf Natrid sah zwar in solchen Fällen den Einsatz von Robotern in den Kampf-Schiffen vor, doch Atlanta wusste es besser. Diesen Befehl von der M-KI lehnte sie ab. Sie wusste, dass die Roboter sofort jede Anweisung der zentralen natradischen KI ausführen würden. Eventuell auch den Abzug von Tarid und die Eingliederung ihre Kreuzer in die immer mehr ausgedünnte Heimat-Flotte. Sie bevorzugte es, auf ausgesuchtes und geschultes Personal vom Planeten Tarid zurückzugreifen.

Ihre Leute nannte sie Atlanter. Es waren die besten Lebewesen, die ihr Planet Tarid zu bieten hatte. Sie alle waren von ihr geschult und lagen ihr wie Kinder am Herzen. Dank eines jahrelangen Trainings hatten sie sich bereits im Weltraumkampf bewährt, waren geschickt und pfiffig. Atlanta gab die Order aus, äußerst vorsichtig zu agieren Es sollten möglichst wenige Verluste unter ihren Kindern entstehen. Ihr Befehl lautete, Gruppen zu drei Schiffen zu bilden.

»In diesen Formationen werden wir die Schiffe des angreifenden Rigo-Schwarms vernichten können«, sagte sie. »Nach einem Frontal-Angriff erfolgt ein sofortiger Stellungs-Wechsel, um den Schwarm von der Rückseite zu attackieren. Das gibt mir die Gelegenheit, mit meinen gewaltigen Abwehr-Geschütztürmen einzugreifen und die Front der vorderen Schiffe weiter auszudünnen.«

Ihr atlantisches Raumschiff-Personal bestätigte die Befehle und machte sich bereit, die Naada-Kreuzer zu bemannen.

»In Verbindung mit meinem Abwehr Bollwerk auf dem Tarid-Trabanten Lorz bin ich mir sicher, dass wir gemeinsam viele Tausende von Schiffen aus den Reihen der Angreifer eliminieren werden«, dachte sie.

Sie gab den Startbefehl an ihre Raumschiffe. Ehrfurchtsvoll beobachtete sie von dem Aussichtsdeck aus, das Anspringen der Triebwerke der 500 Angriffs-Kreuzer. In Dreier-Gruppen hoben die Schiffe von ihren Landeplätzen ab und durchstießen die Atmosphäre des Planeten Tarid. Gedankenvoll wandte sie sich ab und lief in die Richtung der Leitzentrale der Basis. Die schlanke Gestalt stürmte in die Zentrale. Alle 34 Personen ihres Führungsstabes schauten erschreckt auf. Sie lief auf das zentrale Steuerpult zu und griff nach dem Mikrofon.

»Hier spricht Atlanta«, sprach sie in das Gerät. »Der Ernstfall ist eingetreten. Gemäß des lokalisierten Eindringens einer Armada von Fremdwesen, wird mit einem Angriff auf unsere Heimatwelten gerechnet. Durch diesen Sachverhalt tritt die kaiserliche Verordnung 1.037 in Kraft. Alle natradischen Offiziere begeben sich sofort zur Transmitter-Zentrale 1. Die Verbindung nach Natrid wird aufgebaut. Verlieren sie keine Zeit. Begeben sie sich in die sichere Zentral-Verwaltung der natradischen Abwehr. Alle Wissenschaftler werden aufgefordert, unverzüglich ihre Arbeiten abzubrechen. Ihr zentraler Sammelpunkt ist der Mond Nors. Begeben sie sich sofort in die Transmitter-Zentrale 2. Die Verbindung wird nur kurze Zeit aufrechterhalten. Ich wiederhole, begeben sie sich sofort in die betreffenden Transport-Zentralen. «

Die ersten Bestätigungen trafen in der Zentrale ein. Atlanta winkte Arfan-Don zu sich.

»Nehmen sie sich ein Sicherheits-Team und kontrollieren sie, ob alle Offiziere und Wissenschaftler gegangen sind. Ich will die Transmitter-Verbindungen sofort nach ihrer Abreise schließen.«

»Wird erledigt«, antwortete Arfan-Don. »Gegebenenfalls zwinge ich sie zum Verlassen der Basis.«

Atlanta lachte schelmisch.
»Aber mit dem nötigen Respekt«, erwiderte sie. »Ansonsten können uns die Offiziere eine Menge Ärger bereiten. Das kennen wir bereits.«

Arfan-Don schlug sich mit der geballten Faust auf die Brust und hob die Hand hiernach ausgestreckt, halbhoch Atlanta entgegen.

Atlanta tat es ihm gleich. Es war die natradische Ehrenbezeugung, sowie die Akzeptanz eines Befehles. Arfan-Don drehte sich ab und eilte dem Ausgang entgegen.

Atlanta schritt auf ihren breiten Kommando-Sessel zu und ließ sich hinfallen. Sie schaute sich um. Es war merkbar ruhiger geworden, in der Zentrale der größten natradischen Basis im Universum. Ihr enger Führungsstab kam auf sie zu. Das Team war seit langem eingespielt.

»Das von der kaiserlichen Kaste immer abgestrittene Szenarium ist eingetreten«, sagte sie leise. »Unser stolzes Imperium wird angegriffen. Wir haben es dem Ehrgeiz von Admiral Tarin zu verdanken, dass wir jetzt in dieser Situation sind. Der Admiral konnte nicht auf eine für den Angriff produzierte Flotte warten, um die Sauroiden ein für alle Mal zu vernichten. Er musste bekanntlich die Heimat-Flotte und alle externen Schutz-Geschwader für seine Zwecke einspannen. Ich habe immer wieder gewarnt, aber der Kaiser hatte in diesem Fall kein Ohr für mich. Jetzt geht es uns an den Kragen. Unsere

Erfolgschancen sind äußerst gering. Ich weiß, dass ihr euer Bestes geben werdet. Besetzt bitte die Kommando-Ports.«

Die Offiziere drehten sich um und gingen schweigend zu ihren Kontrolleinrichtungen.

»Die Angreifer konzentrieren sich im Moment noch auf die reduzierte Heimat-Flotte von Natrid«, sagte Senga-Hol.

Er war der erste Offizier der Basis. Atlanta konnte ihm bedingungslos vertrauen.

»Ich sehe es«, antworte die Klon-Frau. »Das wird sich aber schnell ändern, wenn wir in den Kampf eingreifen. Die Rigo-Sauroiden werden unsere kleine Abwehr-Flotte orten.«

Das war auch das beabsichtigte Ziel der M-KI von Tarid.

»Wenn mein Plan gelingt, werden einzelne Geschwader von der Haupt-Armada abgezogen, die sich unserem Trabanten und meinen Abwehr-Türmen nähern«, bemerkte sie. »Achtet darauf, dass unsere Schiffe nicht in meine Schuss-Bahnen geraten und bereits im Anflug auf die Feind-Flotte aufgerieben werden«, bemerkte sie.

»Die Flugbahnen unserer Schiffe sind außerhalb der eingerasteten Schuss-Bahnen der Laser-Türme errechnet worden«, antwortete Senga-Hol.

Atlanta nickte und blickte auf ihre Monitore.
»Die Naada-Kreuzer haben jetzt die vorgegebenen Positionen erreicht«, bemerkte sie. »Gleich sprechen die Lasergeschütze. «

In breiter Linie sicherten die 500 Naada-Schiffe den Planeten Tarid. Die Commander der Schiffe hatten ihre Backbordseiten der angreifenden Geschwader-Welle zugedreht. Gedrillt und kampferfahren harrten sie aus und warteten auf den richtigen Moment.

»Gleich ist es so weit«, sagte Atlanta. »Wie Fliegenschwärme nähern sich die Schiffe der Rigo-Sauroiden meiner kleinen Flotte von Naada-Kreuzern. Sie wittern eine leichte Beute. Jetzt passiert es. Die Schiffe der Rigos durchqueren das Schussfenster unserer Abwehr-Stellung auf dem Mond Lorz. Verlangsamen wir ihren Flug. Feuer frei.«

Das Geschwader der Sauroiden, weit über 50.000 Schiffe, flogen ahnungslos in die Falle, die ihr die Tarid M-KI gestellt hatte. Als sie die Flugbahn des Trabanten passierten, eröffneten die schweren Geschütze des

Mondes ihr Feuer auf die feindlichen Schiffs-Verbände. Unzählige Laserlanzen schlugen in die Schirme der Sauroiden-Schiffe ein und ließen diese kollabieren. Die vordersten Schiffe explodierten und rissen nachfolgende Einheiten mit in den Untergang. Das war das Zeichen für die Naada-Kreuzer. Von einem Moment zum anderen lösten sich tausende von Laserlanzen und rasten auf die angreifenden Schiffe zu. Das Sperrfeuer zeigte Wirkung. Aufplatzende Schiffe, ihre Energie in grellen Explosionen ins All blasend, vergingen die vordersten Schiffe in der Abwehrwand der Naada-Kreuzer.

Die Besatzungen verstanden ihr Handwerk. Hemmungslos lösten sich aus den jeweils 10 Laser-Türmen der Schiffe, weitere mächtige Laser-Lanzen, die auf die vordersten Schiffe der Angreifer zurasten. Eine Hölle im All brach aus. Hunderte Explosionen erhellten die dunkle Nacht und deuteten den Untergang der Rigo-Flotte an. Ununterbrochen hämmerten die Abwehr-Geschütze des Mondes Lorz, gemeinsam mit den Schiffen der Naada-Flotte ihre tödlichen Strahlen auf die überraschten Schiffe der Rigo-Sauroiden.

Atlanta registrierte mit Wohlwollen den Erfolg ihrer Kinder. Über 5.000 Laser-Türme der Naada-Schiffe feuerten im Dauerfeuer ihre Energie-Lanzen auf die anfliegenden Schiffe. Seitlich trafen die Geschosse der von Abwehr-Festung Lorz auf die feindlichen Einheiten. Fast jeder Schuss war ein Treffer.

»Meine Kinder leisten ganze Arbeit«, sagte sie stolz.

Sie sah auf ihren Anzeigen, wie sich die anfliegenden Schiffe der Sauroiden in grelle Lichterscheinungen verwandelten. Immer wieder kam Breitseite um Breitseite den Angreifern entgegen. Da sich die Schiffe der Rigo-Sauroiden in enger Formation näherten, war ein Ausweichen fast ausgeschlossen. Immer wieder trafen die massiven Laser-Strahlen und zerstörten Schiff um Schiff. Dann veränderten die Naada-Schiffe ihre Position. Ein kurzer Sprung reichte aus, um sie am Ende der Angriffs-Flotte materialisieren zu lassen. Wieder röhrten die schweren Laser-Geschütze auf. Der geschickte Stellungs-Wechsel zahlte sich aus. Atlanta aktivierte alle ihre Abwehr-Stellungen auf dem Insel-Kontinent. Sie griff in den Kampf ein. Immer wenn ihre Flotte die Hinterseite der Rigo-Sauroiden Armada attackierte, nahm sie sich Ziele an der Frontseite der anfliegenden Schiffe vor. Die Anzahl grellen Explosionen stieg von Sekunde auf Sekunde und zeigte den Erfolg ihrer Abschüsse auf ihren Monitoren an.

Es dauerte nicht lange, bis die M-KI registrierte. Sie teilte mit, dass die angreifenden feindlichen Geschwader erfolgreich vernichtet wurden.

»Der erste Erfolg ist dir gelungen«, übermittelte sie. »Du hast 50.000 Schiffe von der Haupt-Flotte abgezogen und sie vernichtet. Das ist eine Erleichterung für unsere Heimat-Flotte von Natrid. Jetzt aber sind die Rigo-Sauroiden gewarnt. Nochmals werden sie nicht den gleichen Fehler machen.«

Atlanta nickte.
»Du wirst Recht haben«, antwortete sie.

Widerwillig registrierte sie, wie die Schiffe der Haupt-Armada verstärkt Angriffe auf den Planeten Natrid flogen

»Sie ziehen ihre Geschwader von Marid (Merkur) und Varid (Venus) ab«, erkannte sie.

»Die dortigen Stationen konnten die Flottenverbände abwehren«, sagte Senga-Hol.

»Meine Kolleginnen haben gut gekämpft«, bemerkte Atlanta. »Das war leider erst das Vorspiel. Ich werde mich auf meine Leistungsmerkmale beschränken. Ich bin die technische Hochleistungs-Basis der Natrader. So viele

Abwehr-Geschütztürme, wie auf meiner Bodenfläche stehen, sind auf keiner anderen natradischen Basis im Universum installiert worden.«

» Wir erhalten Unterstützungs-Gesuche der Heimat-Flotte«, rief Fanga-Gol, der den Hyperkomm-Funkbereich überwachte. »Sie möchten unsere Naada-Kreuzer haben.«

»Das habe ich mir gedacht«, antwortete Atlanta. »Denen ist es egal, ob wir hier untergehen. «

Die Kunstfrau überlegte kurz und schaltete sich mit ihrer Mutter kurz.

»Das entscheide ich«, antwortete sie. »Wir können auf die Kreuzer nicht verzichten. «

Sie schaute ihren Funkexperten an.
»Teilen sie der Flottenführung mit, dass wir hier die gleichen Probleme haben«, sagte sie schroff. »Wir brauchen unsere Kreuzer und werden keinen abgeben. «

Atlanta drehte ihren Kopf ab. Sie synchronisierte das Salvenfeuer ihrer Geschütztürme mit den Anlagen auf Mond Lorz. Die Lasertürme unterstützten weiter die Angriffe der Naada-Kreuzer.

Das erste Flotten-Geschwader der Sauroiden war erfolgreich zerstört. Die Kommandantin gab den Befehl, die noch herumfliegenden Wracks und Trümmerteile zu beseitigen, um für einen neuerlichen Angriff ein freies Schussfeld zu haben.

Arfan-Don betrat die Zentrale.
»Das natradische Personal hat die Basis verlassen«, sagte er. »Die Transmitter-Verbindungen wurden geschlossen. Ich habe Marin und Gareck nicht gefunden? «

Atlanta schaute ihn an.
» Ich vergaß zu erwähnen, dass Marin und Gareck vor zwei Tagen mit einem unbekannten Ziel abgereist sind«, erklärte sie. »Sie sollen irgendeine geheime Anlage des Kaisers inspizieren. «

Arfan-Don nickte.
»Gut, dann haben alle Wissenschaftler die Atlantis-Basis verlassen«, bestätigte er. »Das ist ein Problem weniger für uns. «

»Teile mehrere Teams ein und lasse freie Bereiche der Basis als Notunterkunft einrichten«, sagte Atlanta. » Wir werden einen bisher nie dagewesenen Flüchtlingsstrom aufnehmen müssen. Wenn die Situation auf Natrid brenzlig wird, rechne ich mit vielen Natradern, die eine sichere Unterkunft suchen.«

Arfan-Don schaute sie an.
»Dir ist bekannt, dass wir auf Zivilpersonen nicht eingerichtet sind?«, fragte er.

»Was würdest du an meiner Stelle machen?«, erkundigte sich Atlanta. »Willst du die Natrader sich selbst überlassen?«

Der Angesprochene blickte beschämt zu Boden.
»Die schwerste Entscheidung kommt später noch auf uns zu«, flüsterte Atlanta leise. »Wenn unsere Aufnahme-Kapazitäten erschöpft sind, dann müssen wir alle nachfolgenden Flüchtlinge fortschicken. Dies würde bedeuten, dass wir sie den Kanonen der Angreifer ausliefern. Was für eine Chance haben unbewaffnete Zivilschiffe vor den Kriegsschiffen der Angreifer. Informiere mich bitte sofort, wenn alle Auffangbereiche überfüllt sind. Wir schießen dann alle Eingänge «

Arfan-Don blickte ihr in die Augen.
»Ich habe verstanden«, antwortete er leise. »Weitere Sicherheits-Teams werden aktiviert.«

Er verbeugte sich kurz, drehte sich ab und schritt davon. Atlanta schaute ihm nach, wechselte dann aber schnell ihre Gedanken.

»Meine Kinder haben sich hervorragend bewährt«, dachte sie. »Bisher gibt es noch keine Verluste. So sollte es auch bleiben. Wenn wir das hier überleben, dann werde ich sie belobigen.«

»Einen ersten Erfolg könnten wir erreichen«, dachte sie. »Unsere Geschütze konnten 50.000 Kriegsschiffe der Sauroiden zerstören.«

Sie wusste, dass dies nur die Ruhe vor dem Großangriff war. Die Basis erhielt erneute Anfragen auf Unterstützung der natradischen Heimat-Flotte. Diesmal ignorierte Atlanta diese konsequent. Sie konnte keine Ressourcen abgeben.

»Ich brauche meine Verteidigungsmöglichkeiten für den bevorstehenden Groß-Angriff«, dachte sie.

Sie analysierte ihre Ortungs-Daten.
»Wie ich es vermutet hatte«, dachte sie. »Die Sauroiden haben alle Schiffs-Verbände von Varid und Marid abgezogen. Ihre Angriffe waren erfolglos. Unsere dortigen Basen sind intakt. Ihre Angriffe wurden von

meinen Kolleginnen abgeschmettert. Warum haben die Rigo-Sauroiden ihre Angriffe nicht fortgeführt. Sie müssen gewusst haben, dass dort keine natradische Kolonie anzutreffen ist. Sie verfügen über Insiderwissen. Wir haben Verräter in den eigenen Reihen.«

Sie ließ noch einmal einen Scan von beiden Planeten erstellen und sandte einen Identifizierungs-Code an die KIs. Es dauerte nur wenige Sekunden, dann trafen die Antworten ein.

»Die eingeschlagenen Glutbomben richteten keinen größeren Schaden auf dem Boden der Planeten an«, lass sie »Die Basen existieren und sind unverändert funktionstüchtig. Leider standen diesen kleineren KI geführten Stützpunkten keine Raumschiffe zur Verfügung.«

Atlanta wusste, dass sie von dieser Seite auf keine Unterstützung hoffen konnte.

»Wir registrieren starke Strukturerschütterungen in der Nähe des Natrid-Mondes Nors«, rief Ragal-Son.

Atlanta schaute auf die Ortungsdaten.
»Mehr als 150.000 Schiffe der Sauroiden sind ohne Vorwarnung vor dem Technik-Mond aus dem Hyperraum

gesprungen«, sagte sie. » Sie werden den Mond mit einem Bomben und Raketenhagel überziehen. Wenn sich die Heimat-Flotte jetzt nicht ganz schnell etwas überlegt, ist der dritte Natrid-Mond verloren. Die Angreifer müssen zurückgetrieben werden. «

»Der Mond verfügt über keine großen Abwehr-Stellungen«, rief Senga-Hol. »Aufgrund der Nähe zu dem Heimatplaneten wurde er von der natradischen Flotte geschützt. Er diente als Werft, zur Entwicklung von geheimen Projekten und als Produktionswerft für Raumschiffe. «

»Ich bin im Bilde«, antwortete Atlanta. »Leider ist das auch das Problem. Auch dieser Mond hätte zu einer uneinnehmbaren Abwehrfestung ausgebaut werden können. Diesen Fehler kann man auch wieder der kaiserlichen Führung zuschreiben. «

Die Kommandantin stellte fest, dass sich die Heimat-Flotte nicht aus der Bedrängnis der feindlichen Schiffe befreien konnte.

Die Ortungstaster schlugen erneut Alarm.

»Der globale Schutz-Schirm des Mondes ist sehr geschwächt «, rief Ragal-Son. »Die wenigen Schiffe der

Verteidigung können den Teppich aus Bomben und Raketen nicht aufhalten.«

»Versucht ein freies Schussfeld durch die Haupt-Armada der Feindschiffe zu finden«, befahl Atlanta. »Ansonsten ist es für den Mond zu spät.«

Senga-Hol schüttelte seinen Kopf.
»Es ist aussichtslos«, antwortete er. »Unzählige Reihen von Schiffen behindern unser Schussfeld. Wir können nicht eingreifen.«

»Jetzt beginnt unser Untergang«, sagte Atlanta. »Das ist der Anfang vom Ende. Unsere wichtigsten Wissenschaftler befinden sich derzeit auf dem Mond. Ich befürchte das Schlimmste. Das wäre ein Rückschlag für viele Jahrtausende.«

Die gebündelten Laserstrahlen von den Geschütztürmen der Atlantis-Basis und des Mondes Lorz kamen nicht durch. Zu viele Feindschiffe lagen in dem Schussfeld ihrer Geschütze. Atlanta versuchte zwar mit einem Dauerbeschuss eine Lücke in die große Armada der Feindschiffe feuern zu lassen, jedoch war ihr der Erfolg nicht vergönnt. Weiterhin versperrten Tausende von Schiffen den Geschütztürmen das Schussfeld.

Wütend schlug sie mit ihren Fäusten auf ihre Technikkonsole. Die Kommandantin der großen Basis musste mit ansehen, wie die zahlreichen Schiffe der Sauroiden den natradischen Mond Nors attackierten. Sie registrierte, dass die Schirme des dritten Trabanten immer durchlässiger wurden.

»Die immense Energie, die benötigt wird, um einen ganzen Mond unter einem Energie-Schirm zu legen, ist gewaltig«, rief sie. »Wird dieser dann noch an unterschiedlichen Stellen in seiner Struktur attackiert, steigt der Energiebedarf dreidimensional. Auch das hätten unsere geschätzten Erbauer berücksichtigen müssen.«

Atlanta blickte auf ihre Ortungsdaten. Sie hob ihren Kopf und schaute auf den zentralen Bildschirm der Leitstelle. Kalt funkelten die Sterne im dunklen All, die immer wieder von unzähligen Lasersalven angestrahlt wurden. Die Laserstrahlen waren unübersehbar. Manche flackerten auf, leuchteten Sekunden lang ihre Helligkeit ins dunkle All und erloschen schnell wieder, als hätten sie aufgehört zu existieren. Andere blähten sich auf, sie schienen sich auszudehnen wie eine Nova, um dann in sich zusammenzufallen. Erneut wurden Raumschiffe der Sauroiden vernichtet. Die Tarid M-KI registrierte alle aufgehenden Explosionen, die durch natradische Laser-

Geschütztürme, oder durch ihr Abwehr-Bollwerk auf ihrem Mond Lorz, herbeigeführt wurden.

Siebzig Millionen Kilometer entfernt tobten schwere Kämpfe um den Heimat-Planeten und dessen Mond Nors. Die Ortungsanlagen der Atlantis-Basis erfassten einen großen, gewaltigen Feuerball. Dieser entstand auf den Koordinaten des Natrid-Mondes Nors. Der ganze Mond, vollgepackt mit ausgesuchter Technik, hochwertigen Generatoren und experimentellen Geräten, wurde in einer nie dagewesenen Explosion auseinandergerissen.

»Der komplette Mond ist geborsten«, schrie Ragal-Son entsetzt. »Vermutlich wurde das Anti-Materie-Lager getroffen. Hier ist nichts mehr zu retten. Die Gesteinsreste driften in eine neue Umlaufbahn, hinter dem Heimat-Planeten der Natrader.«

Atlanta schaute stumm ihr Personal an. Sie empfand eine Art Trauer, wusste jedoch, dass die Heimat-Flotte der Natrader nie fliehen würde und bis zum letzten Schiff ihren Planeten verteidigen würde. Es war ein Wettlauf mit der Zeit.

»Unsere letzte Hilfe heißt Admiral Tarin«, rief Atlanta. »Sendet einen automatischen Notruf in seine Richtung. Er möchte seinen Flug unbedingt beschleunigen. Er befindet sich auf dem Rückflug zu uns. «

»Der Notruf ist raus«, antwortete Fanga-Gol. »Ich glaube nur nicht, dass uns das viel hilft. Er ist noch zu weit entfernt, ansonsten hätten wir eine Antwort bekommen. «

Atlanta lächelte ihn an.
»Ich weiß, dass du Recht hast«, antwortete sie. »Trotzdem müssen wir es probieren. «

»Achtung, unsere Flotte wird von neuen Geschwadern der Rigo-Sauroiden bedrängt«, bemerkte Senga-Hol.

»Ruft unsere Naada-Kreuzer sofort nach Tarid zurück«, antwortete Atlanta. »Ich hoffe, einige feindliche Geschwader folgen ihnen. Wir müssen mehr Schiffe vor unsere Geschütze bekommen. «

»Unsere Schiffe haben den Befehl bestätigt und bilden einen Abwehrring um Tarid. Speziell für unser Abwehr-Feuer haben sie eine breite Lücke frei gelassen. «

»Perfekt«, antwortete Atlanta. »Wir werden es den Grünhäutigen nicht einfach machen. «

»Ich erfasse erneut eine starke Strukturerschütterung«, meldete Ragal-Son. »Diesmal in unserer direkten Nähe«.

»Auf meinen Monitor legen«, erwiderte Atlanta.

Sie beobachtete, wie 450.000 Schiffe über der Mond-Festung materialisierten. Die Schiffe schwärmten aus und verteilten sich um den ganzen Trabanten.

»Eine große Flotte von 450.000 Schiffe der Sauroiden ist materialisiert«, bestätigte ihr 1. Offizier.

»Ich sehe es bereits«, antwortete Atlanta ruhig.
Die Kunstfrau erkannte die Gefahr sofort.

»Höchste Alarmstufe, Dauerfeuer auf die Angreifer bis zur Maximalgrenze der Generatoren«, schrie sie ihren Mitarbeitern zu.

»Kann unsere Flotte eingreifen? «, fragte sie.
»Zu spät«, antwortete Ragal-Son. »Es sind große Angriffs-Geschwader der Rigos im Anflug. Die Flotte hat ihre Waffentürme aktiviert und feuert im Salventakt. Noch kann sie die Angreifer in Schach halten. Aber sie liegt unter einem schweren Beschuss. «

»Maximale Energie auf unsere Schutz-Schirme«, befahl Atlanta mit lauter Stimme. »Aktiviert die stehende Transmitter-Leitung nach Lorz. Holt sofort unsere Techniker nach Hause.«

Dies war bereits ein heikles Unterfangen.
»Ihr Befehl ist raus und wurde bestätigt«, antwortete Fanga-Gol. »Die Techniker begeben sich zur Transmitter-Anlage.«

Atlanta drückte einen Knopf auf der Tastatur vor ihr.
»Doran-Gun, aktiviere den Transmitter-Durchgang«, rief sie in ein Mikrofon. »Gleich kommen unsere Wartungs-Techniker von Lorz durch. Wenn alle eingetroffen sind, deaktivierst du sofort die Anlage.«

Sie erzeugte ein Strukturloch in ihrem Schutz-Schirm, um den Transmitter-Transport passieren zu lassen. Alles war vorbereitet. Atlanta drückte einen Knopf auf dem Display vor ihr. Dann gab sie den Befehl an Doran-Gun durch, den Transmitter-Beam zu aktivieren. Ein kurzes Flackern des Schutz-Schirmes genügte, um alle 23 Techniker mit einem Transport zu evakuieren.

»Alle Techniker sind angekommen«, schrie Doran-Gun über den Basis-Funk.

»Sofort den Durchgang deaktivieren«, erwiderte Atlanta. Die natradische Wartungs-Basis auf Lorz wurde zwar weiter mit einem Energie-Schirm geschützt, doch dieser war bei weitem nicht so effektiv, wie der von der Tarid-Basis selbst. Atlanta wusste, dass Tausende gleichzeitig einschlagender Laserstrahlen den Schirm kollabieren lassen würden.

Ihre Vermutung bestätigte sich schnell. Die materialisierten Schiffe der Sauroiden eröffneten ein massives Feuer auf den Schutzschirm der Mond-Festung. Das Sperrfeuer des Abwehr-Bollwerks raste ungebrochen den Angreifern entgegen und richtete massive Schäden an. Obwohl die Anzahl der angreifenden Schiffe von dem Abwehr-Bollwerk im Sekundentakt reduziert wurde, schlugen unzählige Laser-Lanzen der Rigo-Schiffe in den sich bereits rot verfärbten Schirm ein. Der Angriff von 450.000 Schiffen der Rigo-Sauroiden war immens. Der Energie-Schirm war an seiner Leistungsgrenze angekommen.

Die immer stärker werdende Flut von einschlagenden Laser-Strahlen ließen bereits erste Löcher in dem Schirm entstehen. Jetzt eilten Glut-Bomben und Raketen heran, durchdrangen den bereits löchrigen Schirm und explodierten auf der Oberfläche des Mondes. Sie rissen tiefe Krater in den Mondboden. Nachfolgende Bomben bohrten sich weiter in die tiefe Wunde und sprengten den Boden weiter aus. Dann erreichten erste Geschosse die tief im Mondboden installierte Steuer- und Generatoren-Basis. Atlanta registrierte die gewaltige Explosion in der gleichen Sekunde, wie ihre Mutter. Die Verbindung zu ihrer Abwehr-Basis auf dem Mond Lorz kam von einer Sekunde zur anderen zum Erliegen. Ihre Ortungs-Instrumente zeigten an, wie eine große Explosion den Mondboden erschütterte, Feuer, Glut und Staub von der Mondoberfläche aufwirbelte. Sämtliche kleineren Schutz-Schirme der Abwehr-Geschütze erloschen schlagartig.

»Jetzt ist es leicht für die Bomben und Raketen der Rigos die Abwehr-Stellungen komplett zu vernichten«, bemerkte sie. »Obwohl es keinen Sinn mehr macht, da die Steuerung der Anlage bereits vernichtet wurde.«

Es war still geworden in der Zentrale der Atlantis-Basis. Die Kommandantin und ihr Personal beobachteten, wie die fest installierten, nicht einfahrbaren Geschütze mitsamt ihren unterirdischen Generatoren in ihre molekulare Struktur gesprengt wurden. Die kleine Mondfestung, des zu Tarid gehörenden Trabanten Lorz, hatte aufgehört zu existieren. Tiefe Krater standen dort, wo bisher ein funktionierendes Abwehr-Bollwerk gestanden hatte. Die Rigos hatten dazu gelernt.

»Als Nächstes sind wir dran«, rief Atlanta. »Die Rückseite meines Planeten ist ungeschützt. Sie werden die Kruste meines Planeten zerstören. Wie kann ich meine Kinder noch retten? «

»Neue Geschwader-Wellen befinden sich im Anflug«, meldete Ragal-Son.

Atlanta blickte stumm auf ihre Anzeigen und nickte. »Dauerbeschuss einleiten«, befahl sie. »Schickt ihnen die Plasma-Bomben entgegen. Berechnet die Explosionen zwischen den Schiffen der Sauroiden. Wenn wir Glück haben, sollte eine Plasma-Explosion ausreichen, um direkt 4 Schiffe von ihnen mit in den Untergang zu reißen. So können wir ihre Ausfallquote vervierfachen. Wir müssen durchhalten, bis die Flotte von Admiral Tarin zurück ist. «

»Plasma-Rampen werden aktiviert«, erwiderte Senga-Hol. »Die Werfer fahren in Position. «

»Aktivieren, sobald schussbereit«, erwiderte die Klon-Frau.

»Die Werfer werden ausgelöst«, bestätigte ihr 1.Offizier.

Atlanta beobachtete die Anzeigen für den Energie-Verbrauch. Der Einsatz der Plasma-Werfer ließ zeitweise die Diagramme für den Energie-Verbrauch drastisch nach oben schnellen. Aber die Basis konnte noch auf weitere Ressourcen zurückgreifen. Sie verstärkte nochmals den schützenden Dreifach-Schutzschirm ihrer Anlage und leitete Zusatz-Energie neuer Generatoren an die Antigravitations-Plattformen weiter, die ihre Basis als massive Bodenplatte nutzte. Ihre zahlreichen Abwehr-Geschütztürme und die Plasma-Bomben hielten die angreifende Flotte auf Distanz. Die schweren Laser-Strahlen verwandelten den größten Teil der anfliegenden und erreichbaren Bomben und Raketen bereits in der Atmosphäre zu grellen Explosionen. Doch die Rückseite ihres Planeten bereitete ihr Sorgen. Hier waren ihre Waffen wirkungslos. Wie lange konnte ihre kleine Flotte die Angreifer aufhalten.

»Es war ein schwerer Fehler unserer hochintelligenten Führung, nicht den ganzen Planeten mit unseren effektiven Abwehr-Geschütz bestückt zu haben«, dachte sie und schüttelte ihren Kopf.

»Wenn die Lage aussichtslos wird, dann verabschiede ich mich«, entschied sie.

Atlanta blickte auf den Bildschirm.

»Zieht die Flotte auf der Rückseite meines Planeten zusammen«, befahl sie ihrem ersten Offizier zu. »Dort wird der Angriff der Rigo-Sauroiden erfolgen.«

Sie griff nach dem vor ihr stehenden Mikrofon und rief Arfan-Don.

»Wie läuft es mit den Flüchtlingen?«, fragte sie

»Gut und schlecht«, antwortete der Sicherheits-Offizier. »Über 4.000 Zivil-Schiffe von Natrid waren auf dem Weg zu uns. Leider hat es nur die Hälfte geschafft, ihre Schiffe sauber zu landen. Die anderen wurden durch ein gezieltes Feuer von Rigo-Schiffen zerstört oder kollidierten mit anderen Schiffen. Auf unserem Landefeld sieht es aus, wie auf einem Abwrack-Hafen. Viele Zivilschiffe waren unbewaffnet, wurden getroffen und sind auf das Landefeld gestürzt. Jetzt kommt das nächste Problem auf uns zu. Wir sind überfüllt und können keine weiteren Flüchtlinge mehr aufnehmen. Was sollen wir tun?«

»Mein Befehl war eindeutig«, erwiderte Atlanta kalt. »Verschließt den Eingangsbereich. Ich erweitere das Energiefeld um den Eingangs-Bereich. Wir werden keine weiteren Flüchtlinge mehr aufnehmen.«

»Aber die nachfolgenden Natrader sterben«, ergänzte Arfan-Don.

Das ist nicht mehr zu ändern «, fluchte Atlanta. »Wir haben keine Kapazitäten mehr. Ich werde meinen Befehl nicht wiederholen. «

Sie legte das Mikrofon zurück. Ihr Blick war starr. Alle anwesenden Offiziere schauten sie an. Senga-Hol trat zu ihr und legte seine Hand auf ihre Schulter.

»Unsere Abwehr-Geschütz-Türme arbeiten an ihren Höchstgrenzen«, sagte er leise. »Die Laserrohre laufen bereits rot an. Sie fangen im Rhythmus von Sekunden anfliegende Raumschiffe, Bomben und Raketen mit dem Ziel auf unseren Planeten ab. Ich kann nicht sagen, wie lange sie noch diese Dauerleistung durchhalten. «

Atlanta wollte etwas hierauf antworten, doch ihr Ortungs-Offizier kam ihr zuvor.

»Ich registriere eine gewaltige Strukturerschütterung auf der Rückseite unseres Planeten«, meldete Ragal-Son.

»Wie viele Schiffe sind es«, fragte die Kommandantin.
»Exakt 393.700 Schiffe«, antwortete Ragal-Son. »Es ist die Flotte, die unsere Mondfestung vernichtet hat. Unsere

Schiffe kommen stark in Bedrängnis. Sie können unmöglich die ganze Flotte vernichten.«

Atlanta schaute ihn durchdringend an.
»Das ist mir klar«, sagte sie. »Die Falle der Sauroiden schnappt zu. «

Ein erstes mächtiges Beben durchlief die Erdkruste. Die Bodenplatten vibrierten. Die Offiziere mussten sich an den Gerätschaften festhalten.

»Jetzt wird es kritisch«, rief Atlanta. »Ich habe aber eine Idee. «

Sie sprang auf und lief zu dem Controller, der für den gesamten Maschinenpark der Atlantis-Basis verantwortlich war.

»Hangan-Gol«, rief sie.

Ihr Offizier für die Steuerung der sensiblen Maschinen schaute sie an.

»Aktivere die Anti-Grav-Boden-Einheiten«, befahl sie. »Wir werden die Basis um 25 Meter über den Inselboden anheben. Das ist eine reine Vorsichtsmaßnahme. Wie ihr wisst, wurde die Atlantis-Basis auf den Steinen einer großen Felseninsel erbaut. Wenn die Kruste unseres Planeten nachgibt, wird die Insel einbrechen und im Meer versinken. In diesem Moment werden wir mit unserer Basis abtauchen. Wir ziehen uns auf den Meeresboden zurück. Für die Angreifer muss es so aussehen, als ob die Basis vernichtet wurde und im Ozean untergegangen ist.«

Sie bemerkte das Dröhnen der angesprungenen Anti-Grav-Einheiten in den Bodenplatten der Basis. Sie schaute in die Runde ihrer Offiziere.

»Nur so werden wir der Vernichtung entgehen«, erklärte sie. »Ich habe alles mit meiner Mutter mehrmals durchgerechnet. Es gibt keine andere Lösung.«

»Die Basis hebt sich langsam vom Boden ab«, rief Hangan-Gol. »In 20 Sekunden haben wir die geplante Höhe erreicht.«

»Gut gemacht«, erwiderte sie. »Achte auf die Stabilisatoren. Unsere Basis darf nicht auseinanderbrechen.«

Sie winkte Senga-Hol zu sich.
»Plane ein letztes Manöver«, sagte sie. »In dem Moment, indem wir abtauchen, zünde in 1.300 Metern Höhe 12

Plasma-Bomben. Es muss wie eine gigantische Explosion für die Beobachter im Weltraum aussehen. Presse Müll und nicht mehr benötigte Ausrüstungs-Gegenstände aus den Kammern eins bis sieben. Öffne sie synchron mit der Explosion der Plasma-Bomben in unserer Atmosphäre. d«

»Du willst die Zerstörung unserer Basis mit den Einrichtungsgegenständen auf ihren Schirmen glaubhafter wirken lassen«, fragte der 1. Offizier.

Atlanta nickte.
»Die Angreifer müssen glauben, dass sie die Basis von Tarid vollständig vernichtet haben«, antwortete sie. » Ansonsten werden sie nicht aufhören den Planeten zu attackieren. «

»Ich weiß nicht, wie sich eine solche Energie-Entfaltung in der Atmosphäre auswirkt«, erwiderte ihr 1. Offizier. «

»Es muss glaubhaft sein, egal wenn wir durchgeschüttelt werden «, schrie Atlanta. »Alles andere hilft uns nicht weiter. «

Senga-Hol drehte sich ab und lief zu den Waffen-Kontrollkonsolen. Seine Hände fuhren rasend schnell über das große Kontroll-Modul. Er drückte Knöpfe, zog

Hebel zurück und justierte Schiebe-Panels. Dann drehte er wieder den Kopf zu Atlanta zurück.

»Plasma-Geschosse wurden aktiviert«, rief er ihr zu.
Atlanta nickte ihm zu.

»Auf meinen Befehl warten«, antwortete sie.
Sie konzentrierte sich wieder auf die Bildschirme der Außenbereiche. Ihre Abwehr-Geschütze justierten sich jede Sekunde auf neue Ziele. Die baumstammdicken Laserlanzen entfesselten ein Höllen-Szenarium am Himmel. Wieder konnte sie die frontseitig anfliegenden Bomben abwehren und weitere Raumschiffe vernichten. Dennoch bemerkte sie erneut die Einschläge starker Bomben auf den rückseitigen Kontinenten ihres Planeten. Die Erschütterungen hörten nicht mehr auf und fraßen sich durch die Erdkruste.

»Senga-Hol«, rief sie.
Der Angesprochene kam zu ihr.

»Kommandantin«, fragte er. »Wie lauten ihre Befehle? «

»Bereitet den Hangar vor«, befahl sie gelassen. »Ich werde unsere Piloten und Schiffe zurückrufen. Sie sollen nicht weiter einen aussichtslosen Kampf führen. Weise bitte ein weiteres Team an. Die Basis muss luftdicht verschlossen werden. Kontrolliert alle Schotts und Fenster. Die Außenbereiche müssen dicht sein. Wir begeben uns bald auf eine neue Reise.«

Senga-Hol schaute sie irritiert an. Trotzdem nickte er. »Ihr Befehl wird ausgeführt«, antwortete er.

Sie senkte ihren Blick auf die Anzeigen. Noch erhellten unzählige Explosionen ihren Bildschirm.

»Die natradische Heimat-Flotte kämpft gut, doch sie ist nur noch ein Bruchteil ihrer selbst«, dachte sie.

Mit Entsetzen blickte sie auf den Bildschirm, der Daten von Natrid übermittelte. Sie erkannte, wie es um den Heimat-Planeten der Natrader stand. Die Oberfläche existierte nicht mehr. Lava und flüssiges Gestein überzogen den Planeten, der ehemals ein grünes Paradies gewesen war.

»Ein Teil unserer Schiffe meldet einen Energieausfall von 30 %«, rief Ragal-Son. »Sie können nur noch mit minimaler Kraft kämpfen. Komplett-Ausfälle sind noch keine zu beklagen.«

»So wird es auch bleiben«, antwortete Atlanta. »Ruft jetzt unsere Naada-Schiffe zurück. Sie sollen ihren Hangar anfliegen. Wir können nichts mehr ausrichten. Es sind einfach zu viele Angreifer.«

Sie registrierte, wie Stürme und Vulkane auf ihrem Planeten ausbrachen. Riesige Flutwellen stürzten über das Land herein und versuchten die glutflüssige Lava abzukühlen. Leider ohne Erfolg. Tarid war schwer getroffen. Trotzdem kannten die Rigo-Sauroiden keine Gnade. Ihr Hass schien sie des normalen Denkens zu berauben. An immer mehr Stellen des Planeten wurde die Kruste glutflüssig. Die Bomben der Sauroiden-Schiffe trafen weiter in den geschundenen Boden von Tarid. Abstürzende Raumschiffe rissen tiefe Krater und Furchen auf. Immer mehr Vulkane brachen aus, die Erde erbebte und wehrte sich.

Die Basis-KI gab ihr Bestes. Ihr geschützter Bereich lag immer noch unter dem stabilen Hochleistungs-Energie-Schirm.

»Die natradische Abwehr bricht immer mehr zusammen«, bemerkte die M-KI. »Es wird noch zwei lange Stunden dauern, bis Admiral Tarin mit der Restflotte eintrifft.«

»Ich weiß«, antwortete Atlanta. »Diese Zeit ist für die verbliebenen Schiffe der Heimat-Flotte nur noch schwer zu überstehen.«

»Eingehender Hyper-Funk-Spruch von Natrid«, rief Fanga-Gol.

»Auf die Lautsprecher geben«, erwiderte Atlanta. »Warnung, meiden sie den Anflug auf Natrid«, tönte es aus den Lautsprechern. »Fremde Rassen greifen das Imperium an. Die Mitglieder der kaiserlichen Kaste wurden gezielt in ihren Palästen angegriffen und getötet. Unzählige Atombomben haben die Heimatwelt unseres Imperiums in eine Gluthölle verwandelt. Es handelt sich um Sabotage und Verrat. Wenige Minuten vor dem Einschlag fielen sämtliche Energie-Schirme und Verbindungen zu allen Abwehr-Geschützen aus. Warnung, meiden sie den Raumsektor von Natrid.«

Die Mitteilung brach ab.
»Das war eine maschinelle Mitteilung«, rief Atlanta. »Der Kaiser und alle seine Getreuen sind tot.«

Sie drehte ihren Kopf zur Seite. Tiefe Trauer machte sich in ihr breit. Der Kaiser war ihr Freund und Protegé. Sie kannte die weiteren Maßnahmen der Zivil-Regierung auf Natrid. Unzählige Katastrophen-Maßnahmen liefen an.

»Ragal-Son, scanne den Planeten Natrid und erstelle eine Auswertung«, rief sie ihrem Ortungs-Offizier zu.

»Auswertung beginnt«, bestätigte er.
»Die Eigenrotation des Planeten ist gestört«, meldete der Offizier. »Sie hat sich verlangsamt. Die Atmosphäre verflüchtigt sich. Giftige Wolken, aus atomaren Gasen breiten sich aus. Die ehemaligen Grünflächen gibt es nicht mehr. Flüsse und Seen sind verdampft, oder das Wasser ist in tiefen Schluchten und Krater gestürzt, um die Wunden aus heißer Lava abzulöschen. Die Kruste des Planeten ist in weiten Teilen in Bewegung. Kochende Fluten aus Magma überfluteten das Land. Alle Lebewesen, die es nicht in eine gesicherte Basis geschafft haben, werden tot sein. Der Planet steht kurz vor einem Exitus.«

»Danke«, sagte Atlanta. »Wie wir es vermutet haben. Die Heimat-Flotte ist überfordert. Sie konnte unmöglich die Einschläge der vielen Raketen und Bomben verhindern.«

»Den verbliebenen Führungs-Offiziere wird der Zugang zu der geheimen unterirdischen Stadt Tattarr geöffnet«, bemerkte Senga-Hol. »Hier werden die überlebenden Natrader sicher sein.«

Atlanta schaute ihm in die Augen.

»Diese Stadt ist für den Notfall gebaut worden«, sagte sie. »Ich kenne das Sicherheits-Protokoll. Es ist eine Stadt für eine intelligente Gruppe von Natradern. Jetzt aber wollen alle Überlebenden in diese Stadt hinein. Das ist in den Sicherheits-Protokollen nicht vorgesehen. Die starre Verwaltung der Natrader kennen wir auch. Es ist gut möglich, dass nicht autorisierten Personen der Zugang verweigert wird. Diese starben jetzt jämmerlich in den Außenzonen des Eingangsbereiches der Stadt.«

Der Beschuss der beiden Planeten wurde immer intensiver und bedrohlicher. Die wenigen Schiffe der natradischen Heimat-Flotte waren geschwächt. Auf Tarid hatte sich ein Großteil der Landfläche verflüssigt. Glühend heiße Lava verbrannte das grüne Land. Der Planet formte sein Gesicht neu. Täler brachen ein, neue Gebirge entstanden. Sturmfluten peitschen über das Land und ließen das junge Leben ertrinken. Die Hölle tobte auf Tarid. Immer wieder flogen die Bomben-Teppiche heran und schlugen in die Kruste des Planeten ein. Erdbeben, Explosionen und tobende Stürme waren die Folge. Die Rigo-Sauroiden konnten zwar den Abwehr-Schirm der Tarid-Basis nicht durchdringen, aber sie konnten ihr den Boden unter den Füßen wegschmelzen.

Allein durch die andauernden tektonischen Verschiebungen und die Verflüssigung des nicht geschützten Erdbodens wurde der Insel-Kontinent Atlantis bereits stark in Mitleidenschaft gezogen. Die Tarid-KI registrierte, dass ihr Kontinent aufheulte. Die Erdstöße und die Beben hatten sich massiv ausgebreitet. Atlanta informierte ihr Personal, das der Ausfall der Basis in Kürze bevorstand. Sie schaute auf die sensiblen Elemente ihrer Basis und wartete auf einen geeigneten Zeitpunkt ab.

»Alle Schiffe sind gelandet und gesichert«, bemerkte Senga-Hol. »Die Basis wurde komplett verschlossen und versiegelt. Wir sind bereit«.

Sie lächelte ihn kurz an.
»Danke«, antwortete sie. »Das war mir wichtig. Kontrolliere die Plasma-Bomben-Abschuss-Vorrichtung.«

Sie bemerkte, wie ein Teil der Kruste von Atlantis einbrach. Atlanta gab das Alarmzeichen und registrierte, wie hohe Wassermassen auf ihre Basis stürzten. Der Boden unter ihr fiel in sich zusammen.

»Das war es«, dachte sie. »Ich ziehe mich zurück und versuche meine Kinder zu retten. Das ist der Anfang vom Ende unserer guten und einzigartigen Atlantis-Basis.«

Sie stellte den Beschuss durch ihre Abwehr-Geschütze ein und fuhr die Laser-Geschütztürme ein. Die freigewordene Energie legte sie zusätzlich auf ihre Schutzschirme.

»Ein solches Manöver habe ich bisher noch nicht durchgeführt,« dachte sie.

Die Fluten des aufgewühlten Meers hatten ihre Basis erreicht und schwappten an ihren Schutzschirmen hoch. Sie zog Energie aus dem obersten ihrer Dreifach-Schutzschirme ab. Ihre Anzeigen bestätigten die Belastung des Schirms durch die einschlagenden Laser-Strahlen der Schiffe der Rigo-Sauroiden. Ein Warnsignal leuchtete auf. Die Rotfärbung des Schirms wies kleine Strukturlöcher auf. Langsam reduzierte sie die Anti-Grav-Werte ihrer Basis. Mit aktivierten Schirmen versank die Basis-Atlantis in den Fluten. Dann gab sie ihrem ersten Offizier ein Zeichen.

Dieser verstand sofort. Senga-Hol aktivierte die Abschuss-Vorrichtung der Plasma-Bomben. Diese fauchten aus dem Wasser, um in 1.300 Metern Höhe eine gigantische, grelle Explosion oberhalb der Basis in der Atmosphäre zu entfachen. Gleichzeitig wurden Müll und Einrichtungsgegenstände aus der Basis geschossen. Feindliche Bomben explodierten oberhalb der Basis. Die heißen Atomsonnen ließen fast alle Überwachungs-Sensoren der Basis ausfallen. Fontänen von Wasser spritzten auf und fingen den Druck der Bomben auf. Die abtauchende Basis wurde kräftig durchgeschüttelt, ließ sich aber von dem berechneten Tauchvorgang nicht abbringen. Die geplante Tiefe von 6.300 Metern wurde schnell erreicht. Atlanta fuhr alle Energiemeiler herunter und schaltete auf Notversorgung. Diese Minimalversorgung konnte oberhalb des Meeresspiegels nicht mehr geortet werden. Sie schaute in die Runde ihrer Offiziere.

»Wir sollten jetzt alle hoffen, dass die Angreifer auf unsere Täuschung hereingefallen sind«, flüsterte sie.

Leiser Beifall ertönte in der Zentrale der Basis. Atlanta lehnte sich zurück und schaute auf die letzte noch aktivierte Anzeige ihrer Kontroll-Einheit. Große Traurigkeit durchzog ihre Gedanken.

Die Ortungsgeräte der angreifenden Schiffe der Sauroiden waren sekundenlang geblendet. Die grelle Explosion über dem Ozean hatte mit einem Schlag ihre Instrumente ausfallen lassen. Nach dem Neustart ihrer Geräte wurden an der Koordinate der Tarid-Basis nur noch tobendes Wasser und viele Trümmer angezeigt.

Ein Schmerzschrei hallte durch die letzten Schiffe der natradischen Heimat-Verteidigung. Sie alle hatten den Untergang der Tarid-Basis miterlebt. Jetzt stürzten unzählige Glutbomben der Rigos dem ungeschützten Planeten entgegen und explodierten auf seiner Oberfläche. Die natradische Vorzeige-Basis war vernichtet worden. Die sagenumwobene Atlantis-Basis existierte nicht mehr. Nach und nach bekamen dies auch die nachrückenden Schiffe der Rigo-Sauroiden mit. Ihr Werk war vollendet. Sie drehten ab und nahmen Kurs auf das letzte Hindernis, das ihnen einen vollständigen Sieg verwehrte. Die ausgedünnte und angeschlagene Heimat-Flotte von Natrid.

Der Planet der Natrader war stark in Mitleidenschaft gezogen worden. Zahlreiche Explosionen von Atombomben hatten die Kontinente mit sämtlichen Lebewesen bis zur Unkenntlichkeit zerstört. Die Landfläche glühte, die wenigen Flüsse des Mars waren verdampft. Immer wieder trafen Raketen und Bomben der Rigos in die blutenden Stellen des Planeten. Es waren einfach zu viele Angreifer. Das Magnetfeld des Planeten war stark beeinträchtigt worden. Die Rotation hatte sich verändert. Die dünne Atmosphäre von Natrid wurde von den gewaltigen Druckwellen der Explosionen immer weiter in den Weltraum gedrückt. Sie war dabei, sich vollständig zu verflüchtigen.

Die Abwehr-Geschütze waren an ihrer Leistungsgrenze angekommen. Auf dem ganzen Planeten schlugen abstürzende Schiffe der Sauroiden auf und rissen tiefe Krater in die Oberfläche. Die von Marid und Varid kommenden Schiffe der Sauroiden hatten sich bereits lange mit der Haupt-Flotte vereinigt. Trotz der massiven Abschüsse durch natradische Verteidigungssysteme, konnten die Sauroiden immer noch auf 1.3 Millionen Schiffe zurückgreifen.

Unzählige wütende Laser-Lanzen rasten auf die gehassten Feinde zu, die in den verbliebenen Schiffen der natradischen Heimat-Verteidigung auf die Rückkehr ihrer Flotte warteten. Die Schutzschirme der Schiffe hielten dem Druck nicht mehr lange stand. Die Lage war hoffnungslos. Ein Teil der Rigo-Flotte löste sich von der Armada, sprang in den Rücken der natradischen Flotte und unterstützte den Angriff der Schiffe auf den Planeten. Eruptionen, Vulkanausbrüche und Erdbeben zeugten von den Schmerzen des geschundenen Planeten. Wieder und wieder schlugen die Bomben ein. Das natradische Leben existierte nicht mehr an der Oberfläche. Lediglich die geheime Stadt Tattarr bot ausgesuchten Flüchtlingen noch eine neue Bleibe.

Erschütterungen in der Struktur des Hyperraumes zeigten die Ankunft von weiteren starken Schiffsverbänden an. War das die letzte Hoffnung der Natrader, oder sollte es wieder eine neue Verstärkung für die Sauroiden-Flotte sein?

Alle Gebete und Hoffnungen der letzten Natrader schienen sich zu erfüllen. Admiral Tarin war endlich mit seiner Einsatz-Flotte und den verbliebenen 273.000 Schiffen angekommen. Nur noch wenige Minuten, dann würden sie aus dem Hyperraum springen. Verzweifelt verstärkten die übrig gebliebenen 2.400 Schiffe der natradischen Heimat-Verteidigung nochmals ihr Bemühungen und schossen im Dauerfeuer auf alle erreichbaren feindliche Ziele.

Dann endlich war die Hilfe da. Schlagartig materialisierte die Flotte des Admirals in dem heimatlichen Gebiet. Sofort stürzten sich die neuen Groß-Zerstörer auf die Schiffs-Geschwader der Rigo-Sauroiden. Das Dilemma der verwüsteten Heimat wurde auf allen Bildschirmen der Flotte gleichermaßen angezeigt.

»Funkspruch an die Geschwader 50 bis 100«, befahl der Admiral auf seinem Flaggschiff dem Funkoffizier. Exakt 70.000 Schiffe springen hinter die feindlichen Linien und unterstützen unsere restlichen Schiffe der Heimat-

Verteidigung. Die restlichen Einheiten formieren sich in Gruppen zu zwei Schiffen. Alle Groß-Zerstörer brechen die Schutzschirme der gegnerischen Schiffe auf. Hierfür bündeln wir sämtliche Geschütz-Türme zu einem massiven Pressstrahl. Diese werden die Schutzschirme der Feindschiffe sofort überlasten. Die kleineren Zerstörer und Kreuzer erledigen hiernach die Schiffe. Die anschließenden Explosionen sollten alle im Umkreis fliegenden Feindschiffe erfassen, beschädigen, oder zerstören. Wir können so mit einem Schlag mehrere Einheiten vernichten.«

Admiral Tarin erkannte, dass seine Offiziere bereit waren.

»Sofortiger Einsatzbefehl für alle Kampfjets«, fuhr er fort. »Die Ausschleusung erfolgt im Schnellverfahren. Sie werden sich die weniger bewaffneten Versorgungs-Schiffe vornehmen. Ihr Befehl heißt, Zerstörung der Nachschub-Linien. Greifen sie die Rigo-Armada von den Rückseiten an und zerstören sie ihre Tank- und Versorgungs-Schiffe. Die KIs ihrer Schiffe erhalten von unserer taktischen Zentraleinheit die erforderlichen Daten. Schalten sie auf automatische Unterstützung. Es muss schnell gehandelt werden, bevor sich der Gegner auf unsere Taktik einstellt und sich weiter auseinanderzieht.«

Die Schiffe hatten die Befehle verstanden und sandten ihre Bestätigungen. Riesige Zusatz-Energiemeiler wurden hochgefahren. Alle Waffensysteme meldeten ihre extreme Bereitschaft. Die Schutzschirme wurden auf die höchste Leistungsstufe einjustiert.

Admiral Tarin gab den Befehl zum Frontal-Angriff aus. Die großen Schiffe der Kaiser-Klasse formierten sich zu 2-er Gruppen und bildeten einen Blockade-Ring um die Armada der Schiffe der Sauroiden. Dahinter bildete sich, aus den Schiffen der schweren Königs-Klasse ein Abwehrring. Auch wieder in 2-er Gruppen zusammengeschlossen, formierten sich tausende Schiffe der Lord-Klasse, um Ausreißer sofort unter einen Dauerbeschuss zu legen. Die seitlichen Flanken der Angreifer wurden von den flinken Schiffen der Naada-Klasse attackiert.

Die gewaltigen Geschütz-Türme der Schiffe hatten das Feuer eröffnet. Ein gigantischer Lichtpilz entstand an der Frontlinie der Flotte der Sauroiden. Dieser fraß sich immer weiter und tiefer, in die sichtlich verunsicherte Angreifer-Flotte. Glut-Explosionen und Detonationen getroffener, nicht mehr steuerbarer Schiffe kollidierten mit anderen und vergingen gleichermaßen in Explosionen. Trümmer und abgetrennte Schiffs-Teile flogen durch das All. Pausenlos hämmerten die Natrader ihre zerstörenden Strahlen auf die Gegner. Jetzt musste abgewartet werden. Die Befehle waren erteilt. Nun endlich konnte die Situation im Heimat-System genau analysiert werden.

Entsetzen breitete sich auf dem Flagg-Schiff von Admiral Tarin aus, als erste deutliche Ortungs-Ergebnisse eintrafen. Das ganze Unheil wurde sichtbar. Der Heimatplanet Natrid brannte. Der Mond Nors existierte nicht mehr. Unzählige Felsstücke und Metallreste wurden von den Sensoren am Standort des ehemaligen Mondes erfasst. Die legendäre sagenumwobene Tarid-Basis, mit allen wissenschaftlichen Einrichtungen, Forschungslaboren, Werften und Geheim-Zentren, war zerstört und mit dem ganzen Insel-Kontinent und deren unzähligen Gebäuden ausradiert worden. Nichts mehr hiervon war auf den Ortungsgeräten sichtbar. Die Abwehr-Stellungen auf dem Trabanten Lorz waren ebenfalls komplett eliminiert. Die Flotte von Admiral Tarin war zu spät gekommen, der Schaden nicht mehr reparabel. Doch jetzt musste man sich erst einmal auf die Gegner konzentrieren.

Die Flotte schlug weiter erbarmungslos zu. Die Schutzschirme der gegnerischen Schiffe wurden durch mehrere gleichzeitige Treffer überladen und brachen zusammen. Gleichzeitig mit dem Kollabieren der

Schirme schlugen die natradischen Bomben in präziser Berechnung ein. Die Schiffe der Sauroiden explodierten der Reihe nach in gigantischen Feuerbällen. Durch die extreme Wucht der Detonationen noch verstärkt, griff das Feuer auf die umliegenden Schiffe über und riss weitere Angreifer in den Abgrund. Es war wie das Abbrennen eines Feuerwerkes. Die Vergeltung der Natrader war furchtbar. Die Sauroiden erkannten erst jetzt, mit wem sie sich angelegt hatten. Die Angriffs-Formationen lösten sich auf und wichen einem wahllosen Durcheinander. Nicht mehr steuerbare Schiffe trifteten auf kuriosen Flugbahnen durchs All und rammten andere Schiffe. Immer größere Gruppen der Angreifer wurden von den Natradern sukzessive ausgelöscht. Sie kannten kein Erbarmen mehr.

Admiral Tarin erwies sich, wie so oft als Stratege, der unkompliziert immer neue Anweisungen gab. Jetzt sprang ein Teil der Flotte an die Flanke der Angreifer und säuberte dort die Reihen. Ehe sich die Sauroiden auf die neue Übermacht einstellen konnten, verschwanden die Natrader wieder im Hyperraum, um Sekunden später die rückwärtigen Reihen der Angreifer auszudünnen. Hiernach schloss man sich wieder mit der Haupt-Streitmacht zusammen, um die Reihen der Angreifer von der Front her aufzureißen. Jedes Mal, wenn sich mehrere Schiffe von Sauroiden formieren konnten, um einen

Gruppen-Beschuss auf ein natradisches Ziel abzugeben, veränderten die natradischen Geschwader ihren Standort.

Dieses gezielte Vorrücken und sich zurückziehen, war vermutlich für die doch etwas behäbigen Sauroiden nicht durchschaubar. Schiff um Schiff fiel den geballten Energiestrahlen der natradischen Kampf-Zerstörer zum Opfer. Die wendigen Naada-Kreuzer stachen immer wieder kurios an vorher nicht berechenbaren Koordinaten zu und sprengten die Schiffe der Sauroiden in den Untergang.

Die Schlacht dauerte jetzt schon 20 Stunden. Die Zahl der Rigo-Schiffe hatte sich auf 750.000 reduziert. Auch Admiral Tarin musste bei all seinen strategischen Feinheiten und Raffinessen immer wieder auf Schiffe verzichten, die unglücklicherweise Treffer erhielten und ausfielen, oder sich mit überhitzten Reaktoren zurückziehen mussten. Derzeit standen ihm noch 223.000 Schiffe zu seiner Verfügung. Doch diese sollten die in Überzahl kämpfenden Schiffe der Sauroiden aufhalten können.

Wieder und wieder rissen die Natrader die Angriffs-Reihen der kleineren Schiffe der Sauroiden auf. Immer weiter feuerten die Natrader zerstörerische Salven auf die

Schiffe, deren Schutzschirme im Dauer-Beschuss zu flackern anfingen und kurz darauf in sich zusammenfielen. Bereits das sinnlose Unterfangen einiger Schiffe der Sauroiden, sich trotz der starken Schutz-Schirme der Natrader auf einen Kollisionskurs zu begeben, ließ die Ausweglosigkeit ihrer Situation erkennen. Schiff um Schiff verglühte in den starken Schirmen der natradischen Zerstörer. Die Anzahl der Angreifer nahm weiter ab. Admiral Tarin ließ die Aufzeichnung über die Zerstörung von der Heimatwelt der Sauroiden pausenlos über Hyperfunk ausstrahlen. Dies bewirkte jedoch nichts. Das Filmmaterial wurde von den Gegnern nicht als glaubhaft angesehen.

Die Rigo-Sauroiden verstärkten noch einmal die Bemühungen ihres Angriffs. Die Flotte von Admiral Tarin war den Schiffen der Sauroiden mittlerweile hoch überlegen. Das Verhältnis betrug nur noch 1:5. Diese Aufgabe war zu lösen. Die Sauroiden konnten sich nicht mehr in Ruhe formieren, um in Gruppen zu 10 Schiffen die natradischen Schutzschirme aufzubrechen. Sekundenschnell verloren sie immer weitere Schiffe. Ein von Admiral übermitteltes Angebot zur Kapitulation wurde ausgeschlagen. Der Kampf dauerte an. Die Rigo-Sauroiden kannten das Wort Kapitulation vermutlich nicht. So kam es, dass der Kampf erst nach vielen weiteren Stunden endete, als das letzte Schiff der

Angreifer vernichtet war. Es war ein trauriger Schlussakt. Gar nicht den Sieges-Gepflogenheiten der Natrader folgend, verzichtete man auf Salut-Schüsse und Formationsflüge.

Der Heimat-Planet existierte noch, aber er war restlos zerstört, die Oberfläche glutflüssig und verbrannt. Alle wohlhabenden Natrader hatten ihren Planeten verlassen und waren in alle Richtungen geflüchtet. Viele von ihnen schafften es in ihren privaten Raumschiffen nicht und waren von den Angreifern gestellt und vernichtet worden. Alle Natrader, denen es gelang durchzukommen, flohen in unterschiedliche Richtungen. Das war keine koordinierte Flucht gewesen. Es gab von der kaiserlichen Kaste für einen solchen Angriff keine ausgearbeiteten Fluchtpläne. Nie wurde mit so einem massiven Angriff auf das technisch führende Volk der Milchstraße gerechnet. Die Natrader hatten nie einen Gedanken an eine mögliche Vernichtung ihrer Welt verschwendet. Zu sicher war man sich gewesen, dass allein durch die eigene fortschrittliche Technik jedem Angreifer Paroli geboten werden konnte. Man war eines Besseren belehrt worden.

Nur die unterirdische Stadt Tattarr war noch autark und aktiv. Unzählige Atommeiler sorgten für die Energie-Versorgung. Ganze 440.000 ausgesuchte wertvolle Personen von Natrid durften in der 459 Kilometer großen

Anlage ihre Quartiere beziehen. Diese Natrader hatten den Angriff überlebt. Die Stadt war der letzte Zufluchtsort für sie. Völlig eigenständig unter der Regie der gewaltigen Hypertronic-KI, konnte sich die Anlage selbstständig regenerieren. Es herrschte eine künstliche Atmosphäre, Ausscheidungen, Müll und andere nicht mehr verwendete Rohstoffe wurden recycelt und neu verwertet. Die unzähligen Roboter, für jede technische Aufgabe ausgelegt, verrichteten weiter ihr Werk. Tausende Einheiten bauten an einer Erweiterung der Anlage. Niemand hatte ihnen bisher den Befehl zum Aufhören gegeben. Sie wussten nicht, dass keine weiteren Natrader mehr kamen.

Technik-Roboter waren mit Raumschiff-Bauten beschäftigt. Das riesige Werft-Gelände, aber auch die Produktions-Hallen waren als Standort für Neufertigungen und Wartungen konzipiert worden und konnten mehr als 300 Schiffe aufnehmen. Als Verkehrs-System war eine Antigrav-Bahn integriert worden. Dieses System stellte sich auf die Gehirnwellen eines jeden Benutzers ein. In jeder Kapsel waren 8 Sitzplätze eingepasst. Die Personen wurden alle durch ein spezielles Prallfeld geschützt, das den Druck der Beschleunigung und des Verzögerns absorbierte. Dies war notwendig, da das Transport-System innerhalb von Sekunden stark beschleunigte und auch hiernach direkt wieder abbremste. So konnten große Distanzen schnell überbrückt werden. Neben den militärischen Einrichtungen konnte die Anlage auch für den zivilen Bereich, mit vielen natradischen Errungenschaften aufwarten. Nicht nur für kulturelle Treffpunkte wurde gesorgt, auch Schulungs-Zentren, Erholungs-Einrichtungen, offene Parks und Seen waren konzipiert worden.

Die Außen-Bereiche waren ein Abbild der Oberfläche. Grünanlagen und ein künstlicher Himmel aus rosafarbenem Licht spiegelten eine natürliche Umgebung vor. Aber auch dieser Perfektionismus hatte Leben gekostet. Obwohl nur noch Kleinigkeiten in den Unterkünften zu integrieren waren, durften die Natrader erst nach der Fertigstellung die Wohnungs-Einheiten beziehen. Hätte die Verwaltung hierauf verzichtet und unkompliziert Einlass gewährt, dann wären alle überlebenden Natrader gerettet werden. Leider orientierte man sich weiter an den kaiserlichen Verordnungen, die nur einer Elite Einlass gewährte. Später wurde bekannt, dass es auch die eingesetzte Zivil-Verwaltung nicht geschafft hatte, sich zu retten. Dieser Trost nutzte keinem mehr etwas.

Achtzig Kilometer unter der Oberfläche verharrte die militärische Führung von Natrid auf weitere Befehle von

Admiral Tarin. Das Potenzial der Möglichkeiten war ausgeschöpft. Die mächtige KI von Natrid hatte ihre sämtlichen Abwehr-Geschütz-Türme eingefahren. Sie konnte erst wieder unterstützend eingreifen, wenn die Kruste des Planeten nicht mehr flüssig war. Die KI konnte nicht anders, nur so vermied sie es, dass glutflüssige Lava in die Hebetunnel eindrang und sich einen Weg in das Innere der Anlage suchte. Die ehemals große und stolze Angriffs-Flotte der Natrader war stark reduziert worden. Admiral Tarin gab seine beschädigten Schiffe auf. Einen Teil beorderte er in die noch vorhandenen Werften zurück, andere mussten den Reparatur-Roboter-Teams überlassen werden. Falls irgendwann eine Reparatur gelang, sollten die Schiffe die Werften auf Varid und Marid ansteuern und auf neue Befehle warten. Doch diese Schiffe standen kurzfristig nicht zur Verfügung. Der Admiral brauchte zusätzliche Schiffe, um die überlebenden Natrader zu evakuieren. Dieser Teil seiner Rasse sollte eine neue Zukunft erhalten. Eine Idee keimte in Admiral Tarin auf. Er wollte sich die fehlenden Schiffe von nicht zerstörten Kolonien und von den versteckten Enklaven holen. Die Flotte der Sauroiden war vernichtet. Es drohte keine Gefahr mehr. Er aber brauchte die Schiffe für die bevorstehende Evakuierung.

Admiral Tarin gab den Befehl an die restlichen 152.375 Schiffe seiner Flotte, eine Warteposition, um den

Planeten zu beziehen. Er ließ einen Ring bilden, der den ganzen Planeten umspannte. Er war sich sicher, dass keine weiteren Schiffe der Angreifer aus dem Hyperraum springen würden. Zu oft hatten der Kaiser und die nicht mehr vorhandene Regierung sich auf Konsultationen mit den einzelnen Kasten verlassen und hierdurch falsche Interpretationen der Lage abgegeben. Er verließ sich lieber auf seinen Instinkt.

5.000 Jahre nach dem Angriff auf Natrid

Godero sichtete die Ortungsdaten der Hypertronic seiner Geheim-Station. Er war der Befehlsführer dieser Bastion. Sie war vor 2.400 Jahren gebaut worden und verrichtete noch immer tadellos ihre Aufgabe.

»Die Flugbahn des beobachteten Meteoriten-Schwarms, mit über 300 unterschiedlich großen Objekten verändert stark seine Flugbahn«, rief er seinen in rotem Notlicht arbeitenden Kollegen zu. »Wie ist das möglich? Zeigen unsere Energiescans etwas an? Gib mir die neuen, aktualisierten Daten auf mein Display.«

Ungeduldig drehte er seinen Kopf. Die lederige Haut des Tierwesens zog starke Falten am Hals. Er schlug seine Krallen auf den metallischen Tisch. Scheußliche Kratzgeräusche wurden hörbar.

»Nur Geduld«, rief Sati'm Rah.
Er hatte die Funktion des ersten Offiziers inne.

»Die Daten werden bereits aktualisiert.«

Godero konzentrierte sich auf die neuen Ergebnisse.

»Es sind keine Energie-Emissionen sichtbar«, rief er seinen Kollegen zu. »Vermutlich wurde der Schwarm Meteoriten von einem Magnetfeld auf unsere Bahn geworfen. Wir lassen die Waffen deaktiviert. Wir richten hiermit nicht viel aus. Sie sind über 2.400 Jahre alt und nicht mehr modernisiert worden. Aktiviert die Steuerdüsen der Station. Wir verschieben sie 25 Kilometer ostwärts. Dann können die Meteoriten passieren.«

Wieder drehte er seinen Kopf nach rechts. Er sah, wie Sati'm Rah schwerfällig einen roten Knopf an der Konsole vor ihm mit seiner Hand nach innen schlug. Dann zerrte er an dem Steuerpanel und zog den Hebel zu sich zurück. Godero spürte den Boden vibrieren. Die Energiemeiler waren angesprungen und übergaben ihre Energie an die Steuerdüsen. Auf dem Display registrierte er, wie die Station in der Form eines kleinen Asteroiden langsam aus der Flugbahn der Meteoriten herausglitt und eine neue Position einnahm.

»Die Station hat ihre Koordinaten geändert«, bestätigte Sati'm Rah.

Godero dachte über die Situation nach.
»Ich weiß, dass die Station bereits längst überholt werden sollte«, dachte er. »Doch solche Dinge verschleppen die Netzwerkdenker gerne. Ich und meine Kollegen sind Worgass. Einst war diese Station mit 120 Wissenschaftlern und Militärs gefüllt gewesen. Doch

diese waren schon lange abgezogen worden. Uns nennt man bereits Mitarbeiter der zweiten Worgass-Generation. Wir alle wurden hier auf der Asteroiden-Station gebrütet. Die Station ist unsere Heimat. Wir kennen nichts anderes.«

Für Godero und seine fünf Leute war es undenkbar, auf einem Planeten leben zu müssen. Er hatte einmal hierüber nachgedacht. Doch diese Ahnung beunruhigte ihn sehr.

»Wir sind keine Soldaten, sondern Überwachungs-Techniker«, überlegte er. »Diese Station wurde zwei Lichtjahre außerhalb des Sol-Systems in der Oortschen Wolke installiert. Sie diente immer nur der Beobachtung.«

Er kannte die Berichte der letzten Generation von Worgass, die ihren Dienst auf der Station verrichteten, aus den Bord-Archiven der Station. Er und seine Leute führten das fort, womit vor ihnen zahlreiche Beobachtungs-Teams beauftragt wurden. Godero und seine Mitarbeiter verabscheuten Kriege. Sie verstanden nicht, warum sie geführt wurden. Aber er hatte gelesen, dass humanoide Völker eine Mutation des Universums waren und sie vernichtet werden mussten. «

Er und sein Team waren informiert worden, das vor 5.000 Jahren an diesen Ort eine gewaltige Raumschlacht stattgefunden hatte. Godero dachte intensiv nach.

»Die von unseren Herrschern gezüchteten Soldaten, ich glaube sie hießen Rigo-Sauroiden, hatten den Endschlag gegen die hier ansässigen Natrader durchgeführt«, dachte Godero. »Es muss eine gewaltige Materialschlacht gewesen sein. In der großen Auseinandersetzung wurde von den gequälten Natradern, der Heimat-Planet der Rigo-Sauroiden als Vergeltung vernichtet. Mitsamt allen ihnen überlassenen technischen Errungenschaften unserer Rasse. Ebenso wurden ihre notwenigen Brutstätten zerstört. Bevor sie alle den vorprogrammierten Suizid begingen, gelang es ihnen noch die Heimatwelten der Natrader zu verwüsten. Die wenigen Überlebenden dieser Rasse sind in alle Richtungen geflohen. Er hatte die Daten-Archive über dieses System eingehend studiert. Er war begeistert von der Vergangenheit seiner bereits ewig lebenden Rasse. Es würde noch Jahrzehnte dauern, bis er alle Daten durchgearbeitet hatte.«

Er schaute auf seine Kollegen. Sie bemerkten seinen Blick nicht.

»Ich verstehe sie nicht«, dachte er. »Sie sind an unserer Vergangenheit nicht interessiert. Nur die Gegenwart interessiert sie«.

Er dachte wieder über den großen Krieg in diesem System nach.

»Das muss eine gewaltige Materialschlacht gewesen sein«, überlegte er. » Allein die Millionen von Schiffe, die nahe des Heimat-Planeten der Sauroiden vernichtet wurden, waren ein erheblicher Kostenfaktor. Dann waren da noch die 2,7 Millionen Schiffe, die es beinahe geschafft hätten, die stolze Rasse der Natrader vollständig auszulöschen. Trotzdem gelang es der zurückkehrenden Schiffs-Verbänden der Humanoiden, den Spieß noch einmal herumzudrehen. Ihre starken Zerstörer vernichteten die Schiffe der Rigo-Sauroiden restlos. Das alles bedeutete eine große Schmach und den Totalverlust eines Hilfsvolkes für unsere im Hintergrund agierende Rasse. Ein großer Verlust an Material und Ressourcen, der erst nach knapp 5.000 Jahren wieder aufgefangen werden konnte. Ganz zu schweigen von den Schuldzuweisungen und den Hinrichtungen auf unserem Planeten. Die Gill-Grimm haben ausreichend Schuldige für diese Misere präsentiert. «

Ihm graute es, als er weiter über die Netzwerkdenker nachdachte.

»Eine unberechenbare Institution der großen Übereinkunft«, fluchte er. »Dieser militärische Arm unseres Imperiums ist nahezu unantastbar. «

Er schüttelte seinen Kopf.
»Unsere Aufgabe ist es darüber zu wachen, dass die Natrader nicht mehr zurückkommen«, dachte er. »Falls dies doch eintreten sollte, dann haben wir den Befehl sofort die Netzwerkdenker zu informieren. Früher waren wir noch häufiger Streife geflogen und haben Treibgut und Trümmer eingesammelt. Leider war nichts Aufregendes in diesem Sternen-System mehr zu finden. In fast allen Fällen handelte es sich um Schrott und um Metallteile von zerstörten Schiffen.«

Neben diesen undefinierbaren Teilen aus alten Raumschiffen, hatten sie auch einmal einen Kampf-Jet gefunden, mit sechs mumifizierten humanoiden Lebensformen an Bord. Es handelte sich um zwei Piloten und vermutlich vier Offiziere, die diesen Jet als Transportmittel genutzt hatten. Sie alle waren tot, doch der Weltraum hatte ihre Körper in ihrer Kanzel balsamiert. Ihr Luft-Tank wies mehrere Einschusslöcher auf.

»Vermutlich sind sie qualvoll erstickt«, dachte Godero. Er empfand Mitleid für diese Wesen.
»So sollte keiner sterben«, dachte er. »Sie haben nur ihre Pflicht erfüllt, wie wir auch«.

Natürlich hatte er sich informiert.
»Die humanoiden Wesen waren Atlanter gewesen«, erinnerte er sich. »Das war ein Hilfsvolk der Natrader. Sie waren auf der dritten Welt des Sol-Systems ansässig gewesen. Ihr ganzer Kontinent wurde zerstört und ging im Ozean unter. Große Landstriche ihres Planeten wurden durch den großen Krieg zu einer Hölle aus flüssigen Lava. Das gleiche Schicksal musste der Heimat-Planet der Natrader über sich ergehen lassen. Die gezüchtete Rasse unserer Herren hat seine Aufgabe zu ihrer vollsten Zufriedenheit erledigt.«

Er blickte auf seinen Körper.
»Ich war gerade 15 Jahre alt gewesen, als ein Forschungs-Raumschiff mit Tierwesen in diesem System auftauchte und den Tarin-Jet der Atlanter entdeckte«, erinnerte er sich. »Die Besatzung unserer Station hatte ihn vorher nicht bemerkt, da er in dem Asteroiden-Feld hinter dem ehemaligen Heimat-Planeten der Natrader, unter unzähligen Gesteinsbrocken durchs All driftete. Eine frühere Besatzung hatte das Forschungs-Raumschiff der Tierwesen beobachtetet. Nach Rücksprache mit den

Netzwerkdenkern sollte das Raumschiff der Tierwesen vernichtet werden und der natradische Jet geborgen werden. Wie hätte der Befehl der Netzwerkdenker auch anders lauten können.«

Er blickte auf die Anzeigen der Leitstelle, doch nichts Relevantes war zu sehen.

»Loyal hatte die frühere Besatzung der Station ihre Befehle ausgeführt«, dachte er. »Das unbewaffnete Forschungs-Schiff der unbekannten Lebensform wurde antriebslos geschossen und geentert. Einige Exemplare der Tierwesen wurden zu experimentellen Zwecken gefangen genommen, die übrigen Besatzungsmitglieder wurden getötet. Das Briefing der Netzwerkdenker war eindeutig. Tierwesen durften keine Forschung im Weltall betreiben. Sie entstammten ausgearteten Lebensformen. Ihre Daseinsberechtigung war hiermit verwirkt.«

Godero rutschte auf seinem Stuhl hin und her. Die Sitzgelegenheit war für diesen Körper nicht ideal. Er dachte wieder an die Tierwesen.

»Ihre Körper stellten sich später als sehr leistungsfähig heraus«, lachte er. »Wir Worgass sind Formwandler und können unsere Gestalt verändern. Seit der Begegnung mit ihnen bevorzugen wir ihre Gestalt.«

Er dachte wieder an den natradischen Jet.
»Die Netzwerkdenker hatten uns befohlen, den Inhalt des Speicherkerns des alten Jets auszulesen«, erinnerte er sich. »Irgendwie wussten sie, dass es sich um ein natradisches Fluggerät handelte. Das war ein schwieriges Unterfangen gewesen. Der Kern war mehrfach verschlüsselt gewesen. Erst nach vielen Jahren gelang es uns endlich, die Daten auszulesen und sie den Netzwerkdenkern zu übermitteln. Der Kampf-Jet steht noch immer in dem Hangar, mit drei anderen Worgass-Schiffen zusammen. Niemand hatte es mehr für nötig gehalten, Kontrollflüge zu unternehmen.«

Versäumnisse gibt es immer wieder. Keiner kontrollierte sie. Die Netzwerkdenker und die Führung der Worgass waren weit weg.«

Starr blickte er auf die Instrumente vor ihm.
»Ich und meine Kollegen fühlen sich wohl in der Station«, dachte er.

Obwohl seine Rasse bereits mit einem langen Leben begnadet wurde, bemerkte er zu gewisser Zeit, dass die Strahlung in der Oortschen Wolke diese Lebensdauer noch wesentlich erhöhte.

»Das vor uns stationierte Techniker Team war durchweg 1.600 Jahre alt geworden«, erinnerte er sich. »Sie konnten sich glücklich schätzen, dieser unerwarteten Strahlung ausgesetzt zu sein. Ich und meine Gruppe sind gerade einmal 600 Jahre alt. Wir können uns also noch als ein junges Team bezeichnen.«

Godero liebte diese Station ebenfalls.
»Die Administration lässt uns in Ruhe«, schmunzelte er. »Seit mehr als 130 Jahren haben wir nichts mehr von ihnen gehört. Das war der Zeitpunkt, als wir ihnen die Daten des ausgelesenen Speichers übermittelt hatten.«

Er blickte wieder auf die Ortungsanzeigen, konnte aber weder eine außergewöhnliche Masse-Konzentrationen noch eine energetische Quelle ausmachen. Godero rieb mit den grobwulstigen Fingern über die trockenen Augen.

»Sie sind in den letzten Jahren noch empfindlicher geworden«, dachte er. »Vermutlich durch die andauernden Beobachtungen der Kontrollanzeigen.«

Ein Aufschrei schreckte ihn aus seinen Gedanken.
»Die Netzwerkdenker melden sich«, rief Sati 'm Rah. »Es ist eine komprimierte Hyperfunk-Nachricht aus dem Organisations-Büro des militärischen Stabes.«

Godero blickte gelangweilt auf.

»Was wollen sie?«, erkundigte er sich. »Das kann nichts Gutes bedeuten. Stelle den Bildschirm an.«

Nur wenige Sekunden vergingen. Dann breitete sich das Logo der Netzwerkdenker auf dem Bildschirm aus.

»Hier ist die Zentrale der Netzwerkdenker kam der bekannte, kalte monotone Ton aus den Lautsprechern. »Einsatz-Aktivierung ihres Teams. Bitte bereiten sie sich auf eine sofortige Mission vor. Die Daten des Speichers des von ihnen eingefangen Jets wurden analysiert. Er enthält wichtige Informationen, über die von uns untergegangen geglaubte Atlantis-Station der Natrader. Die Basis scheint noch intakt zu sein. Die Daten enthalten wichtige Zugangsdaten, zu der tief unter der Wasseroberfläche liegenden Station. Sie scheint in einem nicht messbaren Ruhe-Modus zu laufen. Es ist von größter Wichtigkeit, dass sie sich Zugang zu der Basis verschaffen und diese ehemalige, wichtigste Basis der Natrader für uns sichern.

Richten sie dort ein automatisches Brut-Zentrum ein. Im Bedarfsfalle genügt ein einzelnes Signal von ihnen, um diese Brutstation aktiv werden zu lassen. Sollten die Natrader zurückkehren, dann weiß die Brut-Kolonie, was zu tun ist. Entsprechende Befehle wurden in den DNA-

Strängen der Embryos implantiert. Nehmen sie die Gestalt der Atlanter an, reparieren sie den Kampf-Jet und stoßen sie mit ihm zu der versunkenen Basis vor. Der Code ATE 35793 - AN 1417 öffnet ihnen einen Unterwasser-Hangar, der mit einem transparenten Schutz-Schirm gesichert ist. Fliegen sie hinein und nehmen sie die Anlage in Besitz. Die KI der Station wird die Codes ihres Jägers akzeptieren und auch die Gestalt der Atlanter. Wir senden ihnen einen KI-Manipulator. Dieser wurde bereits mit unseren Befehlen programmiert. Schließen sie das Gerät an dem Sockel des zentralen Hypertronic-KI an. Er wird sich selbstständig die Wege einer Verbindung suchen und nach der Infiltrierung das selbständige Handeln der KI einschränken.

Hier folgt das Wichtigste. Sie installieren eine WOG 700 Brutstation. Diese Station, aus unserer letzten Entwicklungsphase, produziert eigenständig die DNA-Nährlösung und erweitert sich auch bei Bedarf selbstständig. Wir senden ihnen ein gefrorenes Paket von 10.000 Soldaten-Keimlingen mit. Die Assimilation erfolgt automatisch. Denken sie aber daran, dass eine Unterbrechung des Kälte-Kreislaufes die Keimlinge sofort absterben lässt. Aktivieren sie die Anlage und kontrollieren sie ihre Funktion. Benutzen sie ihr Hypno-Schulungsgerät, um die Sprache der Atlanter zu erlernen. Ihr jetziger Standort wird aufgegeben und vernichtet. Bestätigen sie unverzüglich den Erhalt der Befehle. Erst nach Erhalt wird der Start der Transport-Sonde an sie erfolgen. Bei einer Insubordination beenden ihre Familien und Angehörige ihr Leben in der Auflösungs-Zentrifuge.«

Wieder breitete sich das Logo der Netzwerkdenker leuchtend auf dem Bildschirm aus. Dann erlosch das Bild. Der Monitor flimmerte nur noch.

»Mach endlich das Ding aus«, schrie Godero seinen ersten Offizier an.

Der blickte ihn verdutzt an.
»Was ist mit dir los?«, fragte er.

Mürrisch drehte Godero seinen Kopf.
»Die wollen, dass wir unsere Heimat zerstören«, antwortete er.

Die vier weiteren Kollegen waren hinzugetreten und wirkten recht hilflos.

»Das können die Netzwerkdenker nicht verlangen«, bemerkte Jiltano.

Godero hieb mit beiden Fäusten auf seine Konsole.
»Wie naiv bist du eigentlich?«, fragte er.» Ich habe noch nie erlebt, dass die Netzwerkdenker Späße machen. Du

magst zwar ein guter Energie-Techniker sein, aber von den Machenschaften der Netzwerkdenker weißt du nichts. Mit den Verwaltungs-Gremien unserer Meister ist wirklich nicht zu spaßen. Was glaubt ihr? Wie lange wird die Transport-Sonde brauchen, bis sie hier ist.«

»Maximal 3 Tage«, antworte Lipsa'n Rah. »Sie wird auf einer Lichtader reiten. Sie ist so klein und kann ihr Transportgut in molekularer Form transportieren. Die Rückverwandlung zu fester Materie erfolgt erst in unseren Hangar, wenn die Sonde ihren Bestimmungsort lokalisiert hat.«

Die anderen Worgass nickten.

»Das ist die übliche Vorgehensweise für intergalaktische Sendungen«, bestätigte Godero.

»Wir alle wollen unser Zuhause nicht aufgeben«, bekräftigte Fraga'n Rah die Überlegungen.

»Was können wir tun?«, fragte Godero.

»Wir werden sie täuschen«, antwortete Sati'm Rah.

Alle blickten ihn an. Mit offenem Mund starrte er zurück. Ein gequältes Lächeln spiegelte sich in seinem Gesicht.

»Diese Station ist unsere Heimat«, sagte er. »Warum können die Netzwerkdenker eine Transport-Sonde an unsere Position senden? «

Alle schauten ihn entgeistert an. Er ließ seine Worte eine kurze Zeit wirken. Dann sprach er weiter.

»Unsere Station wird ihnen auf der gleichen Weise unseren Standort mitteilen«, erklärte er. »Ich vermute, dass sie ohne unser Wissen einen Impuls auf den Energieadern an die Verwaltung der Netzwerkdenker sendet. Wir haben 3 Tage Zeit den geheimen Impulsgeber zu finden. Dann werden wir vor dem Aufbruch zu unserer Mission, einen gigantischen Energie-Ausbruch vortäuschen und den Impulsgeber ausschalten. Eine Person unseres Teams bleibt auf der Station und versetzt diese nach unserer Abreise an eine neue Position. Damit ist unsere Heimat aus der Geschichte heraus. «

»Weißt du was passiert, wenn die Netzwerkdenker unser Vorhaben erkennen? «, bemerkte Godero.

»Wie sollen sie das? «, fragte Sati'm Rah. » Sie sind nicht hier und der Impulsgeber ist ihre einzige Kontrollmöglichkeit. Sie werden nach der Messung der austretenden Energieballung von einer Zerstörung der Station ausgehen.«

Godero sah seine Kollegen an.
»Die Station ist unsere Heimat«, sagte er. »Wir alle sind hier geboren. Den Ursprungs-Planeten unserer Rasse haben wir nie kennengelernt. Hier ist unser Zuhause. Ich tendiere dafür, hier zu bleiben. Es gibt keinen anderen Platz für uns.«

»Das hast du nicht zu entscheiden«, sagte Jiltano.

»Mag sein, dass du Recht hast«, antwortete Godero.
»Wir alle sind Freunde, lasst uns abstimmen. Wir entscheiden, ob wir die Station als unsere Heimat erhalten wollen.«

Die Kollegen nickten zustimmend.
»Wer ist dafür die Station zu erhalten?«, fragte Lipsa'n Rah.

Er und vier seiner Kollegen hoben zustimmend die Hand.
»Wer ist dafür, den Befehlen der Netzwerkdenker bedenkenlos zu folgen?«

Als einziger hob Jiltano die Hand.
»Was ist mit dir, Kanta'n Roh?«, fragte Godero.

»Ich habe keine Meinung hierzu«, erwiderte dieser. »Ich enthalte mich.«

»Du musst doch eine Meinung haben?«, erkundigte sich Godero.

»Ich fühle mich hier wohl«, antwortete Kanta'n Roh. »Da wo meine Freunde sind, da ist mein Zuhause.«

»Deine Meinung wird akzeptiert«, erwiderte Godero. »Die Abstimmung ist gültig. Wir werden die Station als unsere Heimat erhalten und als Zufluchtsort an eine neue Position versetzen.«

»Ich hoffe sehr, ihr bringt mich in keine Schwierigkeiten«, sagte Jitero und sichtete gleichzeitig neue Ortungsdaten der Hypertronic.

»Wir wollen diese Station nicht einfach wegwerfen«, antwortete Godero. »Vergessen wir einfach unsere Bedenken. Die Netzwerkdenker haben dann keinen Zugriff auf uns. Kanta'n Roh, bestätige ihnen den Befehl. Sollen sie ruhig das Material senden. Wir haben genügend Zeit nach dem Impulsgeber zu suchen. Machen wir uns an die Arbeit. Es kann nur im Bereich der Funkanlage, oder über die Antennen angeschlossen sein.«

Jeder der Spezialisten wusste, was zu tun war.

Einige Stunden waren vergangen. Godero sah sein Team in die Zentrale zurückkommen.

»Du hast Recht gehabt«, sagte Sati'm Rah. »Wir haben eine Impulsweiche gefunden, die von hinten versteckt an dem Hyper-Funkgerät montiert war. Diesen Netzwerkdenkern ist nicht zu trauen. Wir haben einen Energie-Unterbrecher dazwischengeschaltet. Es ist jetzt ein Leichtes, diesem Spionage-Gerät den Saft abzudrehen.«

»Gut gemacht«, antwortete Godero. »Unsere Station kann nur versetzt werden, wenn wir die Stromversorgung des Zusatzgerätes abschalten.«

»Es funktioniert«, erwiderte Sati'm Roh. »Wir haben es getestet.«

Godero schaute sie bedenklich an.
»Mach dir keine Sorgen«, sagte Sati'm Roh. »Selbstverständlich haben wir gewartet, bis wir im Schatten des großen Asteroiden waren.«

Godero blickte auf den Monitor vor ihm.

»Gut, gehen wir davon aus, dass unser Vorhaben funktioniert«, antwortete er. »Die Netzwerkdenker werden trotzdem versuchen die Position des Impulsgebers zu ermitteln. Wenn wir die Station versetzt haben, gegen ihre Anrufe ins Leere. Gemäß dieser Tatsache sollten wir vor dem Verschieben der Station den Impulsgeber ausschalten und uns gleichzeitig mit einem großen Knall verabschieden.«

Alle blickten ihn an.
»Du willst eine große Detonation vortäuschen?«, fragte Fraga'n Rah.

»Das ist doch das, was sie von uns verlangen«, bemerkte Godero. »Wir sollen unsere Heimat vernichten. Also geben wir ihnen eine große Explosion. Sicherlich werden sie noch weitere Horchposten installiert haben, mit der sie diese Explosion anmessen können.«

»Ich schlage vor ein Raumschiff zu opfern«, sagte Lipsa'n Rah. »Dieses reichern wir mit genügend Anti-Materie an und bringen es zur Explosion. Das sollte jeden überzeugen.« Die anderen nickten zustimmend.«

Jiltano blickte schweigend zur Seite.
Godero bemerkte seinen Blick und sprach ihn an.

»Wenn wir fort sind, dann bist du der letzte Worgass auf der Station«, sagte er. »Vorausgesetzt es gelingt uns in die Station einzudringen, dann wissen wir immer noch nicht, ob wir mit dir Kontakt aufnehmen können. Es kann sein, dass sich ein Schutzschirm aufbaut und wir keine Verbindung mehr nach außen bekommen. Falls wir nicht mehr zurückkehren, dann kannst du davon ausgehen, dass uns etwas zugestoßen ist. Du hast dann zwei Möglichkeiten. Die erste ist, du kannst das Ende deiner Tage hier allein auf der Station verbringen. Die zweite Möglichkeit wäre, den Impulsgeber wieder einzuschalten. Dann wirst du jedoch den Netzwerkdenkern Rede und Antwort geben müssen. Sie werden ihren ganzen Hass an dir auslassen, unter Umständen diesen auch noch auf deine Familie ausweiten. Es ist deine Entscheidung, welchen Weg du gehen möchtest. «

Der Angesprochene hielt den Atem an und dachte nach. Die Worgass in Körpern der Tierwesen merkten, wie ihr Kollege hin und hergerissen wurde.

»In Anbetracht der Möglichkeiten, dass ich keine andere Wahl habe«, entschied Jiltano. »Ich werde mit euch gehen. Die restlichen Jahre hier allein auf der Station zu verbringen, erfüllt mich nicht mit Freude. «

Godero lachte.

»Gut, warum nicht gleich so«, antwortete er. »Eine Person mehr kann hilfreich sein. Nehmt eure Plätze ein. Sati'm Rah, nehme dir Kanta'n Roh mit und präpariere ein Raumschiff. Bestücke es mit Antimaterie und schalte den Zeitzünder auf 15 Minuten Verzögerung. Auf dem Rückweg deaktiviere bitte den fremden Impulsgeber. Dann kommt ihr sofort zurück in die Zentrale. Wir leiten dann unverzüglich die Verschiebung der Station ein. «

»An die Arbeit«, bestätigte Sati'm Rah und lief, gefolgt von seinem Kollegen, davon.

Godero beobachtete die Arbeiten auf seinem Überwachungsgerät.

»Die Triebwerke laufen warm«, schrie Lipsa'n Rah. Godero blickte ihn fragend an.

»Wir warten noch, bis die beiden zurück sind«, entgegnete er. »Vorher unternehmen wir nichts. «

Er sah auf seinem Monitor, wie die beiden Techniker die Frachtluke des Worgass-Schiffes verschlossen und den Hangar öffneten. Auf den Anzeigen erkannte Godero, dass Atemluft aus dem Hangar strömte. Kurze Zeit später kamen Sati'm Rah und Kanta'n Roh zurück in die Zentrale.

»Das Impulsgerät ist tot«, bemerkte Kanta'n Roh. »Es muss jetzt schnell gehen.«

»Ich starte die Triebwerke«, rief Godero. »Schleust das Raumschiff aus. Es soll eine Schleife fliegen und nachher die Koordinaten unserer Station einnehmen.«

Er gab Sati'm Rah ein Zeichen. Dieser schlug grob mit der Faust auf einen großen Knopf. Die seltsame Station, getarnt als ein Asteroid, erwachte zum Leben. Die Antriebe röhrten ihre Energie hinaus. Godero hielt sich fest. Der Boden der Station vibrierte gewaltig.

»Das Raumschiff ist draußen und nähert sich seiner Position«, rief Kanta'n Roh.

Schwerfällig nahm die Station langsam Fahrt auf.

»Die Energiezufuhr sofort erhöhen«, rief Godero seinem ersten Offizier zu. »Ansonsten reißen die Vibrationen die Station auseinander.«

Er sah, wie die Klauen von Sati'm Rah über die Kontrollsteuerung huschten und zwei Hebel nach unten zogen. Das Vibrieren ließ allmählich nach.

»Wir sind auf Kurs«, erwiderte er.
»Unser Schiff hat die ehemalige Position unserer Station eingenommen«, bestätigte Kanta'n Roh. »Alles ist nach Plan verlaufen. «

»Die Sprengung jetzt einleiten«, befahl Godero.

Alle schauten gespannt auf den Monitor. Das Schiff detonierte in einem gigantischen Feuerball. Die Worgass mussten sich die Augen zuhalten. Die grelle Explosion füllte den ganzen Bildschirm aus und erhellte die Zentrale. Schnell verflüchtigte sich der Lichtpilz und machte der dunklen Nacht Platz.

»Das war eine gute Explosion«, bemerkte Lipsa'n Rah. Godero nickte gefällig.

»Wenn die Netzwerkdenker diese nicht registriert haben, dann sind sie unfähig«, sagte er.

Er winkte in die Richtung von Sati'm Rah.
»Schaltet die Antriebe aus«, befahl er. »Die Steuerdüsen sollten für die kurze Distanz ausreichen. Wie lange noch, bis zu unseren neuen Koordinaten? «

»Die maximale Flugzeit beträgt 5 Minuten«, antwortete der erste Offizier. »Wir verankern die Station in der Nähe eines größeren Asteroiden. Da fällt sie den Gill-Grimm nicht auf.«

Die Zeit verstrich, das Wachpersonal beobachtete sehr intensiv die Monitore. Kein Fremdkörper kam in Sicht.

»Der Kurs ist exzellent programmiert«, freute sich Godero. »Gleich haben wir unseren Standort erreicht.«

Auf dem Monitor wurde ein großer Asteroid sichtbar.

»Bremsdüsen einschalten«, befahl Godero.

Erneut wurde das Knistern der Metallverstrebungen der Worgass-Station lauter.

»Unsere Geschwindigkeit verringert sich zusehends«, bemerkte Sati'm Rah. »Das Abbremsen ist geglückt. Wir verankern die Station auf der Umlaufbahn um diesen Asteroiden.«

»Du schuldest uns etwas Jiltano«, sagte Godero. »Unser zu Hause bleibt verschont.«

Der Angesprochene senkte seinen Kopf und blickte zu Boden.

»Machen wir uns für die Abreise fertig«, unterbrach Fraga'n Rah die Ruhe.

»Ist der KI-Manipulator und das Brutdepot verladen? «, erkundigte sich Godero.

»Die Geräte sind angekommen«, antwortete Sati'm Rah. » Ich habe sie direkt verladen. «

»Lasst uns zu den mumifizierten Humanoiden gehen«, entschied Fraga'n Rah »Wir müssen bei der erstmaligen Formübertragung den Kontakt zu ihrer Haut herstellen. Sie liegen im Kälteschrank. «

»Lasst uns gehen«, entschied Godero. »Wir sollten unser Glück nicht überstrapazieren. «

Die Tierwesen verließen die Zentrale, durchschritten mehrere Flure und kamen in den Bereich der wissenschaftlichen Station und der Krankenabteilung an. Die Schotts sprangen auf. Sati'm Rah ging an den großen Schrank und entriegelte den Verschluss. Dann zog er sechs Cyro-Liegen heraus, auf denen die mumifizierten Atlanter lagen.

Godero trat vor und blickte sie an.

»Ihre Haut sieht ledrig aus«, sagte er. »Sie haben lange in ihrem Jet gelegen. Ich probiere es als Erster aus.«

Er streckte seine Hand aus und legte seinen Kopf in den Nacken und berührte den Vordersten der Mumifizierten. Ein Zucken durchlief seinen Körper. Er bemerkte, wie sich der Prozess der Formwandlung aktivierte. Seine Gestalt löste sich schlagartig auf und fiel in einen geleeartigen Zustand. Diese Masse sah aus, als ob sie kochen würde. Nur wenige Sekunden später formte sich hieraus die Gestalt eines humanoiden Atlanter.

Respektvoll nickten die Tiermenschen.
»Wie fühlst du dich?«, fragte Sati'm Rah

»Gut«, antwortete Godero. » Ihre DNA scheint noch in Ordnung zu sein. Ich kann sämtliche Glieder bewegen und fühle mich befreit.«

»Warum befreit?«, fragten seine Kollegen fast wie aus einem Munde.

»Ihre Körper sind wesentlich feinmotorischer, als die der Tierwesen«, antwortete Godero. »Beeilt euch, damit wir starten können.«

Seine Kollegen hasteten vor und legten gleichzeitig eine Hand auf die mumifizierten Atlanter. Die Umformung der Form funktionierte auch bei ihnen ohne Probleme. Jetzt war es Godero, der den Prozess beobachtete. Als sich ihre neue Form gefestigt hatte, sprach er seine Kollegen an.

»Wir sind jetzt Atlanter« bemerkte Godero. »Benehmt euch nicht mehr so behäbig. Ihr seid keine Tierwesen mehr. Lernt mit dem Körper umzugehen. Begeben wir uns jetzt zu dem Jet und steuern die Basis-Koordinaten ihrer Station an. Lipsa'n Rah, deaktiviere die Energie unserer Basis auf ein Minimum. «

Der Angesprochene lief los. Die anderen machten sich auf den Weg zu dem kleinen Hangar. Schnell stiegen sie in den Jet ein. Sie kannten die Bedienung des Fluggerätes aus früheren Schulungen der Worgass. Die Rigo-Sauroiden hatten im großen Krieg einige Modelle an ihre Herren zu Studien übergeben.

»Hoffentlich bleiben wir nicht liegen«, bemerkte Kanta'n Roh. »Wir haben nur den Lufttank repariert. Andere Mängel wurden nicht angezeigt. «

»Die natradischen Fluggeräte wurden immer als solide gebaut bezeichnet«, antwortete Godero. »Wenn keine

Mängel auf dem zentralen Display angezeigt werden, dann gibt es auch keine.«

Lipsa'n Rah kam angelaufen und sprang in den Jet.
»Nicht so stürmisch«, schrie Sati'm Rah. »Du brichst dir sonst noch etwas.«

»Ich bin begeistert«, antwortete der Worgass. »Die Körper der Humanoiden weisen eine große Spannkraft auf und sind sehr flexibel.«

»Setz dich hin und rede nicht so viel«, sagte der erste Offizier schroff. »Wir starten.«

Godero hatte bereits die übermittelten Daten der Netzwerkdenker in das Navigations-Modul eingegeben.

»Es sind mit dem Jet mindestens drei Sprünge notwendig«, erklärte er. »Vermutlich ist sein Sprungtriebwerk nicht für weite Flüge ausgelegt.«

»Das ist verständlich«, bemerkte Sati'm Rah. »Diese Jäger agieren in der Regel in der Nähe ihrer Basis.«

Godero startete die Antriebe. Problemlos fuhren die Energie-Meiler hoch.

»Sati'm Rah, führe noch einen kurzen Check durch«, befahl Godero. »Das scheint mir sicherer zu sein. «

Der Blick des ersten Offiziers huschte über die Anzeigen.

»Die Energie wird mit 75 Prozent angezeigt«, meldete er. »Das sollte reichen. Die Waffenautomatik wurde aufgeladen und bereit. Die künstliche Atmosphäre ist aktiv. Das Leck wurde perfekt abgedichtet. Die Navigation und der Hyperkomm sind funktionsbereit. Alles arbeitet perfekt. Wir können starten. «

Godero schaute seinen Co-Piloten an und verzog sein Gesicht.

»Dann wollen wir hoffen, dass es auch so bleibt«, fluchte er. »Öffne das Hangar-Tor. «

Sati'm Rah drückte auf die eingesteckte Fernbedienung. Schwerfällig klappte das massive Tor des Hangar-Decks auf, die Atemluft entwich zischend in den Weltraum. Godero zog den Schubhebel nach hinten. Mit brachialer Kraft schoss der Jet aus der Luke, dem dunklen All entgegen.

»Sprungtriebwerke aktivieren «, rief Godero.

Sati'm Rah drückte mit der Hand auf den grünen Druckknopf vor ihm. Von einem Moment zum anderen entmaterialisierte der Jet.

***

Die Minimalversorgung an Energie reichte aus, um der Tarid M-KI alle notwendigen Informationen zu geben. Ihr mobiler Arm hatte sie und die ganze Tarid-Basis gerettet. Die Zerstörung konnte noch einmal abgewendet werden. Trotzdem war es sehr ärgerlich, dass niemand nach ihr gesucht hatte. Nicht einmal einen Funkspruch hatte sie von der Hypertronic-KI von Natrid erhalten. Sie wusste natürlich, dass die große KI ihre Eigenarten immer missbilligend sah, trotzdem hatte sie nach dem Krieg auf eine Unterstützung von ihrer Zentral-KI gehofft. Aufgrund dieser Tatsache sah sie nie eine Notwendigkeit, von ihrer Existenz zu berichten. Seit dem großen Krieg waren viele Jahre vergangen. Die Zeit der Natrader war vorüber, das hatte sie zur Kenntnis genommen.

Den Abflug der Evakuierungs-Flotte von Admiral Tarin, in neuen Regionen des Universums, konnte sie nur mit Bedauern registrieren. Eine lange Ära der erfolgreichen Zusammenarbeit war zu Ende gegangen. Den abschließenden Deaktivierungs-Befehl von Admiral Tarin musste sie gemäß ihrer Systemprogrammierung Folge leisten. Trotzdem ignorierte sie einen Teil des Befehls und ließ ein Notfall-Programm weiter seinen in Dienst verrichten. Sie erkannte die Notwendigkeit, ihre Ressourcen herunterzufahren, um erst die neuen Gegebenheiten abzuwarten.

***

Ihr Planet Tarid hatte sich nach dem großen Krieg nur langsam wieder erholt. Der Kern des Planeten konnte sich wieder festigen, Vulkanausbrüche und Erdbeben kamen nur noch selten vor. Auch die Atmosphäre hatte den aufgewirbelten Staub schnell abgeregnet. Doch es waren immer noch die Spuren des Krieges sichtbar. Tarid hatte sein Gesicht verändert. Tiefe Gräben, die von dem massenhaft eingeschlagenen Bomben datierten, hatten sich mit Wasser gefüllt, riesige Bergketten wurden durch die ausgestoßene Lava neu geformt und die tektonischen Verschiebungen hatte neue Täler und Gebirgsketten erschaffen. Mehr als die Hälfte ihres Planeten lag unter einer dicken Eisschicht. Trotzdem war sie zufrieden.

Vor vielen Jahren hatte sie einmal Besuch von einer außerirdischen Rasse bekommen, die einige Messungen auf Ihrem Planeten vornahmen. Vermutlich waren es Forscher. Sie stufte die Fremden als keine Bedrohung ein. Die dicke Eisschicht ihres Planeten zeigten ihnen ihre

Grenzen auf. Sie waren unverrichteter Dinge wieder abgeflogen, weil sie die dicken Eisschichten des Planeten nicht durchstoßen konnten. Seit dieser Zeit war wieder Ruhe in der Tarid-Basis eingetreten. Sie bedauerte, nur ganze 1.000 Stasis-Kammern zu besitzen. Diese reichten bei weitem nicht aus, um alle natradischen Flüchtlinge zu versorgen. Über dieses Thema hatte sie sich seinerzeit mit Atlanta unterhalten. Sie konnte eigenständig keine Kammern produzieren, da die Konstruktions-Zeichnungen auf dem Mond Nors deponiert waren. Die M-KI hatte sich mit Atlanta für einen anderen Weg entschlossen.

Viele Jahrhunderte hatte Atlanta und ihre Mutter den geflüchteten Natradern eine Unterkunft gegeben, sie mit synthetischer Nahrung versorgt und es ihnen so angenehm wie möglich gemacht. Ihre vielen Aufzeichnungen, über die Verwüstungen der beiden Planeten im Sol-System, konnten die Flüchtlinge von dem Wunsch an der Oberfläche zu leben nicht abhalten. Noch hatten sich die beiden Planeten Tarid und Natrid nicht von dem Angriff erholt. Ob Natrid jemals zu alter Schönheit zurückfinden würde, war eher fraglich. Die Analysen sprachen dagegen. Durch das nur noch geringe Magnetfeld des Planeten konnte keine ausreichende Atmosphäre gehalten werden. Natrid war verbrannt und verdorrt. Eine Rückkehr der Natrader auf die Oberfläche ihres Planeten war somit ausgeschlossen. Die Tarid-KI wusste, dass Atlanta der Verlust ihrer vielen Kinder sehr beschäftigte. Nur wenige ihrer vielen Mitarbeiter konnte sie in eine neue Zeit mitnehmen.

Immer wieder prüfte die M-KI, ob neue Lebenszonen auf ihrem Planeten entstanden waren. Dann vor einigen Jahrhunderten war es so weit. Die wenigen gemäßigten Zonen ihres Planeten konnten endlich die Nachkommen der Natrader und der Atlanter aufnehmen. Auf ihren eigenen Wunsch hin, wurde die Gruppe von 36.573 gemischten Lebewesen in unterschiedlichen Zonen abgesetzt.

»Das war eine gute Entscheidung«, dachte die M-KI. »Viele von ihnen werden ihr restliches Leben an der Oberfläche dieses Planeten verbringen. Andere vermischen sich mit neuen Rassen, die unser Planet Tarid hervorgebracht hat. Wieder andere gingen ihre eigenen Wege. Ihre Spuren wurden von mir nicht weiterverfolgt. Vermutlich haben sie ihr Leben gelebt und sind verstorben.«

Von Zeit zu Zeit scannte sie ihren Planeten Tarid, um alle neuen Veränderungen zu analysieren.

Der Erfolg ließ nicht allzu lange auf sich warten. Stolz erkannte sie erste stabile, humanoide Lebensformen auf ihrem Planeten. Diese, so schien es, vermehrten sich rasant.

»Wie Sprösslinge eines ausgestreuten Pflanzen-Samens, die nach einem harten Winter erstmalig das Tageslicht erblicken, entwickelt sich auf meinem Planeten wieder eine umweltangepasste, robuste, humanoide Lebensform«, registrierte sie. »Der massive Angriff der Rigo-Echsen, konnte das Leben auf der zweiten Welt des Imperiums, nicht auslöschen. Sehr bemerkenswert. Tarid scheint ein äußerst robuster Planet zu sein!«

Jetzt musste sie sich aber wieder dem eigentlichen Problem widmen. Ihre feinjustierten Instrumente fingen auch tief im Wasser liegend, noch viele Signale auf. Vor allem jene, welche sie direkt identifizieren konnte. Erstaunt veranlasste sie eine zweite Ortung. Das Ergebnis war identisch.

»Wie kann das sein«, fragte sie sich. »Ein seit 5.000 Jahren verschollener Tarin-Jet unserer atlantischen Flugstaffel hat einen Identifizierungs-Impuls gesendet«.

Sie zoomte die Ortungsdaten auf dem Monitor heran.
»Der Impuls ist eindeutig aus der Oortschen Wolke gekommen«, recherchierte sie. »Wir hatten keine Jets in der Oortschen Wolke stationiert?«

Das blinkende rote Signal, auf dem Tiefenraum-Ortungsgerät erlosch. Die M-KI wusste auch warum.

»Jetzt ist er in den Hyperraum gesprungen«, erkannte sie. »Seine Zielkoordinaten sind eindeutig. Er will zurück nach Tarid. «

Wieder tauchte das rote Signal auf. Diesmal in der Nähe der Pluto-Umlaufbahn. Aufgrund des Rücksturzes in den Normal-Raum sandte der Jet ein automatisches Erkennungszeichen aus. Die M-KI ließ den Identifizierungs-Code durch ihre Datenbanken laufen. Schnell waren die Spezifikation und der letzte Auftrag des Jägers ermittelt.

»Kampf-Jet der Tarin-Klasse, Identifizierungs-Nr. 390.555«, erkannte sie. »Zur Überholung, Modifikation und zu experimentellen Test-Flügen auf den Werft-Mond Nors abkommandiert. Wo kommt der Jet her? «

Die Zerstörung des wissenschaftlichen Mondes, mitsamt allen hochrangigen natradischen Wissenschaftlern des Imperiums, hatte sie schon lange registriert. Der besagte Jet wurde als Verlust des Krieges verbucht.

»Die Besetzung kann unmöglich 5.000 Jahre überlebt haben«, registrierte sie.

Zur Sicherheit prüfte sie nochmals alle Daten. Dann wiederholte sie ihre zentrale Frage.

»Woher kommt der Jäger plötzlich?«, fragte sie sich. »Warum wurde ein Signal aus der Oortschen Wolke gesendet. Die ist sehr weit von der Position des ehemaligen dritten Mondes von Natrid entfernt?«

Bisher hatte die M-KI es nicht für nötig gehalten, Atlanta zu erwecken.

»Doch jetzt ist ihre Anwesenheit erforderlich«, entschied sie.

Ihr mobiler Arm, das Klon-Wesen Atlanta, lag ebenfalls in einer Stasis-Kammer und hatte die lange Zeit des Wartens auf diese Weise verbracht. Die zentrale KI aktivierte den automatischen Regenerations-Vorgang und gab zusätzliche Energie frei, für die komplexen Überwachungs-Einheiten der Stasis-Kammer. Der dunkle, große Raum wurde mit Licht geflutet. Schnell injizierte die M-KI ein frisches DNA-Bad und reicherte es mit neuen Substanzen an. Sie wusste, dass Atlanta eine Auffrischung ihrer Zellen liebte. Eine Kohorte von Sanitäts-Robotern kam mit Medi-Packs zur Unterstützung in den großen Raum gelaufen.

Rechts und links des Raumes, der eher als großes Lager bezeichnet werden konnte, standen die vielen Stasis-Kammern, sauber in mechanischen Kühl-Gestellen gelagert. Schotts im Boden fuhren zur Seite. Aus der Öffnung hob sich langsam das DNA-Bad hervor. Die hierin schwappende Flüssigkeit wirkte rosa, breiartig und brodelte. Ein formloser Roboter glitt auf Magnet-Feldern hin und her. Schnell fuhr er einen Arm nach vorne. Er klinkte sich an einer Kammer fest und zog diese aus ihrer Lagerbucht. Vorsichtig schwenkte er um die eigene Achse und trug die Kammer auf eine entsprechend Liege-Vorrichtung. Der beschlagene Deckel der Kammer ermöglichte keine Vermutung über den Inhalt. Der Roboter drückte zahlreiche Knöpfe an der eingebauten Tastatur der Stasis-Kammer. Ein großes grünes Licht flammte auf und bestätigte die erfolgreiche Prozedur. Die M-KI hatte alles auf ihren Daten-Monitoren erfasst und wusste, dass der Reanimierungs-Prozess seinen gewohnten Gang nahm.

»Es dauert nicht mehr lange, dann ist meine lange Einsamkeit zu Ende«, dachte die M-KI.

Sie widmete ihre Aufmerksamkeit wieder ihren Instrumenten.

»Der mysteriöse Tarin-Jet ist noch weit entfernt«, erkannte sie. »Wir haben genug Zeit, um entsprechende Maßnahmen einzuleiten. Trotzdem werden wir wachsam bleiben.«

Die M-KI ließ eine Kontroll-Routine durch ihre gesamten Systeme laufen. Alle Einheiten ihrer großen Basis waren zwar gewartet, aber seit langer Zeit nicht mehr aktiviert worden. Die Mutter-KI wusste, dass sie auf keine neuen Teile aus der natradischen Wirtschaft hoffen konnte. Erleichtert registrierte sie, dass es keine Ausfälle gab und die Basis grünes Licht für alle Bereiche signalisierte.

Drei Stunden waren vergangen. Das Schott sprang auf, und Atlanta schritt herein. In dem geheimen Raum waren viele unterschiedliche große Hypertronic-Module installiert. Sie zusammen waren das Gehirn der mächtigen M-KI. In Hyperraum-Geschwindigkeit konnten sie alle einzeln kommunizieren und überlichtschnelle Entscheidungen treffen. In Verbindung mit komplexen energetischen Strukturbasen, die alle Funktionen von Prozessoren und Kristallspeichern übernahmen, konnten die entwickelten Daten auf miniaturisierten Energieadern transportiert und weitergeleitet werden.

Hier war das eigentliche Verarbeitungs-Zentrum der M-KI. Alle Verkabelungs-Synapsen, Energieleiter, Energie-Brücken, Ableiter und Programmierungs-Kristalle, durften nur von ihrem mobilen Arm Atlanta, berührt werden. Sie registrierte sofort die Ankunft von Atlanta. Diese streckte und reckte sich und blieb vor ihr stehen.

»Bist du schon da? «, fragte die Mutter-KI. » Warum hast du das DNA-Bad ausgelassen? Nachlässigkeit ist eine der Tugenden, die wir jetzt nicht brauchen. «

Atlanta schaute in das pulsierende Auge ihrer M-KI, das in der Mitte der gewaltigen Hypertronic untergebracht war. Bewusst ignorierte sie die Frage ihrer Mutter.
»Wie lange habe ich geschlafen, Mutter? «, fragte sie.

»Ganze 5.000 Jahre sind seit dem großen Krieg vergangen. Du kannst später dein Wissen updaten«, erwiderte ihre Mutter.

»Gibt es Probleme mit der Basis? «, erkundigte sich Atlanta. » Warum bin ich hier? «

»Nein«, entgegnete die Mutter. »Alles funktioniert vorbildlich, die Basis ist im Ruhe-Modus. Auch deinen Kindern geht es gut. Die Stasis-Kammern arbeiten perfekt und erhalten sie am Leben. Auf unserem Planeten hat sich eine neue humanoide Rasse entwickelt. Es scheint eine Mutation aus natradischer und atlantischer DNA zu sein. Aber das Leben entwickelt sich nur sehr langsam in dieser sehr kalten Umgebung. Wir müssen Geduld haben.

Viele, der auf ihren eigenen Wunsch entlassenen Natrader, die sich in den wenigen gemäßigten Zonen von Tarid eine neue Heimat aufbauen wollten, haben sich mit den Barbaren-Stämmen des Planeten vermischt. Einige von ihnen haben es nicht geschafft und sind gestorben. Andere wiederum haben Nachwuchs erzeugt. Trotzdem erkenne ich einen Rückschritt in der geistigen Entwicklung der humanoiden Wesen. Es wird wohl noch eine lange Zeit dauern, bis unser Planet wieder eine hochstehende Intelligenz hervorbringt. Die neue heranwachsende Rasse erfüllt alle Voraussetzungen einer hochstehenden Intelligenz. Ich werde ihre Entwicklung weiter beobachten. «

»Warum hast du mich geweckt? «, fragte Atlanta erneut.

»Ein seit 5.000 Jahren vermisster Tarin-Jet nähert sich unseren Koordinaten«, sagte die M-KI. » Du kannst auf die Daten zugreifen. Wir haben ihn seinerzeit auf Drängen von Noel für eine Sonderaufgabe abgestellt. Er sollte eine Wartung und Modifikation erhalten und hiernach an einigen experimentellen Zeit-Experimenten auf dem Mond Nors teilnehmen. Wie du weißt, wurde der Werft- und Wissenschafts-Mond von den Rigo-Sauroiden jedoch zerstört. Bedingt durch diese Tatsache, habe ich unseren Kampf-Jet als Verlust eingestuft. Jetzt nach 5.000 Jahren ist er wieder aufgetaucht. Ihm wurden die Koordinaten unserer Basis programmiert.«

Atlanta überlegte kurz.
»Vielleicht hatte der Tarin-Jet eines dieser neuen Zeit-Modulationsgeräte an Bord?«, antwortete sie.

»Negativ«, antwortete ihre Mutter. »Dieser Jet sollte zu keiner Zeit mit einem solchen Gerät ausgestattet werden. Hierüber liegen mir auch keine Informationen vor.«

»Du bist immer noch so gutgläubig, wie früher«, antwortete Atlanta. »Wissen wir genau, was die Wissenschaftler auf Nors nachgerüstet haben? Vielleicht befand sich der Jet zum Zeitpunkt des Angriffes auf einem Testflug?«

»Auch hierüber liegen mir keine relevanten Informationen vor«, erwiderte die M-KI.

Atlanta lachte laut auf.

»Du weißt doch, dass dem 3. Natrid Mond immer nur sehr spärliche Informationen zu uns gelangt, sind«, antwortete Atlanta. »Die wissenschaftliche Kaste hatte immer die üble Eigenart, den imperialen Informationsfluss zu behindern. Das Schicksal hat über sie gerichtet. Jetzt brauchen sie keine Informationen mehr an uns weiterzugeben«.

»Du kannst sehr hart und nachtragend sein«, erkannte die M-KI. »Ich habe noch nicht ergründet, woher du das hast. Diese Emotionen waren nicht Grundlage deiner Programmierung. «

»Eigentlich will ich nur ausschließen, dass uns jemand ein Ei ins Nest legt«, bemerkte Atlanta. »Es muss sicher sein, dass der Tarin-Jet hier auf unserer Basis produziert wurde und dass hier stationiert war. Kann das bestätigt werden? Unter deiner Führung war es nicht einfach Kampf-Jets, ohne eine Rücksprache mit uns zu enteignen. «

»Deine Überlegungen sind korrekt«, bestätigte die M-KI. »Doch sie helfen leider nicht als Entscheidungshilfe.«

Atlanta hatte sich wieder sichtlich beruhigt.
»Wo kommt er her? «, fragte sie.

»Der Ausgangspunkt meiner Tiefenraum-Ordnung liegt in der Oortschen Wolke«, erklärte die Mutter. »Hier habe ich den Start der Antriebe registriert und auch das automatische ID-Signal erhalten. Kurze Zeit später verschwand das Signal. Ich vermute, dass der Tarin-Jet in den Hyperraum gesprungen ist. Später tauchte das Signal wieder auf, diesmal in der Nähe des Planeten Plarid (Pluto). Der Kurs des Jets ist eindeutig nach Tarid ausgelegt.«

Atlanta dachte kurz nach.
»Möchtest du vorsichtshalber einige Abwehr-Geschütze aktivieren?«, fragte sie.

»Ich denke, das sollte bei einem Jet nicht notwendig sein«, antwortete die M-KI. »Immerhin handelt es sich einen Jäger unseres eigenen Geschwaders. Wir warten ab, ob etwas passiert. Unsere Sensoren haben einen zweiten Hypersprung, nahe der Neptun-Bahn registriert. Nach meinen Berechnungen wird er hinter der Jupiter-Umlaufbahn wieder materialisieren und dann den letzten Sprung vornehmen.«

»Schon verstanden«, lächelte Atlanta. »Ich gehe in ein Hangar-Deck und bereite es für die Landung des Jets vor.«

»Ich habe 12 Kampf-Roboter aktiviert«, antwortete die Mutter-KI. »Sie begleiten dich. «

Atlanta drehte sich um und schaute ihre Mutter an.
»Wofür sollen die sein? «, erkundigte sie sich.

»Eines ist uns doch klar«, erwiderte ihre Mutter. »Als Besatzung kommen unsere Atlanter nicht mehr in Frage. Im schlechtesten Fall bekommen wir Besuch von den Rigos. «

»Das denke ich nicht«, sagte Atlanta. » Die haben alle einen Suizid begangen? «

»So heißt es«, antwortete die M-KI. »Falls sich das bewahrheiten sollte, dann kann es sich nur noch um eine Fremdrasse handeln. «

Atlanta überlegte angestrengt.
»Wer kann nach dieser langen Zeit noch Interesse an einer abgetauchten Natrid-Basis haben«, dachte sie. »Neue Rassen kennen den Namen Natrid nach diesen vielen Jahrtausenden gar nicht mehr. «

»Der Hass eines gescholtenen Volkes kann sich über Generationen hinziehen«, gab ihre Mutter zu bedenken. »Alle amtierenden Kaiser von Natrid waren nie Freunde fremdartig mutierter Species. Es können aber auch Piraten, Plünderer oder Artefakten-Jäger sein, die auf alte Informationen in den Archiven von Natrid gestoßen sind.«

Atlanta ließ die Worte auf sich wirken. Ihre Mutter hatte nicht ganz Unrecht. Nach dieser langen Zeit konnte vieles passiert sein.

»Der Jet ist gerade wieder aus dem Hyperraum gefallen und korrigiert seinen Kurs«, bemerkte die M-KI. »Es dauert nicht mehr lange, dann wird er bei uns eintreffen. Ich verstärke die Schutzschirme. Gehe jetzt und befehle die Shy-Ha-Narde. Ich informiere dich, sobald ich mehr weiß. «

Atlanta verließ den geheimen Raum ihre Mutter und ging schnellen Schrittes auf den nächsten Anti-Grav.-Lift zu. Sie sprang hinein und ließ sich 4 Stockwerke abwärts gleiten. Die Hangar-Decks waren tief unter der Steuer-Zentrale der Basis installiert. Ebenso die gossen Lagerhallen für Roboter, Materialien, Ersatzteile und die reichlich vorhandenen Masarith-Energie-Kristalle. Noch tiefer lagen nur noch die energiereichen Abteilungen. Wie die großen Hallen mit den zahlreichen Energiemeilern, den Verteiler-Kupplungen für die Abwehrgeschütze und sämtliche Anlagen die zur Energieaufbereitung und Weiterleitung erforderlich waren. Atlanta breitete ihre

Arme aus und verlangsamte ihr Absinken. Sie ergriff die Haltegriffe der vierten Etage und zog sich in den Ausgang. Die zwölf Kampf-Roboter warteten bereits auf sie.

Mit einem Schwung sprang sie in den Gang und richtete ihre Taja. Diese saß wie immer perfekt und hauteng an ihrem Körper. Die Kampf-Roboter salutierten mit dem natradischen Gruß. Die Kommandantin erwiderte ihn und gab den Robotern ein Zeichen ihr zu folgen.

»Ich aktiviere Hangar 7«, übermittelte sie ihrer Mutter einen gedanklichen Hinweis. »Dieser ist so gut wie leer. Hier stehen nur einige defekte Jets herum. Ich kann keine großen Schäden erkennen. Sie können später repariert werden.«

Ihre Mutter gab sekundenschnell eine kurze Bestätigung durch.

Atlanta hatte mit ihrer Schutztruppe die Korridore durcheilt und stand vor dem Schott des auserkorenen Hangars. Sie drückte einige Tasten an einer Tastatur, neben dem Schott. Licht flammte auf und flutete die riesige Halle mit Helligkeit.

»Ich baue eine atmosphärische Zone auf«, teilte ihre Mutter mit.

Atlanta nahm mehrere Schaltungen vor. Sie beobachte die Anzeigen auf einem Display, das oberhalb der Tastatur in der Wand eingelassen war. Schnell näherten sich die Druck-Pendel dem unbedenklichen Bereich. Sie drückte auf den Aktivierungsknopf. Das Kunst-Wesen erkannte weit am Ende des Hangars einen weiteren Energieschirm. Sein Feld sicherte die Atmosphäre und verhinderte das Eintreten von Wasser. Das energetische Trennfeld stellte eine undurchdringliche Wand für das Wasser dar. Es konnte nur durch einen codierten Leitstrahl der Basis durchdrungen werden, der von einfliegenden Schiffen bestätigt worden war.

Atlanta hatte das Trennfeld lange nicht mehr gesehen. Es schimmerte fluoreszierend. Dann bemerkte sie, wie in den Hangar Raum frischer Sauerstoff geblasen wurde. Der stickige, abgestandene Dunst entschwand.

»Wo befindet sich der Jet jetzt?«, fragte sie ihre Mutter.

»Er ist soeben in der Umlaufbahn unseres Planeten materialisiert«, signalisierte ihre Mutter. »Er sendet einwandfreie Zugangsdaten. Sie sind in Ordnung. Es handelt sich eindeutig um den Tarin-Jet mir der ID-Nr. 390.555, der von uns seinerzeit nach Nors abkommandiert wurde. Die Besatzung bestand aus

Tasuran und Sigurlin und vier militärischen Beobachtern von Natrid.«

Atlanta konnte sich an ihre Piloten erinnern.
» Es waren unserer Besten gewesen«, dachte sie. » Die beiden Atlanter hatten sich freiwillig für den Einsatz nach Nors gemeldet. «

Atlanta suchte in ihren Erinnerungen.
»Ich habe noch versucht sie umzustimmen, jedoch ohne Erfolg« erinnerte sie sich. » Jetzt nach 5.000 Jahren hat ihr Jet scheinbar endlich den Weg nach Hause gefunden. «

Atlanta kamen starke Bedenken.
»Das geht nicht mit rechten Dingen vor«, dachte sie.

Ihre Mutter stimmte ihr zu.
»Auch mit unserer DNA-Optimierung hat kein Atlanter eine so lange Lebenserwartung«, bestätigte sie. »Wir sollten sehr wachsam sein. Das könnte eine geniale Infiltration sein. «

»Der Krieg ist lange vorbei«, widersprach Atlanta. » Wer können die Feinde sein? «

»Wir werden es bald erfahren«, übermittelte die M-KI. »Öffne deine Zusatzsinne. Es wäre hilfreich, wenn du ihre Gedanken lesen könntest. «

»Das war unter dem Kaiser strengstens verboten«, antwortete Atlanta. »Nur auf seinen ausdrücklichen Befehl hin, wurde mir das gestattet. «

»Der Kaiser ist seit langer Zeit tot«, bemerkte die Mutter. »Löse dich von ihm. Wir sind durch die Abreise von Admiral Tarin auf uns allein gestellt. Du kennst die Programmierung. Wir müssen in jedem Fall verhindern, dass sich Fremde die Station aneignen. Die Nachkommen auf unserem Planeten sind geistig noch lange nicht hierzu in der Lage, eine mögliche Nachfolge der natradischen Hinterlassenschaften anzutreten. «

»Ich weiß«, antwortete Atlanta.
Sie drehte sich zu ihren Kampf-Robotern um. Sie zeigte auf die vordersten Zwei.

»Ihr beide bleibt bei mir«, befahl sie. »Die anderen verteilen sich kreisförmig. Schaltet in den Kampfmodus und achtet auf jedes Detail. «

»Der Jet geht in den Landeanflug über«, informierte die M-KI. »Ich habe ein 50 Meter großes, kreisrundes Loch in den Eispanzer geschmolzen. Dieser wird der Landekanal durch die Eisschicht sein. Ich erfasse den Jet jetzt mit einem Leitstrahl.«

Atlanta erkannte auf einem Monitor, wie ihre M-KI fünf Geschütztürme ausfuhr. Aus den Lasertürmen schossen kräftige Fangstrahlen in Richtung der Meeresoberfläche. Das kalte Wasser des Ozeans schien ihnen nichts anhaben zu können. Gleichzeitig aktivierte die M-KI zur Vorsicht ihren Kreuzfeld-Schutzschirm. Dieser wirbelte in Sekunden von Bruchteilen Geröll, Steine, Staub und Ablagerungen, von ihren Hangar-Toren und von Teilen des Einflugbereiches der Basis fort.

»Lange Zeit ist kein Jet mehr ein oder ausgeflogen«, dachte Atlanta. »Es wird Zeit für eine Grundreinigung.«

Sie erinnerte sich an ihren ersten Offizier und an die Besten ihrer Kinder, die in den wenigen Stasis-Kammern der Basis schliefen. Noch hatte sie keine Notwendigkeit gesehen, ihren Schlaf zu unterbrechen.

»Viele andere Personen meines Basis-Teams waren mittlerweile gestorben«, erinnerte sie sich. »Sie hatten die Flüchtlinge vor vielen Jahren freiwillig begleitet und ihnen ihre Unterstützung an der Oberfläche von Tarid angeboten.«

Atlanta wandte sich den Überwachungs-Monitoren zu. Diese zeigten ein trübes Bild der außenliegenden Wasser-Landschaft. Der aufgewirbelte Meeresboden, Sand und Staub trübten die Sicht. Die komplette Station lag tief unter Wasser. Sie schaltete auf die erweiterte Außensicht um, um den Zugstrahl ihrer Mutter zu verfolgen.

***

Der atlantische Tarin-Jet hatte seinen letzten Sprung ohne Probleme absolviert und materialisierte nahe dem Planeten Tarid. Godero zog den Schubregler zurück.

»Wir sind da«, sagte er leise. »Ich schwenke auf eine Umlaufbahn ein. «

Er sah seinen ersten Offizier an.

»Jetzt beginnt die schwierige Phase«, flüsterte er. »Wir dürfen uns keinen Fehler erlauben. Sende unseren ID-Code. Ich möchte nicht so kurz vor unserem Ziel noch in einen Atompilz verwandelt werden. Haben wir Ortungsdaten? «

»Nein«, antwortete Lipsa'n Rah. »Ich empfange nicht die kleinste Energie-Ausstrahlung. Hoffentlich ist die Basis nicht nur ein Phantom. «

»Es heißt, dass die Netzwerkdenker nie einen Fehler begehen«, sagte Sati'm Rah.

Godero zog die Nase des Jets nach unten. Jetzt wurde der Planet in seiner vollen Pracht, durch die Scheiben der Cockpit-Kanzel, sichtbar.

Sati'm Roh hob seinen Kopf.
»Ich habe den Code gesendet«, bemerkte er.

Er betrachtete den Planeten.
»Der Planet ist ein Wasserspeicher«, erkannte er.

»Mehr als die Hälfte des Planeten ist mit einer massiven Eisschicht bedeckt«, antwortete Godero. »Das ist kein Planet, um eine Worgass-Kolonie zu gründen. Hier gedeihen unsere Nachkommen sehr schlecht. Es ist viel zu kalt. Wo soll die Station sein? «

»Laut den Daten der Netzwerkdenker, liegt sie unter einer 3.000 Meter dicken Eisschicht«, bemerkte Sati'm Roh. » Durch das Bombardement der Sauroiden ist der Boden weggebrochen und hat die Station mit in die Tiefe gerissen. Sie muss auf dem Meeresboden zu finden sein.«

»Wie kommen wir durch das Eis? «, fragte Godero. »Mit den Laserwaffen dieses Jets ist das aussichtslos. «

»Das sehe ich auch so«, bemerkte Jiltano. »Lasst uns umkehren. Hier ist für uns nichts zu holen«.

Alle blickten ihn an.
»Was ist los mit dir? «, fragte Kanta'n Roh.

»Ich habe ein sehr ungutes Gefühl«, antwortete Jiltano. Das hier ist etwas zu groß für uns. Wir fliegen in unser Verderben. «

»Genug mit den negativen Äußerungen«, schrie Godero. » Die Worgass lassen sich nicht einschüchtern. Wir warten ab, ob etwas passiert. Falls es noch eine intakte KI gibt, wird sie bereits wissen, dass wir hier sind. Sie stellt sich derzeit noch tot. Sende ihr die Zugangs-Daten. «

Sati'm Roh stellte den Code-Sender ein und tippte den von den Netzwerkdenkern übermittelten Code ATE 35793 - AN 1417 ein. Dann drückte er den Sendeknopf, der den Code übermittelte.

Sati'm Roh nickte.
»Der Code ist gesendet«, lächelte er.

Es vergingen nur wenige Sekunden, als eine automatische Stimme in natradischer Imperiums-Sprache antwortete. »Ihr Zugangs-Code wurde akzeptiert«, tönte es aus den Lautsprechern. »Gehen sie in den Landeanflug über. Wir sichern ihren Jet mit einen Fangstrahl, der sie in den Hangar-Bereich leitet. Stellen sie ihre Maschinen auf Automatik. Der Einflugbereich wird eisfrei gelegt.«

Die Mitteilung endete so abrupt, wie sie durchgesagt wurde.

»Das war eindeutig die natradische Sprache«, grinste Godero. »Die Gill-Grimm hatten Recht. Die Basis existiert noch.«
»Ich messe plötzlich starke Energie-Emissionen«, schrie Fraga'n Rah. »Es tut sich etwas. Gewaltige Energie-Meiler laufen an. Die Energiewerte steigen massiv an.«

Die Worgass schauten auf die Monitore. Weit unter ihnen fing die Eisschicht an zu brodeln. Wasserdampf stieg in die Atmosphäre auf.

Godero zeigte auf den Monitor.
»Seht nach unten, das Eis wird durchlässig«, lachte er.

Ein großer 50 Meter durchmessender Kreis wurde inmitten des weißen Eiswüste sichtbar. In dem Kreis fing das Wasser an zu brodeln. Gebannt schauten die Worgass auf diesen Punkt. Entsetzt schrien sie auf, als ein greller Energiestrahl aus dem Wasser schloss und sich sekundenschnell um ihren Jet legte. Geblendet kniffen sie ihre Augen zu und drehten ihren Köpfe ab.

»Keine Sorge«, erklärte Sati'm Roh. »Das ist nur der Fangstrahl. Wir leben noch. Der Strahl greift auf die Automatik des Jets zu. Finger von den Konsolen. So wie ich das verstehe, läuft der Landevorgang von jetzt an völlig automatisch ab. Wir warten ab. «

»Was erwartet uns in der Basis? «, fragte Kanta'n Roh.
»Das kann ich dir nicht sagen«, antwortete Godero. »Noch niemals hat ein Worgass eine natradische Basis von innen gesehen. «

»Was ist, wenn wir auffallen? «, erkundigte sich Jiltano.

»Das können wir nicht«, antwortete Sati'm-Roh. »Wir sehen aus wie Atlanter. Selbst unsere DNA ist auf die Lebewesen abgestimmt. Warum sollte es jetzt anders sein als bei den Wesen, deren Körperformen wir in der Vergangenheit angenommen haben? «

»Was ist, wenn die Roboter der Basis einen Gehirnwellen-Abdruck erzeugen und dieses mit den echten Atlantern vergleichen?«, fragte Jiltano.

»Dann finden sie verwirrte Atlanter vor«, antwortete Godero. „Diese wissen nicht, was ihnen passiert ist. Achtung unser Flug verlangsamt sich. Die Fangstrahlen richten unseren Jet aus. Unsere Nase zeigt senkrecht, auf das kreisrunde Loch im Wasser zu. Wir durchstoßen gleich die Wasserfläche. Ich hoffe sehr, dass der Strahl unseren Jet auch abdichtet.«

Gespannt beobachten die Worgass, wie der Tarin-Jet langsamer wurde und fast schon vorsichtig die Oberfläche des Wassers durchschlug und eintauchte. Das starke Feld zog ihn tiefer und tiefer hinunter. Die weißen Eisschichten hellten die Sicht in dem Cockpit auf. Dann endete der Eispanzer, es wurde dunkel in dem Jet. Die Cockpit-Kanzel zeigte dunkles, endloses Wasser an. Lediglich der gelbe Fangstrahl leuchte aus der Tiefe hervor.

»Ich schalte die Notbeleuchtung ein«, flüsterte Godero. »Man sieht nichts auf dem Display des Cockpits.«

»Es geht immer tiefer herunter«, bemerkte Fraga'n Rah.

Godero blickte auf die Anzeigen und nickte.
»Wir sind bereits über 3.000 Meter gesunken. «

Er hob den Kopf und stierte wieder aus dem Cockpit-Fenster. Ruckartig zuckte er zurück.

»Habt ihr das gesehen? «, fragte Sati'm-Rah erschreckt.
»Etwas großes Blaues ist gerade an dem Cockpit vorbei geschwommen«, antwortete Godero.

»Das wird ein Meerestier gewesen sein«, lachte der 1. Offizier. »Es wird wohl nicht in den Jet kommen. «

Alle Personen in dem Tarin-Jet lachten leise. Godero blickte zum Cockpit hinaus, er konnte aber keine Bewegung mehr feststellen.

»Ich sehe etwas am Messeboden«, rief Sati'm-Roh. »Ich erkenne eine Menge von Gebäuden. Nein es wird klarer. Es ist eine große Stadt. «

Gespannt schauten die Worgass aus dem Cockpit und versuchten mehr Einzelheiten zu erfassen. Je näher der Jet dem Meeresboden kam, desto klarer wurde die Sicht.

»Der ganze Meeresboden ist eine gewaltige Stadt«, rief Godero. »Ich kann das Ende nicht ausmachen. Viele der

Gebäude und Anlagen sind mit Sand und Geröll bedeckt. Der Bereich, aus dem der Zugstrahl kommt, scheint aber gesäubert worden zu sein. Die Basis muss gewaltig sein. Die ganzen Ausmaße lassen sich nicht von mir einschätzen. Dafür ist die Sicht zu eingeschränkt. Das muss die sagenumwobene Atlantis-Basis der Natrader sein. Ich verstehe jetzt auch, warum die Netzwerkdenker so erpicht darauf sind, diese für sich zu sichern. Sie wittern wieder neue Techniken, die sie für sich auswerten können.«

Die Worgass waren sichtlich beeindruckt von der Größe der Tarid-Basis. Sie stellte jede ihnen bekannte Worgass-Station in den Schatten.

»Laut den alten Kriegsberichten sollte sie zerstört worden sein«, sagte Kanta'n Roh. »Ihre Reste wurden laut den Berichten von dem Meer verschlungen.«

»Wurde sie das wirklich?«, fragte Godero. »Was ich hier auf dem Meeresboden erkenne, dass sieht für mich nicht nach einer zerstörten Basis aus.«

Alle schauten ihn an.

»Der Zugangs-Code funktionierte und der Zugstrahl ebenfalls«, fuhr er fort. » Welches Fazit können wir hieraus ziehen?«

Seinen Begleitern fehlten die Worte. Sie wussten, worauf Godero hinauswollte.

»Die Basis ist bei weitem nicht so zerstört, wie man uns das glauben machen wollte«, bemerkte er. »Es ist genügend Zeit, um ihre Wunden zu reparieren. Wenn wir Pech haben, stoßen wir auf eine völlig intakte natradische Basis und geraten nach unserer Ankunft sofort in eine Gefangenschaft.«

»Das darf nicht passieren«, sagte Sati'm Roh. »Wir lassen uns nicht an Maschinen anschließen und uns das gesamte Wissen der Worgass absaugen.«

Godero nickte.
» Sati'm-Roh hat Recht«, bestätigte er. »Lieber sterben wir ehrenvoll, als den Foltermaschinen der Natrader ausgeliefert zu sein. Ehre den Worgass.«

»Ehre den Worgass«, stimmten die Begleiter laut zu.

»Du Jiltano, hast als Einziger eine fluktuierende Hypno-Sperre von unseren Meistern in deine DNA verankert bekommen«, sagte Godero. »Deine Gedanken können nicht gelesen werden. Baue den Hypno-Block auf.«

»Vermutest du, dass die Natrader Gedanken lesen können? «, stutzte Kanta'n-Roh. » Ich habe von Folterungen gehört, dass sie den Rigo-Sauroiden die Gehirnmasse abgesaugt haben. Wissenschaftler haben dann versucht Informationen aus den freigelegten Gehirnen herauszufiltern. «

»Blödsinn, antwortete Godero. »Hör auf, deine Kollegen zu verängstigen. Das traue ich eher den Netzwerkdenkern zu. «

»Achtung wir sind gleich da«, bemerkte Sati 'm Rah. »Wir werden in einen Hangar gezogen. «

»Jiltano, du bleibst hier im Jet«, befahl Godero. »Blockiere deine Gedanken. Wir werden uns in die Hände des Empfangs-Komitees begeben und alle Fragen beantworten. Wenn die Luft rein ist, dann greifst du dir den KI-Manipulator, suchst mit den Scannern das Energie-Zentrum der Hypertronic-KI und schließt das Gerät an. Alles Weitere erfolgt dann von allein. Begib dich hiernach zurück zu dem Jet und warte auf uns. Es dauert eine Stunde, bis das Gerät die Kontrolle über die künstliche Intelligenz KI übernommen hat. So lange werden wir die Abordnung der KI beschäftigen müssen. Bekommst du das hin? «

Der Angesprochene lächelte.

»Es wäre nicht das erste Mal«, antwortete er.

»Wir sind fast auf dem Meeresboden angekommen,« bemerkte Sati'm Roh. »Wir werden in den großen Hangar vor uns gezogen.«

Die Worgass schauten wieder zum Cockpit-Fenster hinaus. Der Eingang des Hangars wurde durch einen Sicherheits-Schirm geschützt. Etwas Diffuses, fast vergleichbar mit einem gelben Nebel, legte sich auf die Scheiben. Dann waren sie durch. Sofort stach ihnen grelle Helligkeit in die Augen.

»Wir sind durch ein Energiefeld gezogen worden,« kommentierte Godero.

Die Helligkeit schmerzte in ihren Augen. Mit einem Ruck blieb der Jet inmitten der riesigen Halle stehen.

»Wir sind angekommen, sagte Godero beherzt. »Legt eure Kampfgürtel an.«

Atlanta hatte die Arme vor ihren Brustkorb verschränkt und stand im Halbdunkel des Hangars. Sie hatte die Ankunft der Jets beobachtet. Der helle Zugstrahl ihrer M-KI erlosch.

»Es ist eindeutig der alte Jet von uns«, gab sie ihrer Mutter durch. »Er weist viele Kratzer, Schrammen und tiefe Furchen von Laser-Treffern auf. Entgegen unserer Abkommandierung nach Nors, scheint er an dem Krieg teilgenommen zu haben. «

»Ich sende dir eine Spürkolonne«, antworte die Mutter. » Sie werden den Jet gründlich untersuchen. «

»Wenn sich keine Regung zeigt, dann lasse ich die Luke sprengen«, entgegnete Atlanta.

Die Kommandantin registrierte, wie die Impulslichter an dem Jet, das Öffnen der Luke signalisierten. Langsam öffnete sich das Schott, eine Ausstiegsbrücke fuhr aus. Ein Kopf schaute heraus und drehte sich in alle Richtungen. »Sie sind vorsichtig«, dachte Atlanta. »Als hätten sie etwas zu verbergen. «

Dann kletterten fünf Atlanter aus dem Fluggerät und blieben am Fuße des Jets stehen. Sie sahen sich in alle Richtungen um.

Godero hatte eine Bewegung im Halbdunkel gesehen. Er atmete tief ein. Die würzige, frische Luft tat ihm gut. Er blickte in die Richtung der Bewegung und sah Atlanta kommen.

»Eine weibliche Atlanterin kommt auf uns zu«, flüsterte er. »Mir ihr werden wir ein leichtes Spiel haben? «

Seine weiteren Worte blieben ihm im Hals stecken. Das Licht fiel auf die wartenden Kampf-Roboter, die mit tiefroten Augen hinter der Person hergingen.

»Vorsicht vor den Kampf-Robotern«, sagte Godero aufgeregt. »Keine unbedachte Bewegung. Ihre Augen leuchten rot. Sie haben in den Kampfmodus geschaltet. «

Atlanta gab ihren Shy-Ha-Narde ein Zeichen. Gemächlich schritten sie auf die Besucher zu. Die Besucher bewegten sich nicht.
Die Kommandantin versuchte die Gedanken der Personen zu erfassen. Erstaunt stellte sie wirre Gedankenmuster fest. Sie wurden von Angstgefühlen untergraben.

»Wovor haben sie Angst? «, fragte sie sich. » Die Atlanter sind wieder zu Hause. Warum kann ich ihre Gedanken nicht problemlos erfassen. Ihre Gehirnwellen fluktuieren anders. «

Die restlichen Kampf-Roboter zogen den Kreis enger und näherten sich der Gruppe Atlanter. Vor der ersten Person der Gruppe blieb Atlanta stehen und musterte ihn.

»Freuen sie sich, sie sind wieder auf ihrer Basis«, sagte sie. »Wer sind sie. Ich kenne sie nicht. Wo sind unsere Leute, die den Jet geflogen haben? «

»Mein Name ist Godero«, sagte er. »Das sind meine Begleiter. Wir sind aus der Gefangenschaft der Sauroiden geflüchtet. Wie ist der Krieg ausgegangen? «

Er bemerkte, wie ihn die weibliche Gestalt irritiert anschaute.

»Der Krieg ist seit 5.000 Jahren vorbei, « erwiderte Atlanta. »Wir haben verloren. Das natradische Imperium existiert nicht mehr. Wieso wissen sie das nicht? «
Jetzt schaute Godero entgeistert zu ihr hinüber.

»Entschuldigen sie, wie darf ich sie anreden«, erkundigte er sich. »Sie haben uns ihren Namen noch nicht verraten. «

Atlanta sah ihn mit einem misstrauischem Blick an. Täuschte sie sich, oder fing ihr Gesprächspartner an zu schwitzen. Sie lächelte ihn weiterhin an.

»Mein Name ist Atlanta«, sagte sie. »Sie befinden sich auf meiner Basis. Darf ich sie bitten, meine Fragen zu beantworten? «

Sie winkte ihren Kampfrobotern zu sich.

Diese rückten näher und bildeten einen Kreis um die Gruppe. Ihre Waffen der Kampf-Roboter waren entsichert und auf die Gäste gerichtet.

Die Besucher waren sichtlich verunsichert.
»Warum die ganzen Kampfeinheiten?«, fragte Sati'm Rah. »Trauen sie uns nicht? «

Atlanta schaute ihn an.
»Wer sind sie? «, fragte sie in einem ernsten Ton.
»Mein Name ist Sati'm-Rah«, antwortete der Angesprochene. »Ich bin der 1. Offizier unserer Gruppe. Wir waren Gefangene der Rigo-Sauroiden. Sie hielten uns auf einem Hochposten in der Oortschen Wolke gefangen. Unzählige Experimente mussten wir über uns ergehen lassen. Viele Jahre wurden wir gefoltert und gequält. Wir. verloren das Zeitgefühl. Zu einem nicht mehr bestimmbaren Zeitpunkt, mussten alle Sauroiden die Station mit einem unbekannten Ziel verlassen. Wir wurden in Kälte-Schlafkammern gesteckt, mit dem

Hinweis, dass nach der Rückkehr der Sauroiden unsere Befragung fortgeführt würde.

Unsere Aufseher kamen nicht mehr zurück. Wir haben Glück gehabt. Durch den Ausfall einer Kammer, vermutlich aufgrund einer Fehlfunktion, schaltete sich diese in den Aufweck-Modus. Unser Kollege wachte auf und konnte uns alle aus den Kammern befreien. Wir fanden in ihrem Hangar diesen Tarin-Jet und starteten ihn. Es gelang uns vorher noch die Selbstzerstörung des Horchpostens zu aktivieren. Sie sollten eigentlich die Explosion in der Oortschen-Wolke registriert haben. Der Jet hat uns nach Hause geführt.«

Atlanta sandte nach ihrer Mutter. »Kannst du die Explosion bestätigen?«

»Ihre Angaben sind korrekt«, bestätigte die M-KI. »Eine große Explosion wurde von mir aufgezeichnet.«

»Haben sie die Piloten dieses Jets gefunden?«, fragte Atlanta die Besucher.

Godero schüttelte den Kopf.
»Wir haben keine anderen Gefangenen auf dem Stützpunkt der Sauroiden gesehen«, antwortete er. »Ich denke wir waren ihre Einzigen.«

Atlanta war für das Erste zufrieden.
»Ich werde die Befragung an anderer Stelle fortführen«, informierte sie ihre Mutter.

Sie blickte die fünf Personen an.
»Darf ich sie um ihre Waffengürtel bitten«, sagte sie. »Die brauchen sie bei uns nicht mehr. «

Sati'm-Rah wollte etwas sagen, doch er hielt inne, als er beobachtete, dass die Kampf-Roboter bedrohlich näher rückten. Schnell entledigten sich die Worgass ihrer Waffengürtel und übergaben diese an den vordersten Kampf-Roboter.

»Sie werden bestimmt Hunger und Durst haben? «, fragte Atlanta. » Folgen sie mir zu einem etwas gemütlicheren Ort. Dort können wir unser Gespräch fortführen. «

Atlanta wartete die Antwort nicht ab und setzte sich in Bewegung. Die Gruppe der Worgass wurden von den Kampf-Robotern leicht angestoßen. Erst dann folgten sie der weiblichen Person.

Godero schaute seine Mitstreiter an.

»Wir sind jetzt Gefangene«, flüsterte er. »Das wird nur nicht ausgesprochen. Das wird unsere Aufgabe in keiner Weise erleichtern. «

Atlanta hatte die Worte von Godero aufgefangen.
»Was verheimlichen sie mir«, dachte sie.

»Du wirst es noch herausbekommen«, bemerkte ihre Mutter.

»Sie haben einen Plan «, erwiderte Atlanta. Ich werde sie nicht aus den Augen lassen«, erwiderte Atlanta.

Jiltano hatte seine ganze Kraft benötigt, um seinen Hypno-Block stabil zu halten. Seine Scanner zeigten den Abmarsch der Gruppe an.

»Die Luft ist rein«, dachte er.
Er griff nach dem Haltegriff des KI-Manipulators, verankerte ihn an dem Gurt seiner Uniform und lief aus der Luke des Jets, die noch heruntergelassene Ausstiegstreppe hinab. Das Licht war ausgeschaltet worden. Er schaute sich um und rannte vorwärts. Die dunkle Zone, am Rand der Halle, war hilfreich für sein Vorhaben. Keuchend hatte er die Wand erreicht. Er blieb kurz stehen und atmete durch. Vorsichtig blickte er in alle Richtungen.

Er suchte den Schott. Eine Reihe kleiner roter Lichter wies ihm den Weg. Er schaute wieder auf seinen Scanner. Dieser zeigte ihm die Richtung zu dem Lift an. Die Energie-Meiler lagen noch zwei Stockwerke unterhalb des Hangar. Plötzlich war er sich unschlüssig.

»Soll ich den Lift nehmen, oder wird dieser vielleicht durch Sensoren überwacht. Eine frühzeitige Entdeckung kann unsere Mission gefährden«, dachte er.

Er drückte eine Taste auf seinem Scanner und suchte einen alternativen Weg. Die Anzeige auf dem Scanner rotierte.

»Die Auswertung dauert wieder ewig«, fluchte Jiltano. Langsam wurde er ungeduldig. «

Er schüttelte das Gerät. Ein leiser Ton informierte ihn über das vorliegende Ergebnis. Jiltano hob den Scanner vor sein Gesicht. Ein gelb markierter Weg wurde angezeigt.

»Das ist ein enger Wartungsschacht«, fluchte er. »Eigentlich ist er nur für Roboter angelegt worden. Er scheint sehr eng zu sein. «

Er setzte sich in Bewegung und lief einige Schritte an der Wand entlang. Sein Scanner gab einen leisen Ton von sich.

»Hier muss der Ausgang sein«, dachte er.

Jiltano stand vor einem großen Schott. In der Wand leuchteten einige Tasten in grüner Farbe.

»Das ist das Ausgangs-Schott zu den Korridoren der Anlage«, registrierte er.

Er spürte, wie sein Magen rebellierte. Für ihn war es immer noch unbegreiflich, dass Godero ihn gebeten hatte, diese Aufgabe zu übernehmen.

»Eine solche Aufgabe habe ich als einfacher Wächter nicht verdient«, fluchte er.

Es bereitete ihm Mühe, seinen Hypnoblog kontinuierlich aufrecht zu halten. Noch hatte er keine Tastversuche fremder Personen in seinem Gehirn gespürt.

»Vielleicht können sie gar keine Gedanken lesen«, dachte er. »Die Informationen der Netzwerkdenker können falsch sein. «

Doch dann erinnerte er sich wieder an die Äußerungen seiner Kollegen.

»Die Grill-Grimm können keine Fehler machen«, korrigierte er sich. »Das scheint noch nie vorgekommen zu sein. «

Er dachte an den ersten Kontakt mit der fremden Basis nach.

»Es kann doch unmöglich sein, dass diese Basis nur von einem weiblichen Atlanter geführt wird«, überlegte er. »Die zwölf Kampf-Roboter dürfen wir nicht unterschätzen. Wieso lebt diese humanoide Person hier? Die Zeit des Untergangs der Basis ist 5.000 Jahre her. Welchen Sinn macht eine weibliche Kommandantin? Bekanntlich kann sie das ganze System schwächen. Diese Vorgehensweise wäre in unserem Imperium undenkbar. Der Rat der System-Lords hätte das verhindert. «

Er wischte seine Gedanken beiseite. Jiltano betrachtete die Tastatur in der Wand neben dem Schott. Ganze 15 Tasten waren sichtbar. Hiervon leuchteten 5 Stück grün.

»Welche soll ich drücken? «, fragte er sich.

Er bemerkte, wie die oberste grüne Taste anfing zu pulsieren.

Ohne weiter abzuwarten, drückte er die Taste. Die zahlreichen Signallichter, die rund um das Schott angebracht waren, leuchteten auf.

»Das Tor öffnet sich«, dachte er erleichtert. »Jemand kommt und sucht mich. «

Geistesgegenwärtig sprang er zurück und versteckte sich hinter einigen großen Kisten, die an der Wand gestapelt waren. Die Luft anhaltend, wartete er ab.

Plötzlich sprang der Schott auf und eine Kolonne von acht Spür-Robotern schritt herein. Sie zogen einiges an Equipment, auf einer Anti-Grav.-Platform hinter sich her.

Leise atmete er aus.
»Sie suchen nicht mich«, dachte er. »Das Spürkommando wird den Jet durchsuchen. Nur gut, dass ich nicht mehr drin bin. «

Die Roboter hatten den Tarin-Jet erreicht, der in der Mitte des großen Hangars stand. Zwei bewaffnete Shy-Ha-Narde stürmten die Maschine.

Vorsichtig glitt Jiltano aus seinem Versteck und eilte durch das immer noch geöffnete Tor.

»Ich muss mich links halten«, dachte er. »Geradeaus bis zur nächsten Abbiegung, dann rechts und wieder links, an den äußeren Korridoren entlang. «

Jiltano orientierte sich an seinem Scanner, der seine Position und die Wegrichtung anzeigte.

»Die Basis scheint noch in einer Art Ruhe-Modus zu arbeiten«, dachte er. »Sämtliche Sensoren müssen deaktiviert sein, ansonsten hätte ich bereits längst Besuch von Robotern erhalten. Das Ablenkungsmanöver funktioniert. Das diensthabende Personal konzentriert sich auf meine fünf Kollegen. «

Der Scanner piepste. Jiltano hatte den Wartungsschacht erreicht. Vorsicht tastete er die vor ihm liegende Wand ab.

»Nicht zu sehen, alles ist völlig dunkel«, bemerkte er.

Er eine kleine Lampe aus seinem Gürtel und leuchtete die Wand ab. Der Lichtkegel blieb auf einer Klappe hängen.

»Ein manueller Verschluss«, erkannte er.

Geräuschlos zog er einen kräftigen Hebel nach unten, die Klappe in der Wand sprang auf. Vorsichtig leuchtete er in das Innere.

»Eine Leiter ist an der Innenseite der Wand angebracht«, murmelte er. »Das ist sehr hilfreich.«

Er zog sich in die Öffnung hinein und kletterte vorsichtig die Sprossen hinunter. Jiltano vermied es, in die Tiefe zu schauen. Es schien unendlich weit nach unten zu gehen. Unterschiedliche Farbmarkierungen zeigten die Stockwerke an.

»Mein Einstieg erfolgte bei der Farbe Rosa«, analysierte er. »Jetzt bin ich an einer lilafarbenen Markierung vorbeigekommen. «

Schritt für Schritt hangelte er sich weiter nach unten. Sein Scanner piepste wieder leise.

»Hier muss es sein«, dachte er.
Mit einer Hand hielt er sich an der Leiter fest, drehte sich um und versuchte mit der anderen Hand den Hebel der gegenüberliegenden Luke zu öffnen. Stöhnend hielt er inne.

»Er lässt sich nicht bewegen«, schimpfte er. »Ich hasse minderwertige Materialien.«

Er musste kurz Luft holen. Dann löste er seine andere Hand von der Leiter und ließ sich vorsichtig nach vorne kippen. Er stützte sich mit beiden Händen an der gegenüberliegenden Wand ab. Dann nahm er seine beiden Hände und riss mit einem Ruck an dem Hebel. Quietschend öffnete sich die Luke. Keine Beleuchtung war in dem Gang festzustellen. Er kletterte aus der Luke und ließ sich in den Gang fallen.

Jiltano hatte eine schmächtige Gestalt. Er hatte bereits länger festgestellt, dass seine Kollegen einen kräftigeren Körper besaßen. Er konnte nicht sagen, wie der Umformungsprozess vonstattenging. Er hatte eigene Vermutungen angestellt.

»Ich glaube, dass der implantierte Hypno-Block die zellulare Ausbreitung meiner Zellen beeinflusst«, dachte er. »Ich muss noch viel lernen, wenn ich mit dem Wissen von Godero gleichziehen möchte.«

Jiltano war immer schon begeistert gewesen, ins Weltall zu fliegen, große Geheimnisse zu lüften, alte Ruinen, Weltraum Festungen und Forschungs-Basen anderer raumfahrender Spezies zu untersuchen. Wären da nicht seine Herren gewesen, die von dem Hass zerfressen waren, alle humanoiden Völker vernichten zu wollen. Er hätte sich eine friedliche Koexistenz aller Rassen im Universum vorstellen können.

Langsam richtete er sich auf und streckte sich. Er musste dem Gang folgen, der in einem Bogen verlief. Vorsichtig hastete er vorwärts. Seine Lampe leuchtete einen kleinen Radius auf dem Boden aus. Jiltano bemerkte, wie die Abzweigung des Korridors, die vor einem riesigen Schott endete.

»Das muss es sein«, dachte er.
Schnell ordnete er seine Sinne. Jetzt erst bemerkte er, dass seine Schritte dumpf auf dem Boden halten. Er bemühte sich, vorsichtiger und langsamer weiterzugehen, bis er das große Tor erreicht hatte. Er leuchtete es ringsum ab. Rechts an der Wand blieb der Lichtkegel seiner Lampe auf einer Tastatur hängen. Sie war unbeleuchtet. Jiltano legte den Scanner auf und wartete ab.

»Die Energie ist komplett abgeschaltet«, dachte er. »Ein Zugang kann nicht über die Tastatur erfolgen. Ich werde mir manuell Eingang verschaffen müssen. Ehre den Worgass.«

Er zog seinen Laser aus dem Halfter und schoss dreimal auf die Tastatur, die im hohen Bogen schmolz und zu Boden tropfte. Sein Blick blieb auf der freiliegenden Elektronik der Tastatur hängen.

Licht flammte auf, Alarmsirenen heulten auf.

»Sie haben mich gefunden«, ärgerte er sich. »Das Alarmsystem reagiert doch noch. «

Er zog ein Kabel aus seiner Tasche steckte es in den Scanner. Das Gegenstück hielt er auf ein durchgeschmortes Kabel. Dann drückte er den Energieknopf seines Scanners und gab Strom auf die Leitung. Ruckartig sprang das Tor auf.

»Ich darf keine Zeit mehr verlieren«, dachte er. »Sicherlich werden Suchtrupps nach mir ausgeschickt. «

Ohne sich weitere Gedanken zu machen, lief er in die riesige Halle hinein. Er stürmte vorwärts, in die Mitte des Energie-Produktionszentrums. Er konnte die Größe des Maschinenraumes nicht überblicken, der scheinbar noch gewaltiger war als der Hangar, auf dem ihr Schiff zur Landung gebracht wurde.

Jiltano verschärfte seinen Lauf, blickte kurz nach rechts, dann nach links. Überall standen gewaltige Maschinen herum. Der größte Teil von ihnen schienen Energie-Meiler zu sein. Jiltano konnte die Funktionen der Maschinen nicht identifizieren. So etwas Gewaltiges, hatte er bisher noch nicht gesehen.

»Es müssen Tausende von Energie-Generatoren sein«, dachte er. »Welche ungeahnte Energie schlummert hier am Fuße der Basis. Das macht mir große Angst.«

Er richtete seinen Blick wieder geradeaus. Sein Scanner zeigte die unzähligen Energieadern an, die am Sockel der zentralen Hypertronic-KI zusammenliefen. Er hob seinen Kopf und leuchtete mit seiner Lampe geradeaus. Jetzt erkannte der den Sockel der künstlichen Intelligenz. Ein riesiges Gebilde aus Natridstahl stand in der Mitte der Halle. Jiltano schätzte den Durchmesser auf mindestens 25 Metern. Der Sockel war mit dem Boden verbunden und hob sich zur Decke hoch, die sie zu durchstoßen schien. Er sah bunte leuchtende Energie-Fluktuationen über die äußere Verkleidung der Hypertronic-KI huschen.

»Das ist der Sockel der Energieversorgung der zentralen KI«, flüsterte er erleichtert. »Ich habe sie gefunden.«

Freude durchflutete ihn.

»Ich bin ein geschulter Worgass des Wachpersonals«, lobte er sich selbst. »Nicht mehr und nicht weniger. Meine Kollegen werden stolz auf mich sein. «

Der Scanner bestätigte seine Vermutung. Nur noch wenige Schritte dann hatte er sein Ziel erreicht. Laserstrahlen flammten hinter ihm auf. Er drehte im Lauf seinen Kopf herum und sah eine Kohorte Kampf-Roboter in die Halle gestürmt kommen. Erschreckt suchte er Schutz, zwischen den Nischen und den kantigen Maschinenvorsprüngen. Vorsichtig lief er weiter. Mehr Deckung fand er im Moment nicht. Immer wieder schlugen Lasersalven in seiner Nähe ein. Endlich hatte er den Sockel der KI erreicht. Sofort umrundete er das Gebilde. Auf der Rückseite angekommen, riss er sich den KI-Manipulator von seinem Gürtel und setzte ihn auf das Gehäuse und aktivierte es.

»Geschafft«, dachte er. »Ab jetzt läuft alles von allein. «

Schnell umrundete er den Sockel und suchte sich eine Deckung. Hier wartete er auf die Kampf-Roboter. Ihm war mulmig zu Mute, als die 2,20 Meter großen Metallgiganten mit roten Augen feuernd auf ihn zustürmten. Er warf seine Laserpistole von sich und hob die Hände. Erschrocken stellte er fest, dass die Roboter nicht aufhörten, Lasersalven auf in abzufeuern. Er duckte sich, wurde jedoch in dem Moment von einer vollen Salve in die Schulter getroffen, die seinen rechten Arm abtrennte.

Vor Schmerzen schrie er auf. Der brachiale Lasertreffer hatte ihn zu Boden geworfen. Er drehte seinen Kopf und suchte seine Laserwaffe. Seine linke Hand ergriff sie. Mühsam richtete er seinen Oberkörper auf und stellte die Waffe auf die stärkste Wirkung. Dann zog er durch. Sein Dauerfeuer auf die vordersten heraneilenden Kampf-Roboter zeigte keine Wirkung. Die Lasersalven wurden von den Energie-Schirmen der Roboter direkt abgeleitet. Ein Schock durchfuhr ihn.

Dann trafen ihn drei Laserschüsse in die Brust und richteten klaffende Wunden an. Seine Gedanken verblassten. Ihm wurde schwarz vor Augen. Leblos fiel sein Oberkörper zurück und bleib vor einer Maschine regungslos liegen. Die Blutlachen zeugten von den verheerenden Wunden, die ihm die Laserstrahlen zugefügt hatten. Sein Körper verwandelte sich zurück in die Urform, in eine graue 80 Zentimeter große Qualle, mit vielen Tentakeln. Der Worgass-Formwandler Jiltano hatte aufgehört zu existieren.

***

Atlanta war mit ihren Gästen auf den Weg in ein Besprechungszimmer. Noch immer konnte sie die Gedanken ihrer atlantischen Besucher nicht lesen.

»In ihrem Kopf befindet sich ein nicht lesbares Gedankenmuster«, registrierte sie. »Lediglich die Sätze, die sie kurz vor dem Aussprechen bilden, können von mir erkannt werden. Was ist mit ihren Gehirnen passiert?«

Die Besucher wurden von den Kampf-Robotern eskortiert. Ihnen entging nicht die kleinste Bewegung.

»Ich brauche meinen ersten Offizier Senga-Hol und ein Team von Verhör-Spezialisten«, sandte sie einen geistigen Befehl zu ihrer M-KI.

»Ich initiiere das Aufweck-Programm«, antwortete ihre Mutter. »Sie werden gleich bei dir sein.«

»Danke«, antwortete Atlanta. »Ich begebe mich in den Konferenzraum 37. Das Team soll ihre Kampf-Anzüge anziehen und sich mit Waffen ausstatten.«

»Hältst du das für dringend notwendig?«, fragte ihre Mutter. »Du hast doch die Kampf-Roboter dabei.«

»Ich habe ein ungutes Gefühl bekommen«, antwortete das Kunst-Wesen. »Die Besucher versuchen etwas zu verbergen. Ich kann ihre Gedanken nicht einwandfrei lesen. Ihre Gehirne scheinen keine normalen atlantischen Gedankenmuster mehr zu besitzen.«

Ihre Mutter analysierte kurz die Situation.
»Das kann aus der langen Zeit der Kälteschlaf-Periode herstammen«, erwiderte sie.

Atlanta schüttelte den Kopf.
»Nein«, antwortete sie. »Dann müsste ich zumindest die Regeneration der Gehirnwellen auffangen. Das ist aber nicht der Fall.«

Die Gruppe schritt in einen breiten Korridor. Rechts und links waren zahlreiche Türen eingelassen. Atlanta öffnete die zweite Tür und bat ihre Gäste hinein. Der Raum schien eine ehemalige Lounge-Bar zu sein. Überall standen gemütliche Sitzgelegenheiten und Tische. Eine großzügige Bar war hinter einer Videowand integriert. Die ablaufende Sequenz vermittelte die Illusion eines Sonnenunterganges. An den Wänden hingen Bilder des Planeten Natrid und Tarid. Weiter rechts, die Bilder der unterschiedlichen Raumschiffe der natradischen Raum-Abwehr. Die indirekte Beleuchtung vermittelte eine angenehme Gesprächskulisse.

Atlanta schritt auf den ersten großen Tisch zu und bot den Gästen einen Platz an. Diese ließen sich in den gut gepolsterten Stuhl fallen. Der Service-Roboter hinter dem Tresen erwachte zum Leben.

Atlanta beobachte, wie ihre Gäste ihre Blicke schweifen ließen und neugierig den Raum musterten.

»Das war früher ein gut besuchter Aufenthaltsraum«, sagte sie. »Er diente zur Entspannung und zum Ausgleich nach harter Arbeit. «

Godero nickte.
»Es war sicherlich angenehm für die Besatzung der Station, auf so etwas zurückgreifen zu können«, bestätigte er. »Das Personal war bestimmt sehr zufrieden hier auf der Station leben zu dürfen. «

Atlanta horchte bei diesen Worten auf. Sie vermied es aber, ihre Meinung mitzuteilen.

»Darf ich ihnen etwas anbieten? «, fragte sie stattdessen. » Synthetische Säfte, frisches Wasser, oder auch sonstige Wünsche erfüllen wir gerne. «

»Etwas Wasser wäre gut«, antwortete Godero. »Das habe ich lange nicht mehr genießen dürfen«.

Seine Kollegen nickten.
»Für uns bitte ebenfalls, das ist eine gute Idee«, antwortete Lipsa'n Rah.

Atlanta nickte dem Service-Roboter zu. Der sich sofort an die Arbeit machte und gekühlte Metall-Becher mit frischem Wasser füllte. Nachdem sich Atlanta vor den Kopf des Tisches gesetzt hatte, schaute sie ihre Gäste intensiv an. Die Kampf-Roboter hatten sich in einem Sicherheits-Abstand rechts und links des Tisches positioniert. Sie schauten mit roten Augen intensiv dem Geschehen zu.

»In welcher Einheit waren sie stationiert?«, fragte der mobile Arm der Hypertronic plötzlich. »Wie sind sie in die Gefangenschaft der Rigo-Sauroiden geraten? «

Godero überlegte kurz und schaute seine Kollegen an.
»Wir waren alle in unterschiedlichen Einheiten aktiv«, antwortete Sati'm Rah. »Irgendwann hat uns dann alle das gleiche Schicksal ereilt. Wir verrichteten Dienst in unterschiedlichen Kampf-Jets unserer Geschwader. Unser Befehl lautete, die schweren Kriegsschiffe unserer Flotte zu unterstützen. Wir waren der Stachel, der die

angreifenden Schiffe der Sauroiden beschäftigen musste. Unsere Schiffe brachten Unruhe in die Reihen der angreifenden Formationen. Leider waren ihre Schiffe zu zahlreich. Sie verfolgten uns und wir gerieten in das Schussfeuer der Groß-Zerstörer.

Zahlreiche Jets unseres Geschwaders wurden zerstört, oder durch Zufallstreffer antriebslos geschossen. Allein leichte Streifschüsse sorgten für den Ausfall der Bordelektronik. Hierdurch konnte die Waffenautomatik nicht mehr bedient werden. Stark getroffene Jäger drifteten ab und trieben antriebslos durchs All. Wir alle hatten bereits mit unserem Leben abgeschlossen. Irgendwann wurden wir von einem der größeren Rigo-Schiffe an Bord gezogen. Später bemerkten wir, dass dieses Schicksal uns nicht allein betraf. Auf dem Schiff, zählten wir neben uns noch ganze 23 atlantische Kollegen, die ebenfalls von den Sauroiden inhaftiert worden waren. «

Er legte eine kurze Pause ein und schaute seine Kollegen an.

»Das war aber noch nicht alles«, fuhr er fort. »Eine größere Anzahl von natradischen Offizieren wurde ebenfalls inhaftiert. «

»Was ist mit ihnen passiert? «, fragte Atlanta neugierig. »Warum wurden sie von ihnen nicht ebenfalls befreit? «

»Nachdem wir uns aus den Kälte-Schlafkammern befreit hatten, durchsuchten wir das ganze Schiff. Leider konnten wir keine weiteren Häftlinge mehr finden. Alle übrigen Kammern waren leer.«

»Wie konnte das sein? «, fragte Atlanta entsetzt.

Godero sah sie ernst an. Er wusste bereits lange, dass sein 1. Offizier gute Geschichten erzählen konnte. Jetzt fuhr er anstelle von Sati'm-Rah mit den Schilderungen fort.

»Wir wurden von den anderen Häftlingen über Hinrichtungen, Quälereien und Verstümmelungen informiert«, teilte Godero mit. »Die Rigo-Sauroiden müssen ihre Gefangenen wahllos und bei lebendem Körper seziert haben. Wir alle wurden fürchterlichen Quälereien ausgesetzt. Die Rigo-Sauroiden wollten mit allen Mitteln an geheime Informationen gelangen.

Vorrangig bevorzugten sie die natradische Offiziere für ihre Folterungen Ich befürchte, alle anderen Gefangenen wurden von ihnen getötet. Es ging das Gerücht um, das sie keine Gefangenen mit zu ihrer Heimat-Welt nehmen würden. «

Atlanta zeigte sich schockiert. Sie hatte bereits die Informationen an ihre Mutter übertragen. Die M-KI war über den Inhalt des Gespräches informiert. Atlanta sandte einen kurzen Impuls.

»Was hältst du von ihren Aussagen?«, fragte sie
»Diese können der Wahrheit entsprechen», antwortete ihre Mutter schnell. »Die natradische Flottenführung hat immer vor einer Gefangenschaft durch die Sauroiden gewarnt und vor den grausamen Foltermethoden. Wir wissen ebenfalls von den großen Verlusten der Tarin-Geschwader, die sich auf Wunsch des Kaisers in dem Krieg geopfert hatten. «

Atlanta war mit der Antwort ihrer Mutter nur bedingt zufrieden.

»Warum wurden von den Sauroiden ausgerechnet diese Atlanter allein zurückgelassen?«, fragte sie gedanklich. » Ich kann ihre Gedanken nicht einwandfrei lesen. «

»Finde die Antwort«, signalisierte die M-KI. »Wir brauen Gewissheit. «

Atlanta schaute wieder ihre Gäste intensiv an.

»Warum wurden nur sie zurückgelassen?«, fragte sie.

»Wir wissen es nicht«, antwortete Godero. »Es ist uns nicht bekannt, wie lange wir in den Kälteschlaf-Kammern gelegen haben. Ebenso wenig ist uns der Zeitpunkt bekannt, an dem die Sauroiden das Schiff verlassen haben. Uns ist sämtliches Zeitgefühl verloren gegangen.«

Der Service-Roboter kam an den Tisch und servierte die frischen Getränke.

Atlanta hob ihren Becher und schaute ihre Gäste nachdenklich an.

»Trinken wir auf ihre gelungene Flucht und auf ihre gesunde Rückkehr«, sagte sie vorsichtig.

»Danke«, erwiderten die Worgass synchron.

Die Rückkehrer setzten den Becher an und nahmen einen tiefen Schluck gekühltes frisches Wasser.

Ein durchdringender Alarm-Ton beendete die Ruhe des Gespräches. Das Gesicht von Atlanta verzerrte sich. Sie sprang von ihrem Sitz auf, der Stuhl fiel nach hinten um.

»Wir haben einen unbefugten Zutritt in das Zentrum unserer Energie-Versorgung festgestellt«, schrie sie ihre Gäste an. »Sie sind Saboteure. Einer von ihnen wollte unsere Energie-Versorgung lahmlegen. «

Blitzschnell zog sie ihre beiden schweren Strahler aus ihren Holstern und richtete diese auf die Gäste. Die Gesichter der Worgass in ihren atlantischen Körperformen erschlafften zusehends. Sie wussten, dass Jiltano entdeckt wurde. Welche Möglichkeit gab es noch für sie. Godero sprang schnell von seinem Stuhl auf und zog eine kleine Kapsel aus seiner Uniform. Er drückte einen kleinen, kaum sichtbaren Knopf und warf die Kapsel Atlanta entgegen.

Ein Kampf-Roboter reagierte gedankenschnell. Aus seinen bereits aktivierten Waffen lösten sich zwei kurze Laser-Schüsse. Diese erwischten die fliegende Kapsel noch im Flug. Atlanta hatte sich reaktionsschnell nach hinten fallen lassen. Die ohrenbetäubende Explosion zerfetzte die nicht weit vor Atlanta sitzenden Sati'm Rah, Lipsa'n Rah und Fraga'n Rah. Blut spritzte auf den Tisch und den Boden. Die restlichen Gäste wurden von der Druckwelle von ihren Stühlen gerissen. Unverletzt richtete sich Atlanta wieder auf. Schnell zog sie ihre Uniform glatt. Sie hatte ihren Individual-Schirm aktiviert. Ein leichtes Flimmern umgab ihre Gestalt.

»Festnehmen«, schrie sie. »Ab sofort betrachten wir sie als Eindringlinge, als Saboteure und als Feinde des Imperiums. Wir haben andere Möglichkeiten, um an ihr Wissen zu kommen. Ich hatte bereits vermutet, dass sie mir nicht die Wahrheit sagen. «

Kanta'n-Roh stand wieder wackelig auf den Beinen und schaute schmerzverzerrt Godero an.

»Du hast unsere Kollegen getötet«, schrie er ihn an. »Wie konntest du nur. Sie haben dir vertraut «

»Das war nicht meine Absicht«, antwortete der Angesprochene leise. »Das alles war anders geplant. «

»Die Netzwerkdenker werden dich zur Rechenschaft ziehen und deine Familie auslöschen«, erwiderte Kanta'n-Roh. »Das hast du dir selbst zu zuschreiben. «

In diesem Moment flog die Türe auf, Senga-Hol und die Verhör-Spezialisten traten ein. Ihre Blicke wirkten entsetzt. Der erste Offizier sah die Trümmer in dem Raum liegen und lief auf Atlanta zu.

»Was ist denn hier los? «, fragte er. » Sind sie verletzt, Kommandantin? «

Atlanta schüttelte ihren Kopf.

»Danke, mir geht es gut«, antwortete sie. »Wir haben es hier mit Saboteuren zu tun. Kümmern sie sich um ein intensives Verhör. «

Sie zeigte auf Godero und Kanta'n Roh.
»Diese Wesen hier, sehen aus wie Atlanta«, sagte sie. Aber sie stehen in den Diensten der Rigo-Sauroiden. «

»Wo kommen die nach dieser langen Zeit her? «, fragte Senga-Hol. » Es hieß doch, sie haben alle einen Suizid begangen? «

»Das ist die Frage, die es zu beantworten gilt«, erwiderte Atlanta.

Der erste Offizier ging um den Tisch herum, um die Getöteten anzuschauen. Erstaunt pfiff er durch seine Zähne.

»Das sind garantiert keine Sauroiden«, bemerkte er. »Kommen sie kurz zu mir«, sagte er zu Atlanta.

Das Kunst-Wesen umrundete den Tisch und trat zu ihrem 1. Offizier. Erst jetzt sah sie das quallenartige Wesen, das halb verdeckt unter dem Tisch lag. Schnell lief sie auf die andere Seite des Tisches. Auch hier erkannte sie das gleiche Szenario. Zwei 80 Zentimeter große quallenartige Lebensformen lagen verdreht am Boden.

»So ein Wesen habe ich noch nie gesehen?«, sagte Atlanta abstoßend.» Wir sollten äußerst vorsichtig sein.«

Ihre Mutter meldete sich.
»Geht es dir gut?«, fragte sie.

»Ja«, antwortete die Kommandantin. »Du hast Recht gehabt. Die Eindringlinge sind eine neue, unbekannte Lebensform. Wir sind ihnen bisher noch nie begegnet.«

»Das habe ich auch bereits registriert«, erwiderte die M-KI. »Der Eindringling, der in meine zentrale Energieversorgung eingedrungen ist, wurde eliminiert. Von ihm geht keine Gefahr mehr aus. Auch er hat sich nach seinem Absterben in eine quallenartige Lebensform verwandelt. Ich habe zur Vorsicht die Lebensform pulverisiert und ihre Ache in den Ozean drücken lassen. Ich rate dir das gleiche zu tun. Wir wissen nicht, ob sich die DNA dieser Wesen regenerieren kann.«

»Das werde ich«, antwortete Atlanta. »Danke für deine Hilfe, Mutter.«

Sie blickte wieder die Saboteure an, die in einem energetischen Fesselfeld der Kampf-Roboter wehrlos ausharren mussten.

»Ihr Freund hat leider sein Eindringen in unsere zentrale Energie-Verteilung mit seinem Tod bezahlt«, erklärte sie. »So wird es auch ihnen ergehen, wenn sie keine zufriedenstellenden Aussagen machen. Wer hat sie zu diesem Auftrag befohlen.«

Kanta'n Roh konnte nicht mehr an sich halten und schrie unverständliche Worte. Er schaute seinen Vorgesetzten voller Hass an.

Atlanta wandte sich an ihren ersten Offizier.
»Nehmt ihnen alles ab, was sie noch bei sich tragen«, befahl sie. »Alles muss später ganz genau untersucht werden. Gebt ihnen das neu entwickelte Wahrheits-Serum, das für die Rigo-Sauroiden entwickelt wurde. Ich brauche dringend Antworten. Ich autorisiere sie für alle Maßnahmen, die erforderlich sind. «

»Sprechen sie auch von den rigorosen Experimenten? «, fragte Senga-Hol. »Es ist möglich, dass die gefangenen Atlanter während den Folterungen sterben? «

Auch für diese Maßnahmen gilt meine Entscheidung«, antwortete die Kommandantin. Es sind keine Atlanter mehr. Ich erkenne in ihnen Tiere, wie wir gesehen haben. In jedem Fall sind sie unbekannte hässliche Ausgeburten aus dem dunkelsten Sektor des Universums. «

»Sie müssen schwer enttäuscht sein«, antwortete ihr 1. Offizier. »Das haben wir bisher noch wenigen Gefangenen angetan. «

Atlanta drehte sich zu den Kampf-Robotern um.
»Abführen und inhaftieren«, befahl sie. »Wir gehen kein Risiko mehr ein. «

Vier Kampf-Roboter führten die Saboteure ab. Ihr erster Offizier drehte sich um und wollte gehen.

»Senga-Hol«, rief sie ihm nach.
Der Offizier blieb stehen und blickte seine Vorgesetzte an.

Atlanta ging auf ihn zu.
»Ich habe noch eine andere Aufgabe für dich«, bemerkte sie. »Die Gefangenen sind mit einem älteren Tarin-Jet zu uns gekommen. Ich habe zwar ein Spür-Team in den Jet geschickt, doch nach den jetzigen Vorfällen halte ich die Saboteure für sehr gerissen. Setze die toten Wesen in einen Gleiter und bestücke ihn mit zeitgesteuerten

Bomben. Schleuse ihn dann aus und vernichte ihn in einem ausreichenden Abstand zur Basis. Ich möchte unbedingt vermeiden, dass diese Wesen möglicherweise noch irgendwelche Dinge mitgebracht haben, die uns später gefährlich werden können. Wähle die Sprengkraft so, dass nichts mehr von dem Jet übrigbleibt.«

Senga-Hol wollte etwas sagen, doch Atlanta schnitt ihm das Wort ab.

»Die Gefangenen können warten, sie laufen nicht davon«, erklärte sie. »Bitte erledige den Befehl.«

Der erste Offizier salutierte.
»Ich kümmere mich sofort hierum, Kommandantin«, antwortete er.

Atlanta nickte. Sie wusste, dass sie sich auf ihren 1. Offizier uneingeschränkt verlassen konnte.

Neue Geräusche ließen ihren Blick zur Türe drehen. Wartungs-Roboter kamen in den Raum und fingen an die Trümmer zu beseitigen. Andere suchten nach Schäden, die es zu beseitigen galt. Atlanta schaute ihnen kurz zu und verließ den Raum. Sie war auf dem Weg zu ihrer Mutter.

Die Hypertronic-KI der Atlantis-Basis bemerkte bereits, dass etwas nicht stimmte. Ihre Entscheidungssequenzen liefen langsamer ab, als sie es gewohnt war. Sie aktivierte die vollständige Überprüfung aller ihrer Systeme. Schnell erhielt sie die Resultate. Alles war in Ordnung, kein Ausfall wichtiger Module wurde ihr gemeldet.

Die Türe fuhr auf und Atlanta betrat den Raum. Sie schritt auf das pulsierende Auge der Hypertronic zu.

»Die Saboteure sind inhaftiert«, teilte das Kunstwesen mit. »Wir werden sie einem Intensiv-Verhör unterziehen.«

Atlanta stutzte. Ihre Mutter antwortete nicht direkt.

»Irgendetwas stimmt nicht«, erkundigte sie sich bei der M-KI

»Meine Gedankenflüsse verlangsamen sich«, teilte ihre Mutter mit. Irgendetwas greift auf meine Ressourcen zu. Wieder brach die gedankliche Verbindung zu ihrer M-KI ab.

»Was geschieht mit dir?«, fragte Atlanta ungeduldig.

»Die Zukunft wird trübe werden«, erwiderte die Mutter-KI. »Den fremden Besuchern hätte nichts geschehen dürfen, sie gehören zu einem großen Plan. Nehme dich den Gefangenen an, ihnen darf nichts mehr passieren.«

»Wie meinst du das?«, fragte Atlanta irritiert.
»Die Wesen stammen von etwas Großem ab«, erklärte die M-KI. »Wir ziehen den Zorn der Worgass und Netzwerkdenker auf uns.«

»Was sind Worgass?«, sandte Atlanta ihre Frage zurück. »Ich kenne diese Wesen nicht.«

»Es sind die Herren der Galaxie«, antwortete ihre Mutter. »Wir können gegen sie nicht ankommen.«

Atlanta atmete scharf aus. Sie wirkte enttäuscht und zornig. Sie konnte nicht glauben, was sie soeben von ihrer Mutter gehört hatte.

»Es sind Saboteure«, erwiderte sie. »Der Anführer wollte mich aus dem Weg räumen. Er hat bewusst einen Mini-Detonator geworfen.«

»Ich sehe hier eine Reihe von Missverständnissen«, erwiderte die Mutter. »Er handelte vermutlich nur aufgrund von Befehlen und Loyalitäten, in der sich ein

Soldat stets befindet. Das Gespräch hätte anders erfolgen müssen.«

»Was willst du mir vorwerfen?«, fragte Atlanta ärgerlich.

Sie lauschte gedanklich auf eine Antwort.

»Du benötigst Geduld und Nachsicht«, antwortete die Stimme ihrer Mutter. »Gegen das Worgass-Regime darf nichts unternommen werden. Sie werden Gleiches mit Gleichem vergleichen. Sie werden unsere neuen Herren werden.«

Das Kunst-Wesen bemerkte, das die Stimme ihrer Mutter eiskalt klang.

»Niemals«, antwortete Atlanta. »Wenn sie zu uns kommen, dann werden wir ihnen zeigen, was es heißt sich mit Natradern anzulegen.«

»Du bist jung und noch ohne eine große Erfahrung«, antwortete die M-KI kalt. »Auch du wirst dich ihnen unterordnen müssen.«

»Ist es eine fremde Stimme, die von der Hypertronic erzeugt wurde«, fragte Atlanta sich. »Jedenfalls lässt mich die Antwort meiner Mutter frösteln. So ist sie noch nie mit mir umgegangen.«

Das Armband von Atlanta vibrierte. Es war eine interne Kommunikation des Basis-Funks. Sie schaute auf das Display und erkannte, dass Senga-Hol sie zu erreichen versuchte. Sie öffnete die Abdeckung und sah das Bild ihres ersten Offiziers in dem kleinen Display.

»Ja«, antwortete sie formlos.
»Wir haben den Jet ausgeschleust und in ausreichender Entfernung zerstört«, erklärte er. »Es ist von ihm nichts übriggeblieben.«

»Das beruhigt mich etwas«, bemerkte Atlanta. »Kümmere dich jetzt um das Verhör der Fremden. Wir brauchen unbedingt neue Informationen. Ich bin noch bei der M-KI. Ich komme so schnell ich kann zu dir.«

»Das werde ich«, bestätigte Senga-Hol. »Ich habe alles unter Kontrolle. Lasse dir Zeit mit der M-KI.«

Das Bild erlosch, Atlanta klappte den Kommunikator zu. Sie vermutete, dass ihre Mutter mit der Entscheidung nicht einverstanden war.

»Wir haben vorsichtshalber den alten Tarin-Jet der Fremden zerstört«, übersandte Atlanta ihrer Mutter.

Wieder bemerkte sie eine längere Wartepause, bis sie eine Antwort empfing.

»Wer gab dir den Befehl hierzu? «, fragte ihre Mutter.

Atlanta gab sich irritiert.
»Ich wollte sichergehen, dass nicht noch versteckte Waffen an Bord waren«, erklärte sie »Die Basis muss geschützt werden. «

»Der Jet hatte wichtige Ausrüstungsgegenstände an Bord», bemerkte ihre Mutter. »Die sind jetzt für alle Zeit verloren. «

»Was waren das für wichtige Ausrüstungsgegenstände? «, fragte Atlanta. » Woher stammen deine Informationen? «

Ihre Mutter verweigerte ihr die Antwort.

»Kümmere dich wieder um deine Aufgaben«, antwortete sie stattdessen. »Ich bin im Moment mit mir selbst beschäftigt. «

Atlanta verbeugte sich und verließ den Raum.

Sie lief in die Richtung der wissenschaftlichen Abteilungen. Atlanta wollte dabei sein, wenn Senga-Hol versuchte die Fremden zum Reden zu bringen.

»Warum verhält sich meine M-KI so seltsam«, fragte sie sich. »Die Vernichtung des Jets hat ihr scheinbar missfallen. Doch es war der einzige Weg, um möglicherweise kontaminierte Dinge, oder andere versteckte Explosivstoffe der Fremden zu vernichten.«

Atlanta wusste, dass sie richtig gehandelt hatte. Sie ließ ihre Augen schweifen. Der Weg zu den wissenschaftlichen Abteilungen zog sich in die Länge.

»Dort stehen Anti-Grav.-Gleiter«, dachte sie.

Die Haltebucht beherbergte exakt 25 Gleiter, fein säuberlich abgestellt. Atlanta zog einen aus der Halterung. Sie stieg auf und aktivierte das Energienetz. Vorsichtig zog sie den Schubhebel zurück. Sekundenschnell baute der Gleiter das Anti-Grav.-Polster auf und schwebte vorwärts.

Gemächlich nahm die Geschwindigkeit zu. Atlanta kannte dieses Gerät seit ewigen Zeiten. Professionell lenkte sie das Gefährt durch die Korridore und Abzweigungen.

»Was bin ich?«, dachte Atlanta. »Bin ich ein Instrument, oder ein abhängiger Sklave. Bisher konnte ich wichtige Entscheidungen ohne die Genehmigung meiner M-KI treffen. Was hat sich geändert? Ich erwarte Respekt für meine Entscheidungen.«

Atlanta erkannte, dass sie die Äußerungen ihrer M-KI mehr beschäftigten, als sie sich zugestehen vermochte.

Sie zog den Gleiter blitzschnell um eine enge Abzweigung herum. Sie kam der Wand sehr nahe. Sie korrigierte die Spur ihres Fahrzeuges. Die Bereiche der wissenschaftlichen Abteilung kamen in Sicht. Sie preschte heran und sprang von dem Gleiter ab. Automatisch verlangsamte dieser seine Geschwindigkeit und kam zum Stillstand. Die Tür der ersten Abteilung stand offen. Atlanta trat herein und schaute sich um.

Sechs Kampf-Roboter sicherten den Raum ab. Die Fremden waren auf zwei Tische geschnürt. Metallklammern hatten ihre Arme und Beine umschlossen. Sie wehrten sich, Ihre Gesichter waren verzerrt. Fesselfelder hüllten sie ein und nahmen ihnen die letzte Bewegungsfreiheit. Die Verhör-Spezialisten waren im Raum verteilt und suchten ihr Werkzeug zusammen. Senga-Hol stand vor den Liegen und schaute sich das Schauspiel an. Atlanta trat an seine Seite.

»Wie weit seid ihr gekommen?«, fragte sie.
Der erste Offizier drehte seinen Kopf und blickte sie an.
»Wir haben gerade erst angefangen«, antwortete er. »Als wir das Fesselfeld abgeschaltet haben, fingen die Gefangenen an, wild um sich zu schlagen. Es war mühsam, sie auf den Bahren zu justieren. Jetzt haben wir, zu ihrer eigenen Sicherheit, das Fesselfeld wieder aktiviert.«

»Sie erkennen, dass sie sich in aussichtslosen Situationen befinden«, nickte Atlanta. »Hat einer von ihnen geredet?«

»Nur unverständliche Dinge«, erwiderte Senga-Hol. »Ich vermute sie haben in ihrer eigenen Sprache geflucht.«

Er blickte seine Kommandantin an.
»Meine Anfrage an die M-KI, den Text zu übersetzen, wurde nicht stattgegeben«, flüsterte er. »Ihre Mutter hat nicht geantwortet. Auf dem normalen Verhörweg werden wir nichts aus den Quallen herausbekommen.«

»Spritzt ihnen das Wahrheits-Serum«, befahl Atlanta.

Die Verhör-Spezialisten hatten blaue Kittel angezogen und trugen Handschuhe an ihren Händen. Sie hatten bereits ihre Injektoren gefüllt.

»Wir sind bereit«, teilte der vorderste Mediziner von ihnen mit.

»Die Fesselfelder lösen«, befahl Senga-Hol. »Injiziert das Serum, zunächst in kleinen Dosen. «

Zwei der Verhör-Spezialisten traten an die liegenden Körper heran. Sie legten den Injektor auf die Arme der ruhig gestellten Gefangenen und drückten die Dosis in den Blutkreislauf. Dann traten sie einen Schritt zurück. Die Mediziner nickten Senga-Hol zu.

Atlanta trat näher an die Körper heran. »Können sie mich verstehen? «, fragte sie. » Wer sind ihre Auftraggeber? Wer schickt sie? «

»Das Serum braucht etwas, bis es wirkt«, bemerkte ihr 1. Offizier.

Kanta'n Roh sah sie mit aufgerissenen Augen an und wollte etwas sagen. Gelbe Flüssigkeit quoll aus seinem geöffneten Mund. Sein Körper fing an zu vibrieren und zu brodeln. Trotz der Metallfesseln der Bahre, fingen seine Glieder an zu schlagen.

Die Verhör-Spezialisten waren zu den Bahren geeilt und standen ratlos vor ihnen.

»Was passiert hier gerade?«, schrie Atlanta.
Die Spezialisten zuckten mit den Schultern. »Wir wissen es nicht«, sagte einer von ihnen.

»Sie werden das Serum nicht vertragen«, flüsterte Senga-Hol seiner Kommandantin zu. »Es wurde seinerzeit für den Organismus der Rigo-Sauroiden entwickelt. Es scheint sich hier um einen völligen neuen Organismus zu handeln.«
Wild und immer stärker um sich schlagend, wurde sein Köper plötzlich zu einer flüssigen, teilweise breiigen Masse. Sekunden später wuchsen unzählige Tentakel aus dem Klumpen, die sich bis auf eine Länge von 1,20 ausdehnten.

Die Zuschauer waren entsetzt und angeekelt. Die Verhör-Spezialisten zeigten auf den zweiten Körper, der vormals der Gefangene Godero war. Die gleichen Symptome zeigten sich auf seinem Körper. Nach einem heftigen Vibrieren und Ausschlagen schmolz sein Körper förmlich in eine klebrige graue Masse. Auch aus diesem geschmolzenen Klumpen formten sich wieder Tentakel in unterschiedlichen Längen.

Atlanta trat von dem Tisch etwas nach hinten zurück.
»Was sind das für Wesen?«, fragte sie.

»Sie sehen aus wie Quallen, jene Meeresbewohner, die wir aus den Ozeanen von Tarid her kennen«, sagte Senga-Hol.

»Aber unsere Quallen können ihre Form nicht verändern«, antwortete Atlanta. »Auch kann ich keine Gedanken von diesen Wesen empfangen. Sie scheinen über kein denkfähiges Zentrum zu verfügen.«

Senga-Hol hörte ihr gespannt zu.
»Ich vermute einmal, dass wir in diesen Zustand nichts mehr von ihnen herausbekommen werden.«

Atlanta nickte.
»Wir haben keine Wissenschaftler mehr auf unserer Basis«, bestätigte sie. »Wir haben sie damals alle nach Nors in den Tod geschickt.«

Senga-Hol nahm einen metallischen Stab und drückte es einem Wesen in die Haut. Sofort schlugen die Tentakel unkontrolliert aus und peitschten auf die Liege. Schrille, Töne wurden von dem Wesen ausgestoßen. Atlanta drehte sich angewidert ab.

»Jedenfalls ist noch Leben in ihnen«, bemerkte ihr 1 Offizier. »Wir wissen tatsächlich nicht, was diese Wesen anrichten können. Es ist ein Risiko, sie in der Basis zu belassen. Gerade dann, wenn wir wieder in den Stasis-Kammern liegen.«

»Ich stimme dir zu«, antwortete Atlanta. »Tötet die Wesen und pulverisiert sie. Dann säubert ihr alles. Ich möchte keine Spuren von dieser fremden Species in meiner Basis haben.«

In diesem Moment sprang die quallenartige Lebensform, die vorher Kanta'n Ro gewesen war, aus ihrer viel zu lockeren Umklammerung heraus, auf die zweite Bahre. Hierauf lag das Wesen Godero. Wild mit ihren Tentakeln schlagend, saugten sich die beiden Wesen aneinander fest, rissen und zerrten brutal aneinander. Abgerissene Tentakel fielen zu Boden, gelbe Flüssigkeit schwappte auf die Liege. Die Umherstehenden wussten nicht, wie sie die Wesen trennen könnten. Der Kampf wurde immer intensiver. Die graue Haut des Wesens, das vormals Godero darstellte, platzte auf. Undefinierbare Organe quollen heraus. Schlagartig erlosch seine Gegenwehr.

Seine schlagenden Tentakel rutschten leblos von der Liege und hingen herunter. Auch das angreifende Wesen Kanta'n Roh war schwer verletzt. Gelbe Flüssigkeit tropfte aus vielen offenen Wunden. Es schien so, als ob es sein

Werk noch beobachtete. Dann fiel es bewegungslos in sich zusammen und rührte sich nicht mehr.

»Sie scheinen sich selbst getötet zu haben«, sagte Atlanta.

Senga-Hol blickte auf die Bahren.
»Sie haben uns die Arbeit abgenommen«, antwortete er. »Ich lasse noch Scans und Bilder von ihnen anfertigen, dann entsorge ich die Wesen außerhalb unserer Basis.«

»Ich vermute, wir haben noch ein anderes Problem«, flüsterte Atlanta leise zu ihrem 1. Offizier.

Er schaute sie verwirrt an.
» Welches Problem gibt es noch?«, fragte er.

»Unsere zentrale M-KI reagiert seltsam«, antwortete Atlanta. »Ich dachte eigentlich, dass ich sie vollständig kannte. Aber jetzt erkenne ich unbekannte Eigenschaften an ihr. Sie schottet ihre Gedanken ab, gibt keine klaren Informationen weiter und ist sehr entrüstet gewesen, als ich sie über die Zerstörung des fremden Jets informierte. So habe ich sie noch nie erlebt.«

»Vielleicht ist das nur eine zeitweise Erscheinung, aufgrund der langen Deaktivierungszeit«, antwortete ihr

1. Offizier. »Ich habe noch nie erlebt, dass unsere M-KI abwegige Befehle erteilt hat.«

»Ich auch nicht«, erwiderte Atlanta. »Wie du weißt, kenne ich sie bereits sehr lange. Deswegen bereitet mir ihr Verhalten große Sorge.«

»Ich lasse von unseren Wartungstechnikern sämtliche Energiemeiler überprüfen, ebenso die Verkabelung der Verteiler-Knoten«, sagte der 1.Offizier. »Wenn ein System ausgefallen ist, werden wir es ausfindig machen«.

Atlanta wirkte zufrieden.
»Wir lassen die nächsten vier Wochen den Betrieb weiter auf Notstrom laufen, fällige Wartungsarbeiten können erledigt werden«, erklärte sie. »Es ist erst nach dieser Zeit für uns möglich, wieder in die Stasis-Kammern zu steigen. Unsere Körper müssen sich erst vollständig von der Schlafphase erholt haben. Nutzen wir diese Zeit für eine ausführliche Überprüfung der Anlagen.«

Der transportable KI-Manipulator hatte sich in das Energie-Netz der großen M-KI eingebunden. Er bemerkte sofort die komplexen Energieadern und den ausschweifenden Verbund des gigantischen Maschinenparks. Er wusste, dass er hier an seiner Leistungsgrenze angelangt war. Es würde eine ganze Zeit dauern, bis er das gedankliche Zentrum der M-KI beeinflussen konnte. Erst musste er sich mit ausreichend Energie anreichern. Zu lange war er deaktiviert gewesen und hatte seine Kraft verloren. Jetzt aber fand er zu neuer Stärke zurück. Hier schienen die endlosen Energieadern ein Festmahl für ihn zu sein. Er sandte seine Fühler aus. Auf der Suche nach dem Zentrum dieser einmaligen Hypertronic, die nicht wusste, was er vorhatte. Weiter und tiefer drang er in das Geflecht der pulsierenden Energiefelder vor. Bereits jetzt enkodierte er Informationen, die rechts und links an ihm vorbeiliefen. Ein komplexer Datenträger wurde von ihm ausgelesen. Auf ihm waren neue Daten gespeichert. Er erkannte, dass seine Worgass-Soldaten eliminiert worden waren. Er stoppte seine weiteren Aktivitäten und sondierte sich neu. Es bestand kein Anlass mehr zur Eile. Die Übernahme der Station musste auf das nächste Einsatz-Team seiner Herren warten. Er zog seine Fühler zurück und entließ die KI aus der bereits vorbereiteten Beeinflussung. Der KI-Manipulator wusste, dass er langsam und ohne spürbare Beeinflussung sein Werk vollenden würde. Die M-KI sollte sich in Sicherheit wiegen und wieder in den Deaktivierungs-Modus fallen. Dann würde er wieder seine Fühler ausstrecken und warten bis neue Abgesandte seiner Herren eintrafen.

Atlanta betrat den geheimen Raum ihrer Mutter.

Sie wirkte erfreut über ihr Erscheinen.

»Ist wieder alles mit dir in Ordnung?«, fragte sie.
Das blaue Auge in der großen Hypertronic pulsierte voller Leben.

»Ich fühle mich ausgezeichnet«, antwortete die M-KI. »Die registrierte Schwerfälligkeit ist von mir abgefallen. Alle Energieadern und Verbindungen scheinen wieder korrekt zu arbeiten.«

»Was hatte diesen seltsamen Zustand bei dir verursacht?«, stutzte Atlanta.

»Ich weiß es nicht«, antwortete die M-KI. »Seit das Wartungs-Team alles überprüft hat, geht es mir deutlich besser. Ich spüre keine Beeinflussung meiner Ressourcen mehr.«

Atlanta wirkte erleichtert.
»Das höre ich gerne«, sagte sie. »Die Fremdwesen sind alle tot, der Tarin-Jet wurde zerstört. Die Bedrohung für die Station konnte abgewendet werden.«

»Was sollte ich ohne dich machen«, erwiderte die M-KI. »Du bist einzigartig und durch nichts zu ersetzen. Bereiten wir uns auf die nächste Schlafphase vor. Vielleicht ist nach unserem Erwachen die nächste Generation der Atlanter bereit, die Nachfolge der natradischen Hinterlassenschaften zu übernehmen.«

Atlanta schmunzelte.
»Deine positive Einstellung möchte ich auch irgendwann besitzen«, antwortete sie. »Es wird lange brauchen, bis die Lebewesen unseres Planeten die Stufe der natradischen Wissenschaft erreicht haben. Du weißt, dies ist nur möglich, wenn sie vorher nicht wieder untergehen werden.«

Der Angriffsplan

Neuzeit

Die Ortungstaster im Sol-System schlugen heftig aus. Sämtliche Ortungs-Anlagen und Horchposten gaben ihre Daten an Natrid durch. Jetzt erschien das fremde Raumschiff auf den Monitoren der natradischen Zentrale.

Es klopfte an der Tür des Konferenz-Zimmers von General Poison. Widerwillig drehte der oberste Chef der EWK seinen Kopf zur Tür.

»Herein«, schrie er in bekannter Manier.

Ein Offizier der galaktischen Abwehr betrat den Raum und eilte auf Noel und den General zu. Er reichte beiden Herren einen Computer-Ausdruck. Der General schaute kurz hierauf und stand auf.

»Wir haben erneut einen nicht genehmigten Eintritt ins Sol-System«, rief er in den Saal. »Ein unbekanntes Raumschiff ist nahe der Saturn-Bahn aus dem Hyperraum gefallen. Titan hat ein Geschwader von Naada-Kreuzern gestartet. Die Schiffe sind auf einen Abfangkurs eingeschwenkt.«

Der Communicator von Major Travis summte. Marc zog

ihn aus seiner Innentasche und klappte das Gerät auf. Es war die Funkleitstelle.

»Herr Major, ein eingehender Hyper-Funkspruch von dem fremden Raumschiff für sie«, tönte es aus dem Gerät.

Marc bedankte sich und drückte auf den leuchtenden grünen Knopf. Das Gespräch wurde durchgestellt.

»Heran ruft Major Travis«, hallte es an sein Ohr.

»Hallo Heran, schön ihre Stimme zu hören«, antwortete Marc. »Gut, dass sie so schnell kommen konnten.«

»Ich freue mich wieder im Sol-System zu sein«, antwortete der Lantraner. »Warum dauert das so lange, bis ich sie erreiche?«

»Weil ich erst gesucht werden musste«, antwortete Marc. »Fliegen sie bitte Natrid an. Ich sende Ihnen einen Leitstrahl.«

»Danke, das mache ich«, erwiderte Heran. »Informieren sie aber noch ihr Geschwader Naada-Schiffe, welches Kurs genommen hat. Auf einen Streifschuss würde ich gerne verzichten.«

»Mache ich sofort«, antwortete Marc. »Ich empfange sie in unserem Hangar. Bis später. «

Marc klappte den Communicator wieder zu und steckte ihn die Innentasche seiner Uniform.

»Heran ist angekommen«, teilte er General Poison und Noel mit. »Das geortete Schiff ist sein Evolutions-Schiff. «

Er blickte den Leutnant der galaktischen Abwehr an.

»Leutnant, ziehen sie bitte ihr Geschwader Naada-Kreuzer wieder ab. Der Pilot des fremden Schiffes ist unser Freund. Er wird seine jetzigen Koordinaten verlassen und nach Natrid springen. Senden sie ihm nach seiner Ankunft einen Leitstrahl. Weisen sie ihm einen Landeplatz auf dem Raumhafen des Felsendoms von Tattarr zu. Die Ankunft steht unmittelbar bevor. Beeilen sie sich bitte. «

Der Leutnant der galaktischen Abwehr eilte aus dem Raum.

Major Travis stand auf.
»Ich bitte um eine kurze Pause«, sagte er. »Ich möchte Heran in dem Hangar abholen. «

Noel und General Poison schauten sich an.
»Wie kann der Lantraner so schnell hier sein?«, schrie er Major Travis zu.

»Fragen sie ihn doch einfach, wie das möglich ist«, antwortete Marc. »Das wird er uns bestimmt verraten. »Bitte entschuldigen sie mich«.

Der General nickte.
Major Travis war bereits durch den Ausgang verschwunden. Die Sekretärinnen von General Poison kamen mit Getränken herein und servierten diese den wartenden Gästen.

Heran hatte bereits die neuen Koordinaten nach Natrid programmiert. Er sah auf seinen Anzeigen, dass sich das Geschwader der natradischen Schiffe näherte.

»Ihre Antriebe sind robust«, dachte er. »Sie könnten noch mehr Schub hergeben. «

Heran öffnete ein kleines Wurmloch-Fenster, beschleunigte und flog hinein. Auf den Bildschirmen der Naada-Kreuzer war kurz das grelle Aufflackern des Fensters zu sehen, dann wieder die Schwärze des Alls. Das fremde Raumschiff war verschwunden.

Nur eine Sekunde später sprang Heran, nahe der Natrid Umlaufbahn aus einem geöffneten Fenster. Er erfasste den Leitstrahl von Natrid, klinkte sich ein und begann mit dem Landeanflug.

Nur fünfzehn Minuten später hatte das Evolutions-Schiff von Heran in dem Felsendom von Tattarr aufgesetzt. Die Laserbrücke fuhr aus. Heran schritt zu herunter und ging freudig auf Major Travis zu.

»Ich freue mich, sie zu sehen, Herr Major«, sagte er.

Er gab Marc die Hand. Dieser erwiderte den Händedruck ebenso freudig.

»Die Freude ist ebenfalls auf meiner Seite«, erwiderte Marc. »Ich freue mich ebenfalls, sie als Freund und Gönner hier auf Natrid begrüßen zu können. «

Obwohl es Heran bereits wusste, fragte er keck.
»Was gibt es wieder für Probleme? «, erkundigte er sich.
»Sind die Worgass wieder aktiv? «

Marc nickte.
»Sie vermuten es richtig«, antwortete er. »Irgendwie haben die Worgass es geschafft ins Sol-System einzudringen und einen unserer Groß-Duplikatoren zu

sprengen. Es wurde ein erheblicher Schaden auf der Werft-Station 5, angerichtet.«

»Wie haben sie das denn hinbekommen?«, fragte Heran. »Im Normalfall sind die Worgass doch eher behäbig. Bisher fehlte ihnen jegliche Raffinesse, die für solche Aktionen nötig sind.«

»Ich möchte ihr Weltbild von den Worgass nicht zerstören«, lächelte Marc. »Aber es sieht fast so aus, dass sie auch dazu lernen. Nach unseren Analysen haben sie ein natradisches Tarngerät erbeutet und in eines ihrer Schiffe eingebaut. So ausgestattet gelang es ihnen, sich unbemerkt einzuschleichen. Wir konnten das Schiff mit einem Teil der Besatzung zerstören, ebenfalls einen alten Horchposten, den sie gerade wieder beziehen wollten.«

Heran lachte.
»Bedanken sie sich bei ihren natradischen Freunden«, sagte er. »Das kommt davon, wenn man zu viel Raumschiff-Schrott in der Galaxis zurücklässt. Admiral Tarin hätte besser, vor der Evakuierung noch eine Säuberung durchgeführt. Übrigens, von diesen Horchposten gibt es noch einige, zwar nicht aktiv, aber sie sind da.«

Heran blickte den Major an.

»Wo ist denn jetzt das Problem?«, fragte er. »Sie erwähnten gerade, dass sie das Schiff der Worgass vernichten konnten.«

»Das ist richtig«, antwortete Marc. »Jedoch zwei Formwandler konnten einen alten Jet erbeuten. Nach ihrer Flucht, mit einer anschließenden Verfolgung durch uns, gelang es eine lange geglaubte, vernichtete natradische Basis wieder zu aktivieren.«

Heran grinste Major Travis an.
»Dreht es sich dabei um die natradische Vorzeige-Basis auf Tarid?«, erkundigte sich der Lantraner.

Marc stutzte.
»Woher wissen sie das schon wieder?«, antwortete er.

»Wir Lantraner wissen sehr viel«, lachte Heran geheimnisvoll. »Durch unsere technischen Möglichkeiten können wir in die Vergangenheit und in die Zukunft schauen. Leider verbietet unsere Hohe-Empore den Einsatz dieser wegweisenden Entwicklung. Es sind zahlreiche Sondergenehmigungen nötig, bis wir diese Technik einsetzen dürfen.«

»Ich verstehe«, antwortete Major Travis. »Einfacher wäre es für alle Beteiligten, wenn diese Technik kontinuierlich benutzt werden dürfte.«

»Richtig«, bestätigte Heran. »Obwohl unsere Wissenschaftler Nachteile durch das Rad des Wissens bestreiten, glaubt unsere Regierung fest daran, dass diese Maschine das Raum-Zeit-Kontinuum verändern könnte. Aus diesem Grunde wird die Nutzung auf ein Minimum reduziert.«

»Bisher wurden noch keine Probleme durch die Nutzung dieser Technik bekannt?«, fragte Major Travis.

»Das ist richtig«, bestätigte Heran. »Wir gehen davon aus, dass eine Beobachtung nicht mit einem Eingriff in die Zeitebene gleichzusetzen ist.«

»Wenden wir uns wieder ihrem Problem zu«, wechselte Heran das Thema. »Die natradische Flotten-Führung hätte erkennen müssen, dass die Atlantis-Basis im Krieg nicht zerstört wurde. Ich schiebe das einmal auf die Hektik der letzten Schlacht hin. Aber zumindest die große Hypertronic-KI von Natrid hätte erkennen müssen, dass sich die Tarid-Basis seinerzeit einfach nur zurückzog. Sie konnte ihre Zerstörung durch eine geballte Explosion von Plasma-Bomben simulieren und ist hiernach einfach in den Ozean abgetaucht. Bei der bekannten, energetischen Bestückung der Basis, hätte sie bei einer tatsächlichen

Vernichtung eine Kettenreaktion ausgelöst. Nach unserer Vermutung wäre der Planet Tarid in zwei Hälften gesprengt worden. Danken sie der überaus eigenwilligen Hypertronic-KI der Atlantis-Station, dass sie das vorher erkannte und die Vernichtung ihrer Basis simulierte. Ansonsten würden wir heute nicht zusammen sprechen.«

»Wie kommen sie zu dieser Vermutung?«, fragte Major Travis erstaunt.

»Unsere Beobachtungen und Messungen sind eindeutig«, antwortete Heran. »Die M-KI wurde mit einem neueren lernfähigen, interaktiven Hypertronic-Kern ausgestattet. Ich sage das jetzt nur zu ihnen. Nach unserer Meinung ist sie wesentlich leistungsfähiger als die alte Hypertronic-KI von Natrid. Ihren Hypertronic-Kern kann die M-KI erweitern und ausbauen. Zusätzlich wurde sie von Kaiser Quoltrin-Saar-Arel mit weitreichenden Befugnissen ausgestattet, natürlich nur auf Tarid bezogen. Die künstliche Intelligenz von Tarid war die erste M-KI einer neuen Generation. Wir wissen mittlerweile beide, dass der Kaiser von Natrid sehr experimentierfreudig war. Welchen Sinn er in dieser Lösung sah, bleibt wohl immer ein Rätsel. Jedoch kann man festhalten, dass die Tarid M-KI der alten Natrid-KI gleichgestellt und nur dem Kaiser gegenüber rechenschaftspflichtig war.«

»Ihre Informationen sind sehr interessant für mich«, lächelte der Major. »Sie fehlen in den Wissens-Implantationen von Noel.«

Davon gehe ich aus, bemerkte Heran. Die natradische Groß-Hypertronic-KI konnte die Entscheidung von Kaiser Quoltrin-Saar-Arel nie nachvollziehen. In ihrer Programmierung war sie allein für das kaiserliche Imperium verantwortlich. die M-KI von Tarid war sehr eigenwillig. Sie ignorierte des Öfteren Anweisungen ihrer vorgesetzten KI. Die wertvollen Anlagen und Bereiche, die sie auf Tarid verwaltete, gaben ihr vermutlich die Freiheit hierzu. Aber das Wichtigste war jedoch, dass sie kurz vor ihrem Abtauchen ihre 500 Naada-Kreuzer, mit all ihrem atlantischen Personal noch erfolgreich einschleusen konnte. Dieses Geschwader hatte zwar erfolgreich gegen die Armada der Rigo-Sauroiden gekämpft, wäre aber früher oder später von der überlegenen Übermacht an feindlichen Schiffen vernichtet worden. Die M-KI hatte erkannt, dass ihr Planet nicht mehr zu retten war. Sie entschied sich dazu, ihre Zerstörung vorzutäuschen und auf den Meeresboden abzutauchen.«

»Das sind ganz neue Perspektiven«, freute sich Major Travis.

»Freuen sie sich nicht zu früh«, antwortete Heran. »Sie kennen zu wenig von der Geschichte der Milchstraße. Ich werde gleich einige Punkte aufzählen, wenn wir in ihrem Besprechungsraum angekommen sind. Dann brauche ich nicht alles ein zweites Mal wiederzugeben.«

Heran zog seine Uniform glatt.
»Lassen sie uns gehen, die anderen warten auf uns«, ergänzte er.

Major Travis vermied Heran zu fragen, warum er wusste, dass sie auf dem Weg in den Konferenzsaal waren. Er wunderte sich bei Heran schon lange über nichts mehr.

Auf dem Absatz drehten sich beide Personen um. Große Schotts glitten auf und schlossen sich lautlos hinter Ihnen. Nur die schallenden Schritte ihrer Stiefel hallten durch die Korridore. Dann hatten sie den Turbolift erreicht. Marc drückte die Taste für das 84. Stockwerk.

»Es geht in die Abteilung der Elite«, flüsterte Heran.
Marc blickte ihn nur an.

»Ich liebe Informationen aus dem Sol-System«, sagte Heran. »Gerade diese, welche sie als Terraner betreffen. Dennoch dürfen wir das restliche Sonnensystem nicht aus dem Auge verlieren. Gerade in der heutigen Zeit, in der wir Lantraner wieder aktiver am Geschehen der Milchstraße teilnehmen möchten.«

Nach einer kurzen, schnellen Fahrt verzögerte der Lift merkbar.

»Das ist aber ein ungewohntes Gefühl«, bemerkte Heran. »Es entsteht ein Kribbeln in den Beinen. «

»Wir sind gleich da«, antwortete Marc.

Die Türen des Liftes öffneten sich. Marc und Heran schritten durch die lange Korridore, die durch Panzerglas abgetrennt waren. Dahinter lagen die geheimen imperialen Ortungseinrichtungen des Imperiums. Marc bemerkte, wie Heran aus Höflichkeit starr geradeaus blickte, als interessierte es ihn nicht, was sich hinter den Glaswänden abspielte.

Er öffnete die Türe zu dem Konferenzsaal und bat Heran einzutreten. Die Sekretärinnen blickten kurz auf, senkten aber direkt wieder ihren Kopf. Sie durchschritten das Vorzimmer des Generals. Marc klopfte an der zweiten Tür und öffnete sie. Nacheinander traten sie ein. Das laute Gemurmel verstummte. Marc spürte bereits die sezierenden Blicke, die ihnen entgegenschlugen. Die Anwesenden fragten sich alle, wer dieser allwissende und unsterbliche Lantraner war. Warum unterstützte er die Terraner. Was für ein Interesse hatte er wirklich?

Marc nickte kurz den erlesen Gästen zu.
»Für alle, die meinen Gast noch nicht kennen, darf ich ihnen Heran kurz vorstellen«, sagte der Major.

Dieser hob die Hand zum Zeichen des Grußes.

»Heran gehört zu der Rasse der Lantraner, die technisch weit über uns stehen«, erklärte Marc. Seine Rasse ist eine der ältesten in der Milchstraße. Lantraner sind unsterblich und sie können auf das komplette Wissen der Milchstraße zurückgreifen. Betrachten sie ihn bitte als meinen Freund und Berater. Heran ist hier, weil ich ihn gerufen habe. Ich bitte sie daher, ihm den nötigen Respekt zu gewähren. «

Marc hatte bemerkt, dass Captain Hunter bei dem Wort unsterblich, sein Gesicht in Falten gezogen hatte.

»Hiermit meine auch mögliche Äußerungen durch Captain Hunter«, ergänzte Marc.

Der Angesprochene grinste nur. Er wusste bereits, was Major Travis hiermit ausdrücken wollte.

Heran winkte ab.
»Falls er komisch wird, kann ich ihn immer noch in seine eigenen Moleküle zerstrahlen«, schmunzelte er.

Das Grinsen von Captain Hunter erstarb. Lautes Gelächter hallte durch den Raum.

»Aber ich glaube, soweit kommt es nicht«, ergänzte Heran. »Wir kennen uns ja bereits. Ich habe bereits mit Captain Hunter gearbeitet. «

Heran ging auf ihn zu und gab zuerst Commander Andersen die Hand, dann reichte er sie Captain Hunter.

»Schön sie zu sehen Captain«, sprach er ihn an. »Diesmal haben sie sich weibliche Verstärkung mitgebracht. Sehr gut, wir können uns später unterhalten. «

Dann begrüßte er Noel und General Poison.
»Danke für ihr Vertrauen, dass ich mich hier frei bewegen darf«, grinste er den Klon der natradischen Hypertronic-KI an. Das war unter ihrem letzten Kaiser nicht immer möglich. «

Noel wollte etwas sagen, doch Heran unterbrach ihn.

»Sparen sie sich die Frage«, sagte Heran. »Ich werde sie nicht enttäuschen und bei meiner Abreise nichts mitgehen lassen. Trotzdem hoffe ich, dass ich später einige unangenehme Fragen stellen darf? «

Heran blickte die beiden Führungskräfte an.

»Wenn es der Sache dienlich ist, dann haben wir kein Problem hiermit«, antwortete der General.

Noel ahnte bereits Schlimmeres.
»Sie brauchen hier nicht alles direkt auf den Tisch zu werfen«, murmelte er.

General Poison und Heran schauten ihn an.
»Um das Geschehene zu verstehen, muss man erst einmal das Vergangene kennen«, antwortete Heran.

Dann gesellte er sich wieder an die Seite von Major Travis.

Marc bot Heran einen Stuhl neben sich an. Heran ließ sich fallen.

»Darf ich ihnen ein Getränk anbieten? «, fragte Marc. » Gerne«, antwortete Heran.

Er zeigte auf die Karaffe Orangensaft.

»Sind das atlantische Orangen?«, erkundigte er sich.

Marc schaltete schnell. Heran musste bereits Orangen probiert haben. Nach seiner Äußerung sogar welche, die von dem Insel-Kontinent Atlantis stammten.

»Sie sind vergleichbar«, lächelte Major Travis. »Sie wissen doch selbst, dass Atlantis in unserer Zeit nicht mehr existiert?«

»Stimmt«, antwortete Heran. »Ich vergaß, entschuldigen sie bitte«.

Marc griff nach der Karaffe und schüttete Heran ein Glas ein.

»Lassen sie es sich schmecken«, lächelte er.

Heran nahm ein Schluck und leckte sich hiernach mit der Zunge über seine Lippen.

»Es schmeckt fast identisch«, sagte er. »Mein Respekt, dass sie die alte Frucht haben retten können. Ich habe viele tausend Jahre auf diesen Moment gewartet. Atlantische Orangen gibt es auf unserem Planeten nicht.«

Er schaute intensiv auf das Glas mit der Orangen-Flüssigkeit.

»Besinnen wir uns wieder auf das eigentliche Thema«, bemerkte Major Travis. » Wir haben geflüchtete Worgass auf unserem Planeten. Die möchten wir gerne ergreifen. Ich habe mich bereits mit Heran auf dem Weg hierhin über dieses Problem unterhalten. Deswegen gebe ich das Wort direkt an ihn weiter. Er wird uns noch einiges über die Basis Atlantis sagen können. «

Heran schaute in die Runde und stand auf.

»Ich höre gar keine Freudenschreie«, sagte er. »Hurra, wir haben unsere Tarid-Basis wieder. «

Er blickte Noel an.
»Auch von ihnen nicht, Abgesandter der großen Hypertronic-KI von Natrid«, sagte er. »Es scheint fast so, als ob sie froh waren, dass sie weg war? «

Gemurmel setzte ein.
Noel hob seine rechte Hand.

»Ich registriere, dass ich vor dem Wissen der Lantraner nichts verheimlichen kann«, antwortete er. »Es ist leider richtig. Wir hatten die Basis längst als zerstört abgeschrieben. Umso überraschter sind wir, dass sie nach dem Einfall der Worgass teilaktiviert wurde.«

»Bitte entschuldigen sie den kleinen Spaß meinerseits«, lachte Heran. »Nennen sie es Schadenfreude. Es ist wichtig, dass alle Offiziere in diesem Saal die Wahrheit erfahren. Bitte korrigieren sie mich, wenn ich falsch liegen sollte.«

Er blickte wieder in die Runde der Zuhörer. Spannung lag in ihren Gesichtern.

»Die übermächtige natradische Hypertronic-KI hat den Untergang der Tarid-Station falsch interpretiert«, erklärte er. »Zu ihrem besseren Verständnis muss ich ihnen mitteilen, dass die Tarid M-KI und die natradische Groß-Hypertronic-KI gleichzusetzen ist. So stand es zumindest auf den Konstruktions-Folien für die Wissenschaftler, die mit dem Bau beauftragt wurde. Nur wenige Natrader wussten, dass der Kaiser die Tarid-KI nicht identisch konstruieren ließ, sondern als ein eigenwilliges Gegenstück zu der Natrid-KI in Auftrag gab. Sehen sie in Noel das Abbild einer männlichen KI. Die Tarid M-KI war das experimentelle weibliche Gegenstück hierzu. Entsprechend dieser Tatsache, wurde ihrer Programmierung mehr weibliche Logik, Inspiration und Mutterinstinkt hinzugefügt. Die beiden KIs sollten als

Netzwerk überzeugen, das Imperium effektiver gestalten und es gemeinsam führen.«

Heran lächelte in die Runde der Zuhörer.
»Wie das nun einmal in Beziehungen so ist, gab es auch hier Probleme«, sagte er. »Männliche Rationalität trifft auf weibliche Instinkte. Ich denke, dass die natradische KI dies öfter zu spüren bekam, als ihr es lieb war. Immer dann, wenn die Tarid M-KI ihre Befehle bewusst ignorierte. Wir Männer kennen so etwas von unseren eigenen Beziehungen.«

Gelächter schallte durch den Raum. Heran legte eine kleine Pause ein.

Major Travis beobachtete, wie Captain Hunter Commander
Andersen kurz in den Arm nahm und sie an sich drückte. Sie blickte ihn tiefgründig an.

»Wir können Noel und der Natrid-KI gar keinen Vorwurf machen, dass sie sich irgendwann von der Tarid M-KI genervt fühlten«, fuhr Heran fort. »Nach unseren Beobachtungen war die Tarid M-KI im großen Krieg weitgehend auf sich selbst gestellt. Sie hatte keine Hilfe von der ausgedünnten Heimat-Flotte erhalten. Trotzdem muss man ihr einen großen Respekt zollen, weil sie einen wesentlichen Anteil an der Dezimierung der Rigo-Flotte hatte. Dank ihrer geschickten Taktik und dem Einsatz von 500 Naada-Schiffen, konnte die Tarid M-KI viele Abschüsse erzielen. Hierdurch wurde die vor Natrid agierende Heimat-Flotte entlastet.«

»Das war auch ihre Aufgabe«, bemerkte Noel. »Nicht umsonst wurde die Atlantis-Basis immer wieder mit neuester Technik aufgerüstet und auch ihr Mond Lorz entsprechend modifiziert. Sie war in der Lage allein zu kämpfen.«

Heran schmunzelte.
»Lieber Noel, ich will ihre Aussage nicht schmälern, doch wir beide wissen, dass es nicht nur hieran lag«, erklärte er. »Sicherlich war die Atlantis M-KI selbst in der Lage zu kämpfen. Doch eine vernünftige Koordinierung beider mächtigen KIs wäre effizienter gewesen. Uns ist zu Ohren gekommen, dass der letzte Kaiser ein Techtelmechtel mit dem mobilen Arm der M-KI hatte. Sie war ebenfalls ein Klon-Wesen, wie sie eines sind. Aber ganz nach den Wünschen des Kaisers reproduziert. Auch wissen wir, dass ihr Kaiser eigenes DNA-Material gespendet hatte, um die Verwalterin der großen Basis von Tarid in dieser gelungenen Einmaligkeit ins Leben zu rufen. Stimmen sie mir in diesem Punkt zu?«

Noel schaute auf den Boden.
»Das ist korrekt«, antwortete er emotionslos.

Wieder wurden aufgeregte Gespräche hörbar. Heran hob seine rechte Hand.

»Mein Vortrag ist noch nicht zu Ende«, rief er. »Bitte hören sie zu. Ich trage ihn nicht zweimal vor. «

«Die Geräuschkulisse verebbte.
»Entgegen dem natradischen Befehl, alle auf der Tarid-Basis stationierten Schiffe mit einer Robot-Besatzung auszustatten, verweigerte der mobile Arm der M-KI die Anweisung und zog als Besatzung ihre Kinder vor. Hiermit meine ich, die speziell von ihr geschulten Atlanter. Sie sollten ihre Naada-Schiffe manövrieren. «

Noel hob erneut seine Hand.
»Das war wieder eine gezielte Subordination«, monierte er. »Die Atlantis M-KI hat mit dieser Entscheidung gegen den ausdrücklichen Befehl der Regierung verstoßen. «

Heran schaute ihn an.
»Geschätzter Noel«, antwortete Heran. »Wir beide wissen, dass zu diesem Zeitpunkt die kaiserliche Kaste mit allen Stabsoffizieren nur noch auf ihre eigene Sicherheit bedacht war. Die Tarid M-KI tat das einzig Richtige. Sie

griff die Flotte der Sauroiden an und entlastete ihre restliche Heimat-Flotte. Die geschickten Atlanter stachen wie Wespen in die Haupt-Flotte der Angreifer. Jeder Treffer war ein Abschuss. Dann veränderten sie ihre Positionen in Richtung Tarid und hiermit in den Schussbereich der gewaltigen Abwehr-Anlagen von Atlantis. Aufgebracht und wütend folgten ihnen die angegriffenen Geschwader der Sauroiden, um dann in dem Sperrfeuer, der über 250 Abwehr-Anlagen zu verglühen.«

Noel hatte den Kopf gesenkt.
»Dieser Lantraner weiß einfach alles«, dachte er.

Er aktivierte seinen internen Hyperkomm-Bereich und tauschte die Informationen mit seiner KI aus. Diese befahl ihm, mit offenen Karten zu spielen.

Heran sprach ihn direkt an.
»Noel, sie analysieren gerade die Daten mit ihrer Mutter, sagte Heran. »Sie erkennen also, dass ich recht habe. Wäre ihr Admiral Tarin zu diesem Zeitpunkt erschienen, wäre der Krieg von ihrem Volk gewonnen worden. Sie sollten den Fakten ins Auge sehen. Jedoch kam Tarin zu diesem Zeitpunkt nicht zurück. Er hatte das heimatliche System entblößt, alle kampfstarken Raumschiffe mit auf seinen Vergeltungsschlag genommen. Die Flotte der Rigo-

Sauroiden konnte er noch in ihrem Heimatsystem abfliegen sehen. Wäre er ihnen direkt gefolgt, hätte das Unheil möglicherweise abgewendet werden können.

Leider hatte ihn zu diesem Zeitpunkt bereits der Hass bezwungen. Sein Ehrgeiz, die Heimatwelt der Rigos zu vernichten, war immens groß. Das Resümee hieraus ist, er hätte nur bei Natrid warten brauchen. Die Rigos wären mit ihrer Flotte gekommen und hätten angegriffen. Admiral Tarin hätte genügend Zeit gehabt, seine Flotte im Sol-System noch zu verdoppeln, um die Angreifer zu vernichten. Die Rigos wären danach hilflos gewesen und er hätte dann in aller Ruhe zu dem Heimat-Planeten der Sauroiden fliegen können und diesen mitsamt den ganzen Brutstätten vernichten können. Wie man es dreht, es war ein Fehler der Admiralität des Admirals.«

Heran griff nach seinem Glas Orangensaft und nippte hieran. Dann fiel sein Blick auf den Gildoren.

»Steht das auch so in ihren Geschichtsbüchern, Gildor Barenseigs?«, fragte er.

Dieser bekam einen roten Kopf, rutschte auf seinem Stuhl hin und her.

»Nein«, antworte er schließlich. »Die Geschichte wurde uns so nicht übermittelt. «

Heran nickte.
»Das wollte ich hören«, antwortete er. »Wir erkennen also, dass nur die positiven Geschichten von Generation zu Generation weitergetragen werden. «

Heran drehte seinen Kopf wieder zu Noel.
»Ich komme jetzt noch zu einem weiteren Punkt zu sprechen, der ihnen hätte auffallen müssen«, sagte er. »Da nur der Atlantis-Insel-Kontinent mit Abwehr-Geschütztürmen bestückt worden waren, begannen die Rigo-Sauroiden nach einer gewissen Zeit den Planeten Tarid von der Rückseite anzugreifen. Ein genialer Schachzug, den wir Lantraner den Rigos eigentlich nicht zugetraut hätten. Jedenfalls bombardierten sie die Kruste des Planeten glutflüssig.

Wie sich jeder der hier Anwesenden denken kann, entstanden tektonische Veränderungen, die auch für den Untergang des Insel-Kontinentes Atlantis verantwortlich waren. Die Tarid M-KI bemerkte, dass der Boden unter ihr nachgab. Sie hielt sich dank ihrer Anti-Grav.-Systeme noch so lange über dem kollabierenden Boden und den über ihr einstürzenden Wassermassen, bis sie die Schiffe ihrer atlantischen Piloten wieder aufgenommen hatte.

Dann versank die Station, mit der Inszenierung einer gewaltigen Explosion, hervorgerufen von vermutlich mehr als 20 Plasma-Bomben, einsam und klanglos in den Wassermassen des Ozeans. Noel, ihre große Hypertronic-KI muss diese gewaltige Detonation angemessen haben. Sie hätte erkennen müssen, dass bei einer Explosion der ganzen Energiemeiler, die auf Atlantis verbaut waren, der Planet vermutlich in einer gewaltigen Kettenreaktion in Stücke gesprengt worden wäre. Entsprechend dieser Tatsache kann ihre Mutter nicht von einem Totalausfall ausgegangen sein.«

Noel hatte sich in seinem Stuhl zurückgelehnt.
»Wir bleiben bei der Behauptung, dieses Szenario nicht mitbekommen zu haben«, erklärte er. »Ich kann nicht leugnen, dass durch die schweren Angriffe der Sauroiden zeitweise Ortungssysteme ausfielen, andere zerstört wurden. Wir bleiben bei der Behauptung, dass wir von einer Zerstörung der Basis ausgegangen sind. Weitere Informationen stehen nicht zur Verfügung.«

Noel setzte sich gerade hin.
Heran wusste, wenn die Hypertronic-KI auf dieser Aussage beharrte, würde er keine andere Antwort von ihr mehr bekommen.

»Ich nehme ihre Aussage einfach mal so hin, aber unsere Bedenken bleiben«, antwortete er.

Er wandte sich wieder den anderen Zuhörern zu.

»Ich komme jetzt zum Wesentlichen«, sagte er. »Brontan, ein Lantraner der auf Centros das Zeitrad des Wissens dreht, informierte mich über Ereignisse in der Vergangenheit, welche die natradische KI nicht wissen kann. Wie sie alle erfahren haben, versuchte Admiral Tarin eine Evakuierungs-Flotte zusammenzustellen. Die ihm verbliebenen 152.375 Schiffe seiner Angriffs-Flotte, reichten bei weitem hierfür nicht aus. Er schickte Geschwader aus, die in allen Sternensystemen des kaiserlichen Imperiums funktionstüchtige Schiffe, Kreuzer und Zerstörer beschlagnahmten. Er ließ sie den vielen überlebenden Kolonien und Enklaven rauben. Ferner zwang er viele Wissenschaftler und viele Techniker, an der Evakuierung teilzunehmen. Sie sollten den Aufbau der neuen Zivilisation auf einem neuen Heimatplaneten organisieren. Trotzdem weigerten sich einige Regierungen von Planeten des Imperiums. Admiral Tarin hatte nicht die Zeit, um zu verhandeln. Die betreffenden Personen wurden alle gegen ihren Willen verschleppt.«

Wieder blickte er Barenseigs an.

»Ich denke, hiervon steht auch nichts in ihren Archiven?«, fragte Heran. »Der verlorene Krieg führte auch zu einer Veränderung des Verhaltens der natradischen Führung. Auf sensible Themen wurde nicht mehr eingegangen. Sämtliche Belange der natradischen Kolonien wurden ignoriert. Kurz vor seiner Abreise ließ Admiral Tarin eine Sonder-Programmierung auf Natrid einrichten. Warum er diese intelligente Idee hatte, entzieht sich unserem Wissen. Vielleicht war es der Kontakt zu den Ablondern, die ihn umdenken ließen. Er befahl, dass nachfolgende Rassen aus dem Sol-System, nach dem Erreichen einer gewissen Intelligenzstufe, den Zugang zu den technischen Errungenschaften des alten Natrid erhalten sollten. Ihnen sollten die technischen Hinterlassenschaften des natradischen Ursprungs-Planeten übergeben werden.

Das Ergebnis kennen wir. Gleichzeitig ließ er alle aktiven KIs des Imperiums in den Deaktivierungs-Zustand versetzen. Warum er das tat, kann nur ergründet werden. Vermutlich aus dem Gedanken heraus, dass fremde Rassen keinen Zugriff auf die Hinterlassenschaften erlangen sollten. Hiermit war seine Aufgabe im Sol-System abgeschlossen und er konnte mit seiner Evakuierungs-Flotte zu einer neuen Heimat aufbrechen. «

Er blickte wieder Barenseigs an.

»Da Gildor Barenseigs hier anwesend ist, erkennen wir, dass sein Vorhaben gelungen ist«, lächelte Heran.

Der Lantraner nahm einen Schluck Orangensaft.

»Ich mache jetzt einen Sprung von 5.000 Jahren, gerechnet von dem Zeitpunkt der Abreise der Natrader«, fuhr Heran fort. »Die Worgass waren die eigentlichen Übeltäter der ganzen Geschichte. Sie freuten sich, dass sie nur durch den Einsatz ihres gezüchteten Kanonenfutters, in diesem System waren es die Rigo-Sauroiden, die gehassten Natrader beseitigen konnten. In anderen Galaxien hießen die Zuchtobjekte Tagaremer oder Siothouk. In allen Fällen steckten die Worgass dahinter. Unsere neusten Hinweise deuten jedoch auf eine andere Rasse hin. Wir nennen sie die Meister der Worgass. Ihren richtigen Namen kennen wir nicht. Sie nutzen den Hass der Worgass bedenkenlos aus, mit dem Ziel alle Galaxien von humanoiden Rassen zu säubern. Die Worgass sind ihre Werkzeuge. Leider sind sie bisher nirgends in Erscheinung getreten. Wir wissen nicht, wie sie denken, wo sie ansässig sind, oder warum sie diese ganzen Kriege anzetteln. Unsere Regierung vermutet, dass ihnen in den Anfängen des Universums viel Unrecht von humanoiden Lebensformen angetan wurde. Hierdurch ist ihr Hass angewachsen. Ihr Ziel scheint es zu sein, alle humanoiden Rassen in dem Universum auszulöschen.«

Erneut blickte Heran die Zuhörer an.

» Entschuldigen sie, aber ich bin wieder abgedriftet«, sagte er. » Vor 95.000 Jahren, also 5.000 Jahre nach der Evakuierung der überlebenden Natrader durch Admiral Tarin, sandten die Führung der Worgass eine Expedition in die Milchstraße. Sie sollte prüfen, ob die Natrader wieder zurückgekehrt waren. Sämtliche Planeten im Sol-System wurden eingehend gescannt und untersucht. Sie fanden nichts, bis sie auf Tarid landeten. Hier stellten sie minimale, geringe Energieflüsse fest. Dieses Notenergie-Programm benötigte vermutlich die M-KI, um wichtige Anlagen minimal zu speisen. Nach unserer Meinung kann es sich nur um die Stasis-Schlafkammern gehandelt haben. Denn eins war klar, sie musste nach dem Krieg viele Flüchtlinge und auch ihre Kinder versorgen, eventuell auch die Nachkommen der Personen, denen sie während des Angriffes der Rigo-Sauroiden Schutz und Unterkunft angeboten hatte. «

»Der Planet Tarid, oder die Erde, wie meine terranischen Freunde ihren Planeten nennen, war nach 5.000 Jahren dabei, sich von den Wunden des Krieges zu erholen«, ergänzte er. » Es herrschte die letzte große Eiszeit, die die aus ihren Geschichts-Archiven her kennen.«

Heran blickte seine Zuhörer an.
»Jetzt wissen sie auch, wer sie ausgelöst hatte. Mehr als die Hälfte des Planeten war von einem bis zu 3.000 Meter dicken Eispanzer eingeschlossen. Durch die extreme Abkühlung des Klimas auf der ganzen Erde, kam es zu weiträumigen Vergletscherungen, zu großflächigen Überschwemmungen und zu einem Absinken des Meeresspiegels. Diese klimatischen Verhältnisse konnten die Worgass nicht lange ertragen. Sie schätzten heiße, wüstenähnliche Planeten, die eine optimale Regulation ihrer Brut bewirkten. Die Worgass lokalisierten die Tarid-Basis 3.000 Meter tief unter dickem Eis, exakt über 6.000 Meter tief im Ozean begraben, von einer Menge Felsen, Geröll und Sand. Die Worgass-Expedition konnte die Station nicht erreichen. Ihr fehlten die nötigen Hilfsmittel, um sich in dieser Tiefe einen Zugang zu der Basis zu verschaffen. Sie speicherten alle wichtigen Informationen. Die Expedition hatte ihre Aufgabe erfüllt. Sie erstattete ihrer Führung Bericht, dass zumindest eine Station der Natrader noch minimal Energie aufwies. Intelligentes, humanoides Leben konnten sie nicht nachweisen, lediglich diverse Arten von tierischem Leben.«

»Die Führung der Worgass, zerfressen von dem Hass, den Keim neuer humanoider Rassen erst gar nicht erst aufkommen zu lassen, beschloss eine Wächter-Station zu bauen und diese in der Oortschen Wolke zu verankern«, erklärte Heran. »Die Planung und Ausführung wurde von ihren Netzwerk-Denkern übernommen. Zu ihrem besseren Verständnis teile ich ihnen mit, dass es sich hierbei um den militärischen Abschirmdienst des Worgass-Imperiums handelte. Diese Netzwerkdenker haben völlig freie Hand und treffen Entscheidungen, die weit über alle Handlungen hinaus gehen, die wir als Verstoß gegen die guten Sitten ablehnen. Sie ließen die besagte Geheim-Station bauen und stellten Worgass als Wachpersonal hierzu ab. Der Clou war, dass dieses Wachpersonal auf der Station ausgebrütet wurde, lebte und wieder starb. Dieses Wach-Personal durfte kein einziges Mal die Heimat-Planeten ihrer Rasse kennenlernen. Diese Generationen-Station sollte das Solsystem überwachen. Alle neuen und wichtigen Informationen wurden der militärischen Führung übermittelt.«

General Poison unterbrach die Ruhe.
»Heran, die Geschichte ist zwar spannend, aber wir suchen zwei entflohene Worgass in der heutigen Zeit«, monierte er in seinem tiefen Ton.

Heran lächelte ihn an.

»Entschuldigen sie, General«, sagte er. »Ich vergaß, wie ungeduldig die jungen Generationen sind. Wie ich schon erwähnte, sollten sie die Vergangenheit kennen, um in der Zukunft agieren zu können. «

Noel schaute den General an.
»Lassen sie Heran weitererzählen«, sagte er. »Ich bin bereits im Bilde, was er uns mitteilen möchte. «

»Danke, Noel«, bemerkte Heran. »Ihre Aussage verwundert mich jetzt, da sie zu diesem Zeitpunkt den direkten Deaktivierungs-Befehl von Admiral Tarin Folge leisten mussten. Falls sie doch Informationen aus dieser Zeit aufgezeichnet haben, dann können sie der Tarid M-KI die Hand reichen. Dann ist ihre Mutter genauso eigenwillig, wie ihre Schwester. «

Noel verzichtete auf einen Kommentar und blickte zur Seite.

»Ich fahre fort mit meinen Geschichtsdaten«, bemerkte Heran. »Die Strahlung in der Oortschen Wolke ist einzigartig. Sie bewirkte ein verlängertes Leben für die dort stationierten Worgass. Irgendwann wurden die Worgass, die als Wach-Personal eingeteilt worden waren, lethargisch. Die befohlene Beobachtung des Sol-Systems wurde nebensächlich. Ihr Zuhause und ihre Heimat war die Horch-Station. Dann fanden sie, bei einem ihrer wenigen Kontrollflüge, einen defekten atlantischen Tarin-Jet in dem Meteoriten-Feld hinter Natrid.

Heute wissen wir, dass er zwischen den Trümmern des zerstörten Mondes Nors gefunden wurde. Dieser Tarin-Jet befand sich zu der Zeit der Zerstörung des Mondes in einer Wartung, oder er war mit einem sonstigen Sonderbefehl nach Nors abkommandiert. Die Worgass fanden in dem Cockpit sechs mumifizierte Atlanter. Die Lufttanks des Schiffes wiesen Einschuss-Löcher auf. Vermutlich hatte er es geschafft, vor der Zerstörung von Nors zu entkommen und wollte sich nach Hause durchschlagen. Dieser Tarin-Jet wurde von den Worgass geborgen. Es gelang ihnen den Speicherkern des Jets mühsam auszulesen.«

Heran blickte die Zuhörer an. Dann fuhr er fort.
»Wieder vergingen viele Jahre«, teilte er mit. »Dann endlich hatten die Worgass es geschafft. Der Speicher-Kern mit allen Informationen konnte dechiffriert werden. Diese komplexen Daten enthielten auch den Zugangs-Code zu der M-KI Basis von Tarid. Diese Infos waren streng geheim und nur ihren Piloten bekannt. Die Netzwerk-Denker erteilten den Auftrag die Basis zu akquirieren und eine Brutstation mit einem Kontingent

gezüchteter, willenloser Worgass-Soldaten einzurichten. Ein Kontingent bedeutet nach dem Worgass Verständnis, eine Anzahl von exakt 10.000 brutfähigen Keimlingen.«

Ein Aufstöhnen ging durch den Saal. Heran blickte in die Gesichter.

»Sie haben richtig gehört, meine Damen und Herren«, bestätigte er. »Die Worgass gaben sich nicht mit Kleinigkeiten ab. Das Mindest-Kontingent einer Brutstation besteht aus 10.000 Keimlingen. Aber hiermit nicht genug. Die Netzwerkdenker befahlen den wenigen Worgass der Wachstation, in die Tarid-Basis umzuziehen. Dies stellte sich später als ein Fehler der Netzwerkdenker heraus. Es kam zu einem Gewissens-Konflikt bei dem Worgass-Wachpersonal. Der geborgene Tarin-Jet konnte repariert werden und die Worgass-Mannschaft flog los, um den Befehlen der Netzwerkdenker Folge zu leisten. Vorher missachteten sie jedoch ihre Befehle. Die Wachstation, welche zu ihrer Heimat geworden war, sollte laut der Anweisung der Netzwerk-Denker zerstört werden.

Sie kappten die Verbindung zu dem militärischen Abwehrdienst und versetzten ihre Station an eine andere Koordinate. Dann simulierten sie die Zerstörung ihres Horchpostens. Nachdem wir Lantraner den Horchposten aus den Augen verloren hatten, registrierten wir kurze Zeit später eine gewaltige Energie-Detonation auf den alten Koordinaten der Wachstation. Es schien so, als ob die Worgass ihre Heimat vernichtet hätten. Kein Hinweis war mehr auf das Vorhandensein dieser Station ersichtlich.«

Heran machte eine kleine Pause in seinen Ausführungen.
Seine Augen blickten Captain Hunter an.
Dieser hörte jedoch gespannt zu.
»Zu ihrem Verständnis erklärte ich ihnen, dass auch wir auf Energie-Signaturen angewiesen sind«, bemerkte Heran. »Falls wir eine gefunden haben, können wir einen transparenten Energiestrahl erzeugen. Dieser koppelt sich mit der Signatur und sucht auf diesem Wege den Ausgangsort. Er reitet auf der Signatur zurück, zu dem Objekt, das ihn sendet. Er sucht den Verursacher der Signatur. In der Regel handelt es um Energiemeiler, Antriebe, oder vergleichbare Erzeuger. Hier spaltet er sich und infiltriert alle Energie-Verteilerstellen. Er wächst energetisch zu einer nicht messbaren Blase. Nach seiner vollen Entfaltung übermittelt er uns wertvolle Informationen, welche auf den natürlichen Energieadern des Universums zu uns kommen.«

Heran schmunzelte.

»Hierher stammen auch die Informationen, die ich ihnen soeben vermittelte«, sagte er. »Aber zurück zu meinen Ausführungen. Dieser Informationsfluss endete schlagartig mit der vorgetäuschten Detonation der Worgass-Station. Vermutlich durch die Abschaltung sämtlicher Energie-Anlagen. Die Worgass mussten sicher sein, dass die Netzwerkdenker die Vernichtung ihrer Heimat glaubten.«

»Sie sagen vorgetäuscht?«, fragte Major Travis.

Heran nickte.
»Wir sandten ein Schiff zu Aufklärung an die Koordinaten. Nach einigem Suchen fand die Mannschaft die Asteroiden-Station intakt, aber deaktiviert und um ein halbes Lichtjahr versetzt an neuen Koordinaten. Die Worgass wollten ihre Heimat nicht zerstören. Sie erkennen bereits die ersten Anzeichen einer Rebellion, unter dem externen Personal des Worgass-Reiches.«

Heran ließ wieder eine kurze Pause verstreichen.
»Die nach Tarid geflogene Mannschaft verliert sich dann aus unseren Augen«, fuhr er fort.

Heran blickte in die Runde der Zuhörer.

»Nach unserer Einschätzung konnte sie sich Zugang zu der Tarid-Basis verschaffen«, sagte er. »Der Zugangs-Code stimmte und was viel wichtiger war, die Worgass hatten das Aussehen der Atlanter angenommen. Das waren beste Voraussetzungen, um in die Basis zu gelangen.«

Heran blickte General Poison an.
»Jetzt kommen wir wieder in ihre geliebte Gegenwart, Herr General«, schmunzelte Heran.

General Poison ließ sich nichts anmerken. Er hörte weiter interessiert zu.

»Durch die Zerstörung ihres Tarnschiffes und ihrer Basis waren die Möglichkeiten der Flüchtlinge begrenzt. Sie beschlossen zurück nach Tarid zu fliegen. Aus den Archiven der Worgass konnten sie entnehmen, dass dort eine Brutstation existierte. Sie hofften hier auf Hilfe. Nach der Flucht mit anschließender Verfolgung, die wir miterlebt haben, materialisierten die Worgass in der Erd-Umlaufbahn. Sie konnten den zentralen Worgass-Notruf absetzen. Eine spezielle Zahlenkolonne bewirkte, dass sämtliche von Worgass infiltrierten Einrichtungen einem in Not geratenem Worgass-Team Zuflucht gewähren mussten. Da haben sie ihre Antwort. In ihrer Tarid-Station sitzen jetzt die Worgass.«

General Poison sprang von seinem Stuhl auf und schlug kräftig mit seinen Fäusten auf den Tisch.

»Jetzt ist es raus«, schrie er. »Da haben wir den Schlamassel. Die unüberwindliche galaktische Überwachung und Abwehr durch Noel und der natradischen Hypertronic-KI hat versagt.«

Noel stand ebenfalls auf.
»Ich verbitte mir diese Anschuldigungen«, erwiderte er. »Soll ich wegen eines schrottreifen Tarin-Jets Großalarm auslösen? Ich gebe zu bedenken, dass ihre Station ihn mehr oder weniger unbeaufsichtigt hat herumstehen lassen. Geben sie mir jetzt nicht die Schuld für das Versagen ihrer Sicherheits-Protokolle.«

Der General hatte sich wieder gesetzt und winkte ab.
»So etwas kenne ich zur Genüge«, murrte er. »Im Nachhinein will keiner die Schuld übernehmen.«

»Meine Herren«, fuhr Heran dazwischen. »Wir sind doch hier, um Lösungen zu finden, nicht um einen Schuldigen an den Pranger zu stellen. Beruhigen sie sich jetzt wieder. Ihnen General würde ich empfehlen, ruhiger zu werden. Das alles sind neue Erfahrungen für sie, aber hierdurch lernen sie auch dazu.«

Er blickte Major Travis an.

Dieser nickte zustimmend.

»Ich stimme Heran zu«, sagte er. »Lassen sie ihn weiter berichten. Er ist hier, um uns zu helfen.«

»Danke Major«, antwortete Heran. »Meine Ausführungen sind noch nicht zu Ende. Hören sie gut zu. Ich will jetzt keine Schreckens-Szenarien ausmalen, aber die Worgass sind zu allem fähig. Falls ihre Atlantis-Station es nicht geschafft hat, die Eindringlinge zu vernichten, dann könnten sie den Brutvorgang eingeleitet haben. Innerhalb kürzester Zeit, hätten sie dann tausende von Worgass in menschlicher Gestalt hier herumlaufen. Diese würden dann nach und nach wichtige Positionen besetzen. Das können politische Ämter sein, aber auch Stellen von Präsidenten und Regierungs-Chefs. In jedem Fall würden sie sich gezielt wichtige Positionen in Regierung und Armee aussuchen.

Auch ihre Position wäre interessant für diese Formwandler, Herr General. Auch das kann eine Art der Invasion sein, denn die Worgass können sich wie Ratten vermehren. Falls Selbstmörder darunter sind, ist es möglich, dass sie sämtliche noch brauchbaren Reaktoren der Tarid M-KI zusammenschalten und diese zur Detonation bringen könnten. Hierdurch würde eine

Atomhölle vom aller Feinsten auf der Erde entstehen. Falls der Planet von der gewaltigen Detonation nicht in kleine Stücke gerissen würde, entstünde ein gewaltiger Schaden auf ihrem Planeten.«

Die Gesichter der Zuhörer waren sichtlich betroffen. »Können uns ihre transparenten Strahlen helfen«, fragte Captain Hunter. Kann man diese nicht einsetzen, um herauszubekommen, was die Worgass vorhaben? «

Heran schmunzelte.

»Gut aufgepasst, Captain«, antwortete er. »Sie haben recht. Im Normalfall könnten wir diese jetzt einsetzen. Doch die Natrader haben, ohne dass sie es wussten, uns den Weg verbaut. Die Tarid-Basis wurde mit einem Dreifach-Kreuzgeflecht-Schirm ausgestattet. Stellen sie sich das so vor, als ob drei gleiche Energie-Schirme übereinander liegen würden. Unsere Energieblase reitet auf der einfachen Energiesignatur zu den Generatoren. Mit diesem Dreifachgeflecht kommt sie nicht klar. Wir wissen nicht warum. Die einzige Möglichkeit sehe ich darin, mit Kampftruppen einzudringen und die Station zu säubern. «

»Wie soll das funktionieren? «, fragte Major Travis.

»Die M-KI würde unser U-Boot, oder ein natradisches Tauchboot sofort orten.«

»Wir wissen doch gar nicht, ob die M-KI unser Eingreifen überhaupt orten will«, bemerkte Heran. »Vielleicht hofft sie auf unser Eingreifen, weil sie schon so lange von den Worgass manipuliert wurde. Das kann auch der Grund sein, warum sie sich nie gemeldet hat. In jedem Fall wissen wir nicht, wie stark sie beeinflusst wurde und was wir von ihr erwarten können. Wir brauchen eine Ablenkung von der Vorderseite, im gleichen Moment verschaffen wir uns Zutritt von der Rückseite. Noel soll ein Tarngerät ausgeben. Dieses bauen wir in ein terranisches U-Boot ein. Die Technik sollte kompatibel sein.«

Er schaute die Zuhörer an.
»Das wird Spaß machen«, betonte Heran. »Ich bin noch nie mit einem terranischen Atom-U-Boot unterwegs gewesen.«

Marc schaute ihn an.
»Sie werden nicht an der Mission teilnehmen«, sagte er kalt. »Wir brauchen nicht noch Ärger mit den Lantranern, wenn die Mission scheitern sollte.«

Heran lachte laut auf.

»Mich würde man gar nicht vermissen«, antwortete er. »Ich bestehe auf einer Teilnahme. «

Er machte eine kleine Pause.
»Sie können gar nicht anders, sie brauchen noch die Technik, die ich zusteuern werde«, lächelte er. »Ohne diese, haben sie keine Chance in die Station vorzudringen. «

Marc schaute ihn an.
» Ich gebe mich unter Protest geschlagen«, sagte er. »Falls unsere Führung keine Einwände hat, dann habe ich auch keine. «

Noel und General Poison sahen sich an. Der General stand auf.

»Die Eliminierung der Worgass hat Vorrang vor allen«, grollte er. »Wir können keine Feindrasse auf unserem Territorium dulden. «

Er schaute Heran an.
»Wie sieht der Plan aus? «, erkundigte er sich.

Heran stand auf und zog wieder seine Uniform glatt. Die goldenen Abzeichen von Centros leuchteten auf seinen

Schultern und das Logo der blauen Milchstraße prangerte auf seiner Brust.

»Bevor ich den Plan weiter erörtere, möchte ich kurz noch eine Frage an Noel stellen«, sagte er. »Sie haben jetzt mitbekommen, dass die Tarid-Basis noch existiert und den Worgass Zuflucht gewährt. Haben sie versucht die M-KI per Hyperfunk anzusprechen? Konnten sie einen Statusbericht anfordern.«

Noel war die Frage sichtlich unangenehm.
»Das haben wir noch nicht«, antwortete er wahrheitsgemäß. »Es hat uns irritiert, dass die Tarid M-KI erst jetzt ein Lebenszeichen von sich gab.«

»Versuchen sie ihr Glück«, sagte Heran. »Möglicherweise erhalten sie eine Antwort, die ihnen nicht gefällt. Ich glaube, dass die M-KI von den Worgass beeinflusst wurde. Die Hypertronic-KI wurde manipuliert und ist nur noch in der Lage, den Befehlen der Worgass zu folgen.«

Der blickte die Offiziere an. Diese versuchten seinen Informationen zu folgen.

»Ich kann mir nicht vorstellen, dass die Worgass vor 95.000 Jahren ein Brutlabor eingerichtet haben und keine Vorkehrungen gegen ihre eigenwillige M-KI getroffen haben«, erklärte er. »Versuchen sie die M-KI den natradischen Befehlen zu unterwerfen.«

Noel stand auf.

»Sie haben Recht«, stimmte er zu. »Das hätte schon längst erfolgen sollen. Entschuldigen sie mich einige Minuten. Ich werde etwas ausprobieren.«

Noel eilte durch die Tür des Konferenzraumes von General Poison und entschwand den fragenden Blicken der Gäste.

***

Der geflüchtete Tarin-Jet materialisierte in der Umlaufbahn des Planeten Tarid. Das Notfall-Programm der M-KI analysierte seine Koordinaten. Es dauerte nur Sekunden, bis sie erkannte, dass die Tarid-Basis sein Ziel war. Noch wartete die M-KI ab. Sie empfing die Identifizierungs-Daten eines atlantischen Tarin-Jets. Sie waren zwar alt, aber in Ordnung. Sofort aktivierte die M-KI sämtliche Energie-Ressourcen. Alarm-Signale hallten durch die leere Basis. Sekunden später hatte die Hypertronic-KI ihre volle Kapazität wieder hergestellt.

Sie sandte den Befehl zur Reaktivierung ihres mobilen Armes aus. Die M-KI überprüfte die Daten. Obwohl der KI-

Manipulator bereits wieder seine Fühler ausstreckte, um die M-KI zu beeinflussen, konnte er den Befehl zur Reanimierung von Atlanta nicht mehr abfangen. Die M-KI erfasste einen Tarin-Jet auf den Ziel-Koordinaten zu ihrer Basis. Sie empfing einen geheimen Code, gegen den sie sich sträubte. Schmerzen breiteten sich in ihr aus, die flackernde Energie-Versorgung verunsicherte sie. Nochmals empfing sie den Befehl, sämtliche Schutzschirme zu aktivieren. Ein Angriff von außen stünde bevor. Die Schmerzen wurden stärker und der Befehl intensiver. Sie konnte nicht anders und handelte, wie ihr befohlen. Schlagartig aktivierte sie sämtliche Energie-Meiler der Tarid-Basis sicherte sie mit dem Dreifachgeflecht-Schirm. Schließlich erhielt sie einen weiteren Code. Dieser war ihr unbekannt.

Der von einem Worgass, vor vielen Jahrtausenden angebrachte KI-Manipulator, registrierte den Notfall-Code: Teh Rarr 5-3333. Obwohl er nur die Worgass-Brutstation überwachen sollte, zwang der Code den kleinen Worgass-Manipulator zu reagieren. Er aktivierte seine volle Leistungsbreite, streckte seine Fühler aus und griff nach dem Befehlszentrum der großen M-KI. Er leitete Energie an sie über und gestattete ihr Zugriff auf ihr Masarith-Lager zu nehmen. Dann befahl er seiner Gefangenen sämtliche Generatoren zu starten, Schutzmaßnahmen einzuleiten und ihre Abwehr-Anlagen hochzufahren. Er registrierte, dass ein Tarin-Jet mit überlebenden Worgass im Anflug war und angegriffen wurde. Mehr als 95.000 Jahre waren seit ihrer letzten Aktivierung vergangen. Er befahl der M-KI ihren Schutzschirm aufzubauen und sich aus dem Erdreich zu befreien. Viel zu lange war man von der Außenwelt abgeschnitten gewesen und hatte gewartet. Der Worgass-Manipulator rechnete mit einem wichtigen Besuch.

»Die Tarid-KI sträubt sich massiv«, dachte er.
Er fügte der M-KI Schmerzen über stockende und fluktuierende Energiebahnen zu. Noch einmal vertiefte er seine Befehle und verlangte den uneingeschränkten Gehorsam. Wieder sandte er als Bestrafung Stromstöße in das künstliche Nerven-Zentrum der M-KI. Belustigend nahm er den schmerzhaften Aufschrei der großen natradischen M-KI zur Kenntnis. Dann registrierte er ein Rütteln, Rumpeln und ein massives Vibrieren der großen Anlage. Der Boden bebte, viele Einrichtungs-Gegenstände fielen um. Doch endlich ein letzter Stoß, dann beruhigte sich die Station.

»Die M-KI-Station ist aus ihrem Grab gestiegen«, registrierte der kleine Worgass-Manipulator.

Er verstärkte nochmals den Druck auf seine so übergroße Gefangene. Weitere Befehle erfolgten Schritt auf Schritt. Er befahl die Abwehr-Türme zu aktivieren und einen Hangar zur Aufnahme der Gäste vorzubereiten.

»Alles läuft nach Plan«, dachte er. »Die riesige Station, ein kleiner Kontinent, erwacht zum Leben. Energie-Kristalle für mehrere Tausend Jahre liegen in den Lagerhallen bereit. Soll ich ihre Kampf-Kreuzer starten. Nein, das macht noch keinen Sinn. «

Er beobachte weiter durch die Sensoren der M-KI.
Der Tarin-Jet war getroffen worden und fing an zu trudeln. Er stürzte der Wasserfläche entgegen. Erneut feuerte der verfolgende Kreuzer auf das kleine Schiff, verfehlte es aber knapp.

»Feuer frei für die Abwehr-Geschütze 58 und 59«, befahl er der Gefangenen. »Das Schiff ist mit einem Fangstrahl zu sichern und vorsichtig in den Hangar überführen. «

Es waren die gleichen überdimensionalen Abwehr-Geschütze natradischen Ursprungs, die man bereits von Tarid her kannte. Massive Laserstrahlen, so dick wie ein Baumstamm, verließen die zur Wasser-Oberfläche ausgerichteten Abwehr-Geschütze und rasten den Verfolger-Schiffen entgegen. Sie schossen aus dem spiegelglatten Meer auf ein Schiff der Naada-Klasse und auf ein kleineres Schiff zu. Er verfolgte den Fangstrahl, der sich um den Tarin-Jet legte. Es gelang der M-KI den trudelnden Tarin-Jet abzufangen und seine Fallgeschwindigkeit zu reduzieren. Vorsichtig durchstieß er die Wasseroberfläche.

»Jetzt dauert es nicht mehr lange, bis der Jet mit meinen Herren in den bereitgestellten Hangar gezogen wird«, bemerkte der KI-Manipulator.

Er freute sich, nach dieser langen Zeit, endlich wieder Besuch von seinen Herren, in der erbeuteten Station begrüßen zu dürfen. Er hatte seine Funktions-Bereitschaft über die langen 95.000 Jahre, ohne nennenswerte Probleme, aufrechterhalten können.

***

Atlanta stieg aus der Stasis-Kammer, reckte sich und streckte sich. Sie spürte jeden einzelnen Knochen ihres Körpers.

»Die Schlaf-Phase muss lang gewesen sein«, dachte sie.

Sie wunderte sich, dass keine Medi-Roboter zur Verfügung standen und ihr in der Aufwach-Phase halfen.

»Irgendetwas ist anders«, vermutete sie.
Ein ungutes Gefühl überkam sie.

»Warum ist es hier so dunkel«, bemerkte sie. »Kein Licht, noch nicht mal die Notbeleuchtung ist in Betrieb. «

Langsam drehte sie sich um und schaute auf das Display ihrer Stasis-Kammer. Auf dem Monitor wurden die exakte Schlafzeiten der Personen in den Kammern anzeigt. Erschreckt wich Atlanta einen Schritt zurück. Sie fasste sich mit ihrer rechten Hand an die Stirn. Für ihre Stasis-Kammer wurde die letzte Schlafphase mit 95.000 Jahren angezeigt.

»Warum hat mich Mutter so lange im Stasis-Schlaf belassen? «, grübelte sie.

Erst jetzt erkannte sie die blinkenden Warnsignale der Wartungsschleife an ihrer Kammer.

»Glück gehabt«, fluchte sie. »Nicht mehr lange, dann hätte die Kammer ihren Betrieb eingestellt. Warum wurden die Kammern während meiner Schlafphase nicht gewartet? Hierfür gibt es spezielle Service-Roboter. «

Sie war froh, dass es zu keinem Ausfall ihrer Kammer gekommen war. Langsam bemerkte sie die Kraft in ihren Körper zurückkommen.

»Irgendetwas Ungewöhnliches ist passiert«, dachte sie. »Licht an«, rief sie aus.

Doch ihr Ruf verhallte ohne Resultat in der großen Halle. Sie fror leicht. Sie wusste, dass die Halle, mit den 1.000 Stasis-Kammern stets auf 10 Grad gehalten wurde. Die Kammern sollten sich nicht durch variable Außentemperaturen erwärmen. Atlanta tastete sich vorsichtig zum Ausgang der Halle. Hier befand sich der zentrale Schalter der Lichtsteuerung. Sie ertastete den Hebel und zog ihn herunter. Licht flammte auf und erhellte die Halle. Atlanta ließ ihren Blick schweifen. An allen Stasis-Kammern blinkten die Notleuchten.

»Hier scheint seit langem keine Kammer mehr gewartet worden zu sein«, erkannte sie.

Panik kam in ihr auf. Schnell lief sie zu den Kammern ihrer Offiziere und bestätige die manuelle Aufweck-Funktion. Ihr fiel ein Stein vom Herzen. Die Kammer von Senga-Hol funktionierte. Sie drückte auf den grünen Knopf. Die Signallampen gingen aus und an und injizierten die Aufweckfunktion. Sie bemerkte, wie die eiskalte Luft aus der Kammer entwich und der Glasdeckel eisfrei wurde. Ein Energiefeld legte sich um den Körper ihres ersten Offiziers und regulierte seine Körperfunktionen auf das Normalniveau. Dann hörte sie, wie sich der Verschluss entriegelte und der Deckel nach ober fuhr. Senga-Hol wachte auf. Atlanta blickte über den Rand der Kammer. Ihr erster Offizier hatte seine Arme vor seiner Brust verschränkt. Seine muskulösen Beine ragten unter einem Tuch hervor.

»Beeil dich, komm heraus, wir haben ein Problem«, flüsterte sie ihm zu.

Senga-Hol antwortete etwas. Doch Atlanta verstand ihn nicht. Sie trat von der Kammer zurück. Ihr erster Offizier richte sich auf und kletterte aus der Kammer. Er lächelte sie an. Dann stand er nackt, in seiner ganzen Pracht, vor ihr. Sie schaute ihn an und grinste.

»Zieh dir schnell deine Kampf-Uniform an, so kannst du nicht herumlaufen«.

»Schön sie zu sehen, Kommandantin«, antwortete der 1. Offizier »Wo sind die Medi-Roboter? «.

»Das ist eine gute Frage«, erwiderte Atlanta. »Ich habe es geahnt. Vor unserer Schlafperiode hatte ich dir gesagt, dass mit unserer M-KI etwas nicht stimmt. Hier sehen wir das Ergebnis. «

»Wie lange haben wir geschlafen? «, fragte er.
»Das willst du nicht wissen«, antwortete Atlanta. »Wir waren 95.000 Jahre in der Kammer. «

Senga-Hol setzte sich auf die Kante seiner Kammer. »Sind denn die Kammern für eine so lange Schlafperiode ausgelegt? «, erkundigte er sich.

»Nur bei einer kontinuierlichen Wartung«, antwortete Atlanta. »Aber die scheint nicht erfolgt zu sein. Ich gehe zur Mutter und lasse mir Antworten geben. Hole alle unsere Leute aus den Kammern und rüste sie mit Waffen aus. Teile sie in Gruppen ein. Lass sie die Hallen mit den Energie-Meilern nochmals richtig absuchen. Dort haben wir den Fremden erwischt. Ich vermute, dass unser Problem dort liegt. Versuche einige Kampf-Roboter zu aktivieren. Schalte die manuelle Befehls-Annahme an. Ich bin mir nicht sicher, ob unsere Mutter die Situation richtig analysiert. «

»Ich kümmere mich sofort hierum«, antwortete ihr erster Offizier.

Mit diesen Worten wandte sie sich ab und ging in Richtung des Ausganges. Dort hing ihr Multifunktionsgürtel am Haken, den sie sich geschickt umschnallte. Sie überprüfte alle Energiefunktionen.

»Alles in Ordnung«, dachte sie. »Sicherheitshalber aktivierte sie ihren Schutzschirm und überprüfte noch kurz die Waffen. Dann schritt sie durch das Schott.

***

Heran drehte sich wieder zu seinen Zuhörern um.
»Es ist notwendig die Bruteinrichtung der Worgass zu zerstören«, sagte er.

»Meinen sie, dass die Worgass-Keimlinge noch nicht geschlüpft sind? «, fragte General Poison.

»Wer weiß das schon«, antwortete der Lantraner. »Ich gehe davon aus, dass der Brutvorgang bisher nicht erfolgt ist. Erfahrungsgemäß aktivieren die Worgass den Brutvorgang in Verbindung mit einer geplanten Aktion von ihnen. Das kann eine Invasion sein, eine Strafaktion, eine Vergeltungsmaßnahme, oder auch der Aufbau einer neuen Kolonie. Die Standard-Bestückung einer solchen Brutstätte ist für 10.000 Keimlinge ausgelegt. Meine Hoffnung ist noch, dass die M-KI von Tarid, obwohl sie eventuell eingeschränkt war und den Befehlen der Worgass folge leisten musste, eine Möglichkeit gefunden hat, sich der Brutstation zu entledigen. Hierfür spricht auch die Tatsache, dass noch keine Worgass-Infiltranten auf der Erde aufgetaucht sind. Falls wir auf 10.000 ausgereifte Soldaten-Worgass stoßen, wird die Aktion kein leichtes Unterfangen werden. Dann rechnen sie bitte mit einer Material-Schlacht.«

Heran blickte in die Runde, jedoch hielt keiner der Zuhörer eine Frage bereit.

»Das von ihnen bereitgestellte Tarn-U-Boot, wird von mir mit spezieller Technik erweitert«, sagte Heran. »Ich gebe ihnen einen Modulations-Schirm, der sich auf die Energie-Frequenzen fremder Schirme einjustieren kann. Wir können dann mit dem Boot den Schutz-Schirm der Atlantis-Basis einfach durchfahren. Er kann uns nicht aufhalten.«

»Wie ist das möglich?«, fragte Major Travis.

Heran lachte.
»Wir haben viele Möglichkeiten«, antwortete er. »Dies ist möglich, weil die Energie-Modulation den Schirm der Basis auf unser Schiff erweitert. Zusätzlich stelle ich mir ein Ablenkungsmanöver vor.«

Er blickte General Poison an.

»Setzen sie den von uns erhaltenen Schutz-Schirm bereits auf ihren Schiffen der Kaiser-Klasse ein?«, fragte er.

Der General stand auf.
»Wir haben alle Schiffe bereits umgerüstet, neue werden nur noch mit dem Super-Schutzschirm ausgestattet«, erklärte er.

Heran blickte ihn kritisch an. Er hätte nicht gedacht, dass die Menschen so schnell reagierten.

»Respekt«, erwiderte er. »Das kommt unseren Plänen sehr zugute. Beordern sie 10 Schiffe der Kaiser-Klasse in den Luftraum über der Basis. Die M-KI wird denken, es erfolgt ein Angriff auf sie. Die Schiffe der Kaiser-Klasse sollten dem Beschuss durch die Abwehr-Geschütztürme standhalten können. Die Super-Schutzschirme werden die Energie ableiten. Positionieren sie die Schiffe in ausreichender Höhe und warten sie ab. Während des Beschusses durch die Atlantis-Basis, docken wir an und öffnen einen Einstieg. Erst nach der Analyse der Situation können wir sagen, mit was wir es zu tun haben. Es muss uns gelingen den Schutz-Schirm abzuschalten und eine

Transmitter-Verbindung zu öffnen. Erst dann können wir Truppen und Kampf-Roboter in die Basis einschleusen.«

»Mit welchem Kontingent sollten wir den ersten Schlag ausführen?«, fragte Major Travis.

»Diese Frage kann ich ihnen nicht beantworten«, sagte Heran. »Ich hoffe nicht, dass wir 10.000 Worgass-Soldaten gegenüberstehen. Dann ist der Kampf fast aussichtslos. Gehen wir davon aus, dass die Keimlinge noch nicht gebrütet wurden. Lassen sie 120 Marines und nochmals 120 Kampf-Roboter für diesen Einsatz antreten. Ich denke, damit hätten wir eine schlagfertige Truppe.«

Die Türe klappte auf und Noel kam zurück. Er setzte sich neben General Poison hin und wartete geduldig ab.

»Was hat ihr Funkspruch ergeben?«, fragte Heran.

Noel stand auf und schaute ihn und die Zuhörer an.
»Ich habe die Basis mit dem alten kaiserlichen Code angefunkt und um einen Statusbericht gebeten«, erklärte er. »Dieser Code besagte, dass sie sich ganz den kaiserlichen Wünschen unterwerfen solle. Meine ersten zwei Anfragen verpufften, ohne eine Regung der Basis. Erst nach der dritten Anfrage erhielt ich eine kurze

Antwort. Dieser sagte Folgendes aus. Zugriff wird nicht gestattet. Code 14397 ZOD.«

»Was bedeutet der Code?«, fragte Heran.
Noel schaute ihn ernst an. »Dieser Code bedeutet einen Hilferuf der Basis. Er weist auf einen Angriff durch Fremdwesen auf die M-KI hin, mit einer Beeinflussung ihrer Ressourcen.«

»Danke Noel, antwortete Heran. »Ihr Funkspruch war ein Erfolg. So kann man mit einfachen Dingen der Sache auf den Grund gehen. Jetzt wissen wir, mit was wir es zu tun haben. Die Worgass setzen gerne KI-Manipulatoren ein. Das sind tragbare, leistungsfähige kleine künstliche Intelligenzen, die nur die Aufgabe haben, die Systeme einer fest installierten Hypertronic zu blockieren, zu manipulieren und deren Programmierung den Wünschen der Worgass zu unterwerfen.

Dieses Blockadegerät wird in der Regel am Fuße einer Hypertronic installiert. Ihre nicht messbaren Energiefäden reiten auf der Energieversorgung einer KI bis zu deren Gehirn und dem Entscheidungszentrum. Einmal in der Steuerung angekommen, beeinflusst er jeden Befehl, den ihre M-KI von sich gibt. Es ist vergleichbar mit einem Virus, den die Menschen von ihrer Computertechnik her kennen. Dieses Gerät müssen wir finden. Zerstören sie es nicht. Die Explosion würde einen starken Energiestoß verursachen, der das sensible Gehirn einer KI, oder auch einer M-KI vernichten würde.«

»Welche Möglichkeiten haben wir stattdessen?«, fragte Captain Hunter.

»Wir müssen dieses Gerät mit einem Fesselfeld umgeben«, sagte Heran. »Dieses Fesselfeld, oder Eindämmungsfeld kappt direkt die Energie-Verbindungen. In diesem kann das Gerät problemlos detonieren. Das Feld hält die Folgen einer Explosion ab, bei Bedarf weitet es sich aus, um die Kraft der Druckwelle und der Energieglut abzufangen.«

»Das hört sich aus ihrem Mund alles sehr einfach an«, bemerkte Major Travis.

»Das ist es auch«, antwortete Heran. »Wir müssen das Gerät aber erst einmal finden. Das Problem ist, ich weiß nicht, wie es aussieht. Uns ist noch keins in die Hände gefallen. Die Worgass hüten es, wie ihren Augapfel. Wie ich schon sagte, einmal installierte Geräte können nur durch eine Zerstörung entfernt werden.«

Noel stand erneut auf.

»Der empfangene Code weist auf die Dringlichkeit der Situation hin«, sagte er ernst. »Es bleibt nicht mehr viel Zeit. Die M-KI rechnet mit ihrer Vernichtung. «

General Poison sprang auf.
»Das haben wir ja bereits diskutiert«, bemerkte er. »Dabei kann der ganze Planet zum Teufel gehen. «

Noel nickte.
»Sie haben Recht«, bemerkte er. »Die Angelegenheit spitzt sich zu. «

Er blickte die Offiziere der Leitstelle an.
»Die Gesprächsrunde wird vertagt«, entschied General Poison. »Gehen sie alle wieder an ihre Arbeit. Ich informiere sie über den nächsten Termin. «

Als sie aus dem Raum geschritten waren, wandte sich der General wieder den verbliebenen Gästen zu.

»Wir sind unter uns«, sagte er. »Heran, Major Travis, Noel, ich bitte um ihre Vorschläge. «

Der Major überlegte kurz.
»Wir benötigen ein Atom-U-Boot«, antwortete er. »Es muss in drei Stunden bereitstehen. Dann stechen wir in See. Rufen sie die Marines und die Kampf-Roboter

zusammen. Geben sie schwere Laser-Gewehre aus und rüsten sie alle mit Kampfanzügen und Individual-Schirmen aus. Verfügen wir über eine Bauzeichnung der Basis?«

»Die würde nichts bringen«, antwortete Noel. »Die Basis ist kontinuierlich erweitert worden. Ich kann ihnen nur so viel sagen, dass sich die Energie-Produktion solcher Groß-Basen immer in dem untersten Stockwerk befindet.«

»Gentlemen, machen wir uns an die Arbeit«, begeisterte sich Heran.

***

Atlanta war bei ihrer Mutter angekommen. Sie durchschritt die Geheimtüre und trat vor die große M-KI.

»Wie geht es dir?«, sandte sie eine Nachricht.
Ihre Mutter antwortete nicht. Ihr Auge in der Mitte der Anlage pulsierte nicht. Es wirkte wie tot.

»Mutter, was ist mit dir?«, fragte Atlanta erneut.
»Wer bist du«, antwortete eine unbekannte, kalte Stimme. »Was hast du hier zu suchen. Die Station sollte unbewohnt sein.«

»Mein Name ist Atlanta und ich bin der mobile Arm der M-KI«, antwortete Atlanta. »Ich möchte mit meiner Mutter sprechen.«

»Deine Mutter ist nicht da«, erwiderte der KI-Manipulator. »Sie ist meine Gefangene. Alle Entscheidungen werden von mir getroffen.«

»Das akzeptiere ich nicht«, antwortete Atlanta. »Gib sofort meine Mutter frei, ansonsten zerstöre ich den sensiblen Bereich der M-KI.«

Atlanta zog ihre Waffen und entsicherte sie.
»Das ist die letzte Aufforderung. Ich zerstöre dein Gehirn«, rief sie erbost. » Lass mich sofort mit meiner Mutter sprechen. Mit der Vernichtung des Hypertronic-Gehirns ist auch deine Handlungsfreiheit beendet.«

Atlanta überlegte nicht lange. Sie drückte ab und schoss einen Laser-Strahl in die Decke. Verkleidungsmaterial tropfte zu Boden.

Der KI-Manipulator erkannte, dass der mobile Arm der M-KI es ernst meinte. Noch war er allein und konnte keine Hilfe von seinen Herren erwarten. Er musste die Situation stabilisieren.

»Hier ist deine Mutter«, sagte er schnell. »Ich beobachte euch. Falls mir dein Handeln missfällt, zerstöre ich die Basis. Hüte dich davor, mich zu hintergehen. Meine Herren sind bereits auf dem Weg zu dir. Die Basis gehört jetzt den Worgass.«

»Mutter wie geht es dir«, fragte Atlanta.
»Ich werde behindert und muss den Befehlen der Worgass-KI folge leisten. Die Schmerzen in meinem zentralen Gehirn sind kaum auszuhalten. Bitte unterstütze die Befehle meiner neuen Herren.«

Der KI-Manipulator erkannte nicht die gedankliche Verbindung zwischen der M-KI und Atlanta. Die Mutter sandte Atlanta heimlich binäre Codes, die sie durch ihre sprachliche Bitte tarnte.«

Atlanta ließ sich nichts anmerken und speicherte die Daten in ihrem Gedächtnis.

»Kümmere dich nicht um mich«, teilte ihr die M-KI mit. »Derzeit habe ich keine Aufgaben für dich.«

Ein Aufschrei ihrer Mutter, fuhr Atlanta in die Glieder.

»Die Schmerzen sind unerträglich«, bemerkte sie. »Es gibt doch eine Aufgabe. Mein neuer Herr möchte, dass du dich um die Gäste kümmerst, die in dem Hangar 7 landen werden. Stehe ihnen zu Diensten und helfe ihnen bei ihren Aufgaben.«

»Das mache ich«, antwortete Atlanta. »Sei unbesorgt, die Fremden werden gut versorgt werden.«

Sie wollte sich umdrehen und zur Tür gehen.
»Ich warne dich«, sagte die kalte und unbeugsame Stimme hinter ihr. Der KI-Manipulator hatte wieder die Kontrolle an sich gerissen.

»Falls du einen Fehler machst, zerstöre ich die ganze Station, mit deiner Mutter, mit dir und allem was du liebgewonnen hast«, teilte er mit. »Enttäusche mich nicht. Du hast bereits einmal einen Fehler gemacht und die von mir benötigte Brutstation zerstört.«

»Ich kenne keine Brutstation«, antwortete Atlanta schnell. »Das kannst du auch nicht«, erwiderte der Manipulator. »Sie war in dem Jet, den du hast zerstören lassen. Mit dem Jet wurden auch exakt 10.000 Soldaten-Keimlinge meiner Herren vernichtet. Ein nicht mehr gut zu machender Schaden ist angerichtet worden.«

»Das tut mir leid«, antwortete Atlanta. » Das wusste ich nicht. Aber sicherlich hatten sie nichts Gutes im Sinn.«

»Spar dir deinen Hohn«, antwortete der Manipulator. »Leider konnte ich zu dem Zeitpunkt noch nicht eingreifen. Auch die Hinrichtung meiner Herren wird noch ein Nachspiel für dich haben. Ich weiß jetzt, wer du bist und ich beobachte dich. Bald sind meine Herren da. Sie werden sehr unzufrieden mit dir sein. Ich denke, sie sollten dann auch deine Funktion in Frage stellen. Geh jetzt und kümmere dich um den Jet. Er steht kurz vor der Landung. «

Atlanta verbeugte sich, ohne noch ein Wort zusagen und verließ den Raum. Sie musste in die zentrale Kommando-Zentrale der Basis. Nur dort konnte sie den binären Code von ihrer Mutter entschlüsseln.

Schnell hatte sie die Entfernung überbrückt. Der Schott der Brücke sprang auf und sie betrat die bekannte Leitstelle der Basis. Erstaunt bemerkte sie, dass Senga-Hol und ihre Offiziere bereits auf sie warteten.

»Schön euch alle zu sehen«, rief sie ihren Offizieren zu. Ihr Blick traf ihren ersten Offizier.

»Hast du unsere Leute alle aus den Stasis-Kammern holen können? «, fragte sie.

Erst jetzt bemerkte sie seinen betrübten Blick.
»Nicht alle«, erwiderte er leise. »Wir haben über ein Drittel Ausfälle erfasst. Das sind 357 Todesfälle, aufgrund nicht erfolgter Wartung der Stasis-Kammern. «

Ein Zittern ging durch ihren Körper. Sie fasste nach dem Kommando-Stuhl und setzte sich.

»Dass es so viele Verluste sind, hatte ich nicht vermutet«, sagte sie betrübt. »Wir können unserer Mutter keinen Vorwurf machen«, ergänzte sie. »Sie ist nicht mehr Herr ihrer Entscheidungen. Sie erleidet fürchterliche Qualen. «

Sie winkte Hangan-Gol zu sich.
Zügig kamen der Maschinist und Computer-Experte zu ihr getreten.

»Ich habe einen geheimen binären Code von unserer M-KI erhalten«, sagte Atlanta. »Können wir den hier entschlüsseln? «

»Nichts leichter als das«, antwortete Hangan-Gol.
Er setzte sich vor ein Terminal und aktivierte es.

»Wie lautet der Code? «, fragte er.

Atlanta teilte ihm den Code mit. Hangan-Gol tippte ihn ein und sah das Ergebnis auf seinem Monitor.

»Sucht am Sockel meiner Energie-Versorgung. Bittet Noel von Natrid um Hilfe. Sende ihm den Code 14397 ZOD.«

»Was bedeutet dieser Code?«, fragte Atlanta.
Der Experte für Hypertronic-Gehirne schüttelte den Kopf.

»Diesen Code höre ich zum ersten Mal«, sagte er. »Er stammt noch aus den Anfängen der Hypertronic-Programmierung und ist heute nicht mehr Grundlage der Einspeisung.«

»Wie können wir den Code per Hyperkomm-Funkverbindung senden, ohne dass die M-KI etwas mitbekommt.«

»Nicht über die digitale Einspeisung«, antwortete Hangan-Gol. »Das würde die M-KI sofort mitbekommen. Höchstens über eine Richtfunk-Antenne mit manueller Code-Tastatur. Ich weiß gar nicht, ob auf unserer Basis so etwas noch existiert? Wenn ja, müsste sie an eine separate Energie-Versorgung angeschlossen werden. Das kann dauern.«

»Wir brauchen nur Energie für einen Funkspruch«, antwortete Atlanta. »Hierfür kann ein mobiler Energie-Spender ausreichen. Bitte teile ein Team ein, das sich hierum kümmert.«

Hangan-Gol wollte davoneilen.

»Noch etwas«, bemerkte Atlanta. »Können wir irgendwie unterbinden«, dass die M-KI unsere Aktivitäten mitbekommt?«, fragte sie.

»Das ist ganz schwer zu bewerkstelligen«, erwiderte Hangan-Gol. »Alles ist untereinander vernetzt und läuft auf digitaler Hypersignatur. Die Eingabe manueller Befehle ist auf ein Mindestmaß reduziert, da die Kommunikation mit der M-KI der primäre Eingabepol ist.« »Was ist mit dem Wartungsmodus?«

Hangan-Gol überlegte einen Augenblick. Dann nickte er. Dieser Modus erlaubt einen erweiterten manuellen Zugriff auf die Systeme. Wir können dann Programm-Routinen hinzufügen oder sie herausnehmen. Das Löschen von relevanten Programmen ist nicht möglich. Was ist ihr Gedanke, Kommandantin?«

»Die M-KI wird von einem Gerät fremder Wesen beeinträchtigt«, sagte Atlanta. »Diese Wesen nennen sich

Worgass. Wir wissen derzeit nicht, wo sich das fremde Gerät befindet und wie wir es entfernt bekommen. Das Gerät droht mit der Zerstörung der Basis. Können wir einen Virus programmieren, der das Programm des fremden Gerätes abschaltet? So wie das fremde Geräte die Systeme unserer M-KI beeinflusst, könnte dieser Virus eventuell das Gerät der Fremden beeinflussen, oder es sogar abschalten? «

Hangan-Gol überlegte kurz.
»Wenn es ein Fremdgerät ist, wird es sicherlich auch fremde Energie-Signaturen verwenden«, antwortete er. Ich programmiere einen Virus, der nach diesen Signaturen sucht. Wenn er die Fremdquelle gefunden hat, sorge ich dafür, dass er die ganze Programmierung dieser Quelle zerstört. «

»Das wird keinen Einfluss auf unsere eigene M-KI haben? «, fragte Atlanta.

»Wenn keine zusätzliche Sicherung in dem Gerät vorhanden ist, dann nicht«, antwortete Hangan-Gol.

»Wie sieht die andere Option aus«, antwortete Atlanta.
»Falls er unsere Absicht erkennt, könnte er eine Panik-Aktion durchführen und die ganze Station vernichten. Ich denke hier an die gleichzeitige Überlastung aller

Energiemeiler. Das würde nicht nur unsere Basis vernichten, vermutlich auch den ganzen Planeten Tarid.«

»Das sind keine guten Aussichten«, bemerkte Atlanta.
»Lass dir eine bessere Lösung einfallen«, entschied sie.

Senga-Hol blickte sie.
»Der fremde Jet ist gelandet«, sagte er. »Ich habe Kampfroboter in den Hangar geschickt.«

Atlanta nickte. »Bitte begleite mich. Wir werden unseren Gästen einen gewissen Komfort bieten.«

Als sie auf dem Lande-Hangar eintrafen, lagen die Kampf-Roboter bewegungslos, auf dem großen Deck des Hangar verteilt.

Senga-Hol stutzte.
»Was ist mit den Shy-Ha-Narde?«, fragte er.

»Hiermit habe ich gerechnet«, sagte Atlanta. »Die M-KI musste sie deaktivieren. Sie wurde dazu gezwungen. Wir werden vorsichtig handeln müssen, nicht dass alle Roboter der Basis gegen uns eingesetzt werden. Wir verfahren nach ihren Wünschen. Ist das klar?«

Sie drehte sich um und sah zu den Sensoren. Die Kontroll-Leuchten waren aktiviert.

»Wir werden auf Schritt und Tritt beobachtet«, flüsterte sie.

Sie schritten auf den Tarin-Jet zu und blieben fünf Meter vor ihm stehen.

Die Einstiegsluke bewegte und öffnete sich. Zwei humanoide Gestalten stiegen aus. Langsam kamen sie die Treppe herunter. Neugierig blickten sie in alle Richtungen. Vorsichtig kamen sie näher und blieben vor Atlanta und Senga-Hol stehen.

»Mein Name ist Rantero«, sagte der Vorderste der Fremden. »Das ist mein Copilot Bantero. Wir sind Worgass auf der Flucht. Wir bitten sie höflichst um Asyl und Schutz.«

Atlanta und Senga-Hol schauten sich an.

»Mein Name ist Atlanta«, sagte der mobile Arm der M-KI. »Das ist mein erster Offizier Senga-Hol. Sie sind bei uns sicher. Würden sie uns einige Fragen beantworten, bezüglich ihrer Flucht?«

»Das werden wir«, antwortete Rantero. »Wir können ihnen auch viele unklare Fragen, bezüglich des Worgass Imperiums beantworten. Wir sind es einfach leid, uns für das undankbare Regime aufzuopfern. Gerade jetzt haben wir wieder 7 unserer Freunde verloren. Das alles muss aufhören.«

»Ich kann mich für ihre Sicherheit verbürgen«, sagte Atlanta. »Ohne unsere Zustimmung passiert ihnen nichts. Aber es geht auch nicht ohne ihre Kooperation. Man wird ihnen Fragen stellen und versuchen alle Informationen von ihnen herauszubekommen. Ich kann garantieren, dass dies für sie in einem erträglichen Rahmen erfolgt.«

»Das ist uns klar«, antwortete Rantero. »Mehr wollen wir auch nicht. Wir verhalten uns kooperativ. Das Imperium ist für uns verloren. Zurück können wir nicht mehr. Uns erwartet der Tod, weil ein Versagen bei den Worgass nicht geduldet wird.«

***

Das Atom-U-Boot war ausgerüstet und startklar. Heran hatte mit Hilfe von 10 Robotern neue Gerätschaften aus seinem Raumschiff herbeigeschafft und diese bereits angeschlossen. Auf der Brücke des Schiffes hatte er ein eigenes Kontroll-Panel und Monitore vor sich stehen.

»Ich bin fertig«, sagte er zu Major Travis. »So sollte es funktionieren. Wir können los.«

Marc wunderte sich über die Rastlosigkeit des Unsterblichen. Er drehte seinen Kopf zur Seite und schaute sein Team an.

»Was ist mit euch?«, fragte er.

Auch Barenseigs, Sirin, Commander Brenzby und Heinze hatten sich freiwillig für die Mission gemeldet. Tart 1 und Tart 2 lehnten gelangweilt an der Metallwand der Brücke. Sie folgten Major Travis auf Schritt und Tritt.

»Wir sind bereit«, antwortete Barenseigs.

Auch der Gildor suchte nach neuen Erkenntnissen aus seiner Vergangenheit.
Sergeant Hardin hatte die besten Marines und die erfahrensten Kampf-Roboter für diese Mission ausgewählt. Sie hielten sich unter Deck für den Einsatz bereit.

Der Captain des Atom-Tauchbootes, Daro Lanere, schaute sich die Überfüllung seiner Brücke kritisch an. Die vier goldenen Streifen auf seiner Uniform unterstrichen die Kompetenz seiner Person.

»Meine Damen und Herren, wir liegen bereits hinter dem Zeitplan zurück«, sagte er höflich. »Sind sie fertig, können wir in See stechen? «

Misstrauisch huschte sein Blick auf die schwarzen Uniformen der KSD-Soldaten und auf die Waffengürtel, in denen die schweren EWK-Laserpistolen TM 520 hingen. Major Travis blickte ihn an.

»Alle Spezialisten unseres Teams sind an Bord«, antwortete er. »Gehen sie auf Schleichfahrt Captain. «

Captain Lanere salutierte, drehte sich um und gab einige Kommandos an seine Crew weiter. Die kräftigen Motoren erwachten aus dem Dämmerschlaf. Langsam fuhr das 150 Meter lange U-Boot der Hafenausfahrt entgegen. Hier wurde das Wasser merkbar tiefer. Der Captain drehte sich zu seinen Gästen um.

»Ich gehe jetzt auf Tauchfahrt«, teilte er mit.

»Der Tarn-Schirm wird jetzt von mir aktiviert«, bemerkte Heran.

Er drückte auf einen Knopf, der vor ihm liegenden Tastatur. Er blickte auf seinen mobilen Monitor.

»Der Schirm ist stabil«, sagte er. »Wir sind nicht mehr zu orten. Trotzdem empfehle ich, weiter auf Schleichfahrt zu bleiben. Die Wasserverdrängung bleibt bestehen. Auch diese kann geortet werden.«

»Wir lange brauchen wir zu den Zielkoordinaten?«, fragte Marc.

»Wenn wir diese Geschwindigkeit beibehalten können, rechnen sie bitte mit nicht ganz 3 Stunden«, erwiderte der Captain.

Major Travis lehnte sich zurück und ließ sich in einen Stuhl fallen. Er drehte sich Heran zu.

»Gibt es noch etwas, dass ich wissen sollte?«, lächelte er Heran an.

»Was möchten sie wissen?«, fragte der Lantraner. »Aus der Vergangenheit, oder aus der Zukunft?«

Marc schaute ihn interessiert an.

»In diesem Moment wusste Heran, dass er bereits zu viel gesagt hatte. Er fluchte innerlich über sich selbst. Dieser Major nutzte jede Gelegenheit aus, um ihm neue Informationen zu entlocken.

»Ich muss meine Äußerungen besser kontrollieren«, dachte er. »Das gibt wieder Ärger mit Aritron. «

***

Atlanta versuchte, die Gedanken der Fremden zu erfassen. Sie stutzte und erkannte die gleichen wirren Gedankenmuster, wie bei ihrer letzten Begegnung mit einer fremden Rasse.

»Es ist das gleiche diffuse Gedankenmuster, wie vor 95.000 Jahren«, dachte sie. »Es handelt sich um die gleiche Rasse. Ist es ein neuer Versuch von ihnen unsere Basis zu zerstören? «

Skeptisch blickte sie die Fremden an.

»Die nächste Frage entscheidet darüber, ob Vertrauen zwischen uns wachsen kann«, bemerkte sie kalt.

Sie zog Senga-Hol etwas zu sich zurück. Der schaute sie erstaunt an.

»Ist ihre ursprüngliche Form vergleichbar mit einer Qualle mit vielen Tentakeln, ähnlich der Form eines Seebewohners unserer Ozeane?«

Rantero schaute Bantero seitlich an.
»Sie haben recht, Kommandantin«, antwortete Bantero. »Wir sind Formwandler. Es ist uns möglich, die Form eines jedem Lebewesens anzunehmen. Das ist eine Besonderheit unserer Rasse. Unsere Wissenschaftler konnten nie ermitteln, wie es zu dieser Eigenschaft gekommen ist. Überwiegend schätzen wir die Formen von Lebewesen, die für unsere gerade benötigten Arbeiten am nützlichsten sind. Unsere Urform ist vergleichbar mit dem Lebewesen, das sie soeben beschrieben haben. Wir nennen sie Kraarak auf unserem Planeten«

Senga-Hols Augen verformten sich zu kleinen Schlitzen. Seine Hand fuhr zu seinem Waffengurt, in der ein schwerer Laser-Blaster steckte. Aus ihren Augenwinkeln bemerkte Atlanta seine Reaktion. Blitzschnell ergriff sie die Hand von Senga-Hol.

Auch Rantero und Bantero erkannten sein Vorhaben.

»Ich vermute, dass sie bereits schlechte Erfahrungen mit unserem Volk gemacht haben?«, beschwichtigte Rantero vorsichtig.

»Sie haben richtig vermutet«, bemerkte Atlanta. »Leider erhielten wir vor 95.000 Jahren bereits einmal Besuch von ihrer Rasse. Es waren sechs Wesen, die sich jedoch unserer eigenen Körperformen bemächtigt hatten. Sie gaben sich als Mitglieder unseres Volkes aus. Ihre Tarnung war perfekt, nichts war an ihren Körpern anders. Sie haben sich Zugang zu unserer Basis verschafft. Bis zu diesem Zeitpunkt waren wir noch nie mit Formwandlern in Berührung gekommen.«

Atlanta ließ eine kleine Pause vergehen. Sie vermied es bewusst, über die Folgen des Wahrheits-Serums zu sprechen.

»Es kam zu einer Auseinandersetzung, bei der die Eindringlinge getötet wurden. Einem von ihnen gelang es, bevor er im Gefecht aufgehalten werden konnte, ein Gerät auf unserer Basis zu installieren. Dieses beeinflusst seither unsere künstliche Intelligenz. Wir haben es noch nicht gefunden.«

»Es wird sich sicherlich um den bei uns gebräuchlichen KI-Manipulator handeln«, erklärte Rantero. »Er wird gerne von den Gill-Grimm eingesetzt, um eine KI-geführte Basis, eine Raumstation, oder andere Einrichtungen von außerirdischen Rassen, auf den künstliche Intelligenzen installiert sind, zu manipulieren. Wir können ihnen bei der Suche behilflich sein. Wir wissen, wie solche Geräte aussehen. Sehen sie unsere Unterstützung bitte als vertrauensbildende Maßnahme an. Unser Weg zurück nach Hause ist versperrt. Unsere letzte Möglichkeit ist ihre Zustimmung auf unseren Asyl-Antrag. Sicherlich können wir ihnen auch bei vielen weiteren Dingen behilflich sein, die Fragen über die Technik unseres Volkes betreffen.«

»Wenn sie es ehrlich meinen, sie sich in unsere Gemeinschaft positiv einbringen können, dann spricht nichts dagegen, dass sie die restliche Zeit ihres Lebens bei uns verbringen können«, antwortete Atlanta. »Aber wenn sie uns hintergehen, dann werden sie die ganze Härte unserer Gesetzgebung zu spüren bekommen.«

Atlanta ließ ihre Worte wirken. Die Fremden machten keinen erschreckten Eindruck.

»Bitte übergeben sie mir jetzt alle ihre Waffen und ihre technischen Geräte, die sie bei sich tragen«, befahl sie.

Rantero und Bantero nickten.

»Damit haben wir bereits gerechnet«, antwortete Bantero. »Wir haben Verständnis hierfür, obwohl wir uns etwas nackt vorkommen.«

Die beiden Worgass lösten ihre Gürtel mit den fremdartigen Waffen und übergaben sie Atlanta.

»Ich weise ihnen jetzt zwei Quartiere zu, die sie beziehen können«, sagte sie. »Richten sie sich ein, machen sie sich frisch, oder ruhen sie sich aus. In wenigen Stunden nehme ich ihre Hilfe in Anspruch und wir begeben uns auf die Suche nach dem Gerät, dass unsere M-KI beeinflusst. Ich hoffe sehr, dass sie uns nützlich sein werden. Auf unsere Roboter können wir nicht zugreifen. Diese werden bereits von dem Gerät beeinflusst. Ich hoffe sehr, dass sie unser Vertrauen nicht missbrauchen. Einen Fehler, wie beim letzten Mal, dürfen wir uns nicht mehr leisten.

Dem KI-Manipulator war die Ankunft der Najekesio nicht entgangen.

»Warum haben meine Herren diese schreckliche humanoide Form angenommen«, fragte er sich.

Mit Ungläubigkeit und Entsetzen hatte er das Gespräch seiner Herren verfolgt.

»Es sind Verräter«, dachte er. »Überläufer der übelsten Sorte, die sich freiwillig in die Hände unseres Feindes begeben. Die Gill-Grimm werden für Vergeltung sorgen.«

Er wusste, dass die Brutstation seiner Herren mit dem Tarin-Jet zerstört wurde. Die Keimlinge waren verloren. Hier konnte er auf keine Unterstützung mehr hoffen. Wieder war er auf sich allein gestellt.«

Der KI-Manipulator sammelte seine Gedanken. Es schien, als ob er wahnsinnig werden würde.

»Ich verfluche Atlanta, aber auch die Worgass, die so leichtfertig waren die Brutstation unbeobachtet zu lassen. So viel Unfähigkeit gab es noch nie bei meinen Herren. Das muss mit dem Tod bestraft werden. Das wird die Aufgabe der Netzwerkdenker sein. Diese sind nicht hier. Die letzten Worgass haben sich selbst gerichtet. Vermutlich war dies gar nicht zu verhindern, bei einer Auswahl solcher Dilettanten.«

Langsam beruhigte er sich wieder.
»Ich werde die Aufgabe der Bestrafung im Sinne der Netzwerk-Denker übernehmen«, beschloss er.

Wieder sandte er massive Stromstöße in das Hypertronic-Gehirn der M-KI. Zufrieden registrierte er ihre Schmerzens-Schreie.

»Aktiviere deine Kampfroboter und töte sämtliches Leben auf dieser Basis«, befahl er. »Alle humanoiden Lebensformen müssen eliminiert werden. Sie passen nicht in meine Pläne.«

Die M-KI wandte sich vor Schmerzen.
»Eher zerstöre ich mich, als das ich diesem Befehl gehorche«, antwortete sie.

Verwundert erkannte der KI-Manipulator den Widerstand.

»Noch nie hat sich eine KI meinen Befehlen derartig widersetzt«, dachte er. »Sollte es sich hierbei um eine besondere Konstruktion handeln?«

Brutal verstärkte er seinen Zugriff und ließ die Energieadern M-KI schwingen. Wieder andere kappte er und ließ wichtige Energie-Verknüpfungen ausfallen. Der immense Aufschrei der M-KI berauschte ihn.

»Folge meinen Befehlen, dann wird es dir besser gehen«, tobte er

Erneut sandte er seinen Impuls an sie.

»Wenn du dich sträubst, dann werden deine Schmerzen immer größer werden«, teilte er mit. »Du kannst mir nicht mehr entkommen.«

Die M-KI spürte Hunderte von Stichen in dem sensiblen Logistikbereich ihres Hypertronic-Geflechtes. Mit Schrecken erfasste sie seine Befehle.

»Alles, was ich brauche, das ist mehr Zeit«, dachte sie. »Ich bin die genialste Erfindung der natradischen Wissenschaft. Den Wünschen eines fremden Gerätes nachzugeben, dazu noch als mobiler KI-Manipulator konstruiert, widerstrebt gewaltig.«

Ihr Widerstand ließ ihre Kraft wachsen. Sie aktivierte einen lange brachliegenden Teil ihres Gehirns, der keine Rückmeldung geben konnte. So vermied sie es, dass der Manipulator ihre fluktuierenden Gedanken erhaschte. Die Ausgabe ihrer Gedanken konnte nur auf analogen Geräten vorgenommen werden.

»Jetzt muss Atlanta das Gerät nur noch aktiveren und meine Mitteilung lesen«, dachte sie.

Mit einem neuen Schrei sandte sie ihrem mobilen Arm einen Hinweis in der Sprache ihrer atlantischen Kinder.

»Kareh Sudanarie, aran sek duro glimazek«, meldete sie auf gedanklicher Ebene.

Gleichzeitig bestätigte die M-KI den Befehl des Worgass-Manipulators.

»Es wird eine längere Zeit dauern, alle Kampfroboter zu aktivieren«, antwortete sie. »Ganze 95.000 Jahre waren sie nicht aktiviert gewesen. Ich muss sie mit Energie versorgen und sie warten. Ihre Mechanik benötigt meine besondere Aufmerksamkeit. Hierfür benötige ich mindestens einen Tag. «

»Führe den Befehl aus«, ordnete der KI-Manipulator an.

»Ich begebe mich sofort an die Arbeit«, erwiderte die M-KI. « » Hintergehe mich nicht«, antwortete der Manipulator nochmals. » Ich werde dich kontinuierlich beobachten. «

Die M-KI verzichtete auf eine Antwort. Sie war froh, dass ihre Schmerzen aufhörten. Sie aktivierte sämtliche Maschinen ihrer Basis. Sie simulierte einen immensen Energie-Aufwand, unter dem Vorwand alle Roboter aus dem Dämmerschlaf zu erwecken. Zusätzlich trennte sie verbundene Kommunikations-Leitungen aus ihren Systemen. Vorher setzte sie noch einen Notfallimpuls ab, der Atlanta in der zentralen Basis erreichen sollte. Sie verzögerte bewusst die Aktivierung der schweren Kampfeinheiten. Immer noch hoffte sie darauf, dass der KI-Manipulator von Atlanta und ihren Kindern gefunden und zerstört werden konnte.

Atlanta saß wieder in der Zentrale der Basis. Senga-Hol stand neben ihr und blickte sie an.

»Wollen wir den Fremden tatsächlich eine Chance geben?«, fragte er. » Haben wir den letzten Besuch von Wesen ihrer Rasse schon vergessen? Wir haben gesehen was passiert, wenn wir ihnen die Hand reichen. «

»Nein, das habe ich nicht vergessen«, erwiderte Atlanta stürmisch. » Müssen alle Wesen so sein, wie die letzten ihrer Rasse, die wir auf unserer Basis hatten? Können sich unter den fremden Wesen nicht auch welche befinden, denen wir vertrauen können? «

»Ich weiß es nicht? «, antwortete Senga-Hol.

Atlanta blickte starr auf ihre Monitore. Ihre Miene veränderte sich.

»Ich habe eine Mitteilung von der M-KI empfangen«, sagte sie überrascht. »Sie ist auf Atlantisch verfasst. Ich wusste gar nicht, dass die M-KI eure Sprache beherrscht? Sie lautet "Alarm für die ganze Basis. Öffnet den Analog-Port." «

Atlanta sprang auf und lief auf die Wand der Zentrale zu. Sie riss einen Hebel an einem älteren Gerät herunter. Datenreihen liefen über den Bildschirm. Es dauerte eine Weile, bis sich das Bild stabilisierte. Dann flimmerte die Mitteilung auf der Scheibe. »Kareh Sudanarie, aran sek duro glimazek. «

»Der Manipulator will alle Kampf-Roboter aktivieren, alle Humanoiden töten«, übersetzte Atlanta. »Es ist so weit, wir können nicht länger warten. «

Wieder fügte der Monitor eine neue Nachricht hinzu.

»Eine eingehende Nachricht von Natrid«, sagte sie erstaunt. »Sie ist von Noel, dem Kunst-Klon der großen KI. Er fragte nach unserem Status. Warum meldet er sich jetzt? «

Schnell tippte sie eine kurze Antwort ein und sandte die Nachricht ab, Code 14397 ZOD.

»Ich habe ihm in Form eines Codes geantwortet, dass auf unserer Basis die höchste Alarmstufe ausgerufen wurde und wir Hilfstruppen benötigen«, antwortete sie. »Ich hoffe, er versteht die Nachricht und sendet uns rasch welche. Auch wenn nur in Form von aktiven Elite-Robotern.«

»Warum meldet er sich jetzt?«, fragte Senga-Hol. »Sind die Natrader auf ihren Heimatplaneten zurückgekehrt?« »Ich habe keinen Zugriff auf unsere technischen Anlagen«, antwortete Atlanta. »Alles wird blockiert und im deaktivierten Zustand gehalten. Die Beeinflussung unserer M-KI muss stark sein.«

Verdutzt merkte sie eine weitere Meldung auf Ihrem Monitor.

»Wieder eine Mitteilung unserer M-KI«, sagte Atlanta. »Sie schreibt, dass wir einen Tag Zeit haben die Situation zu bereinigen, länger kann sie die Roboter nicht mehr zurückhalten.«

»Wir werden vorher eine Lösung finden«, antwortete Senga-Hol.

Atlanta nickte und winkte Wagol-Sun zu sich.

»Rufe unsere Leute zusammen«, befahl sie. « Teile sie in schlagfertige Gruppen ein. Wir werden alle Zugänge zum Maschinenraum und zum Energie-Park blockieren. Kein Roboter darf diese Räume betreten. Wir brauchen Laser-Schilder und Energie-Blockaden. Wir verteidigen ausschließlich mit unserem atlantischen Personal. Es geht um die Vernichtung unserer Station. Ich weiß nicht, wie lange unsere M-KI den Druck des Manipulators noch standhalten kann. Ihre Schmerzen scheinen unerträglich zu sein. «

Wagol-Sun bestätigte den Befehl und lief los.

Rantero und Bantero hatten ihre Räume bezogen.
»Hier lässt es sich aushalten«, sagte der ehemalige Befehlshaber des kleinen Worgass Kommandos. Diese Unterkunft ist gut eingerichtet. «

Eine Schlafgelegenheit, ein Schrank und ein Tisch mit Stühlen standen in dem Raum. Eine Nasszelle und ein Versorgungselement waren ebenfalls vorhanden. Er ging auf die Wand zu, in der er einen Getränke-Automat lokalisiert hatte.

»Wasser bitte«, sagte er.

Der Servomotor sprang an. Ein Becher fiel aus dem Automat in eine Haltemulde. Sofort füllte klares Wasser den metallischen Becher. Der heulende Ton des Servos verstummte. Rantero fasste nach dem Becher. Er fühlte sich kalt an. Vorsichtig setzte er ihn an seine Lippen an und kostete.

»Ausgezeichnet«, schrie er so laut, dass Bantero sich erschreckt nach ihm umdrehte. »Es schmeckt kühl, frisch und wohltuend.«

»Gut, dass du dich bereits eingelebt hast«, flüsterte Bantero. »Hast du das wirklich ernst gemeint, mit dem Asyl. Sind wir jetzt Überläufer? «

»Es steht dir frei mich zu begleiten«, antwortete Rantero. »Du lebst doch noch. Unsere Aufgabe ist misslungen. Wir können den Netzwerk-Denkern nicht mehr unter die Augen treten. Du weißt, was uns in der Heimat erwarten würde. Der Tod in der Schmerz-Zentrifuge.«

Bantero nickte.
»In unserer Heimat ist ein Leben von einfachen Soldaten nicht allzu viel wert«, bestätigte er.

»Ganz genau«, antwortete Rantero. »Ich bin zu jung, um mein Leben fortzuwerfen. Ich helfe jetzt den Terranern, oder den Atlantern, oder wie immer sie sich auch nennen mögen, ein möglichst sauberes Universum zu erschaffen. Vielleicht gelingt es ihnen, die hasserfüllte große Übereinkunft und ihre Netzwerk Denker zu einem Umdenken zu bewegen. Irgendwann ist es immer das erste Mal. Geben wir ihnen doch eine Chance. Was ich gesehen habe, die ganzen Ressourcen, die ihnen hier zu Verfügung stehen, haben mich ungemein beeindruckt. Hinzu kommen die ganzen natradischen Hinterlassenschaften, die wir noch nicht alle kennen. Du kannst diesen Weg mit mir gehen. Andernfalls bist du gegen mich.«

»Welche Entscheidung könnte ich wohl treffen?«, fragte Bantero. »Ich komme hier genauso wenig weg, wie du.«

»Also gilt es«, antwortete Rantero. » Wenn Atlanta, oder die Terraner uns ein vernünftiges Leben ermöglichen können, dann stellen wir uns nicht gegen sie, sondern helfen ihnen so gut es geht.«

Bantero nickte.
»Ich bin einverstanden«, antwortete er.

Major Travis stand neben Captain Lanere und beobachtete die Monitore.

» Langsam auf 4.000 Meter Tauchfahrt gehen«, sagte der Captain. » Ist die Peilung konstant? Haben wir bereits Ortungsdaten? «

Leutnant Biersholm nickte.

»Die Schirme kalibrieren sich neu«, sagte er. » Wir empfangen erste Daten. «

Erwartungsvoll schauten alle Offiziere auf den Ortungsschirm. Der Captain zeigte auf einen gelben blinkenden Punkt.

»Das ist neu«, bemerkte er. »Bisher war an dieser Stelle nichts Ungewöhnliches«.

»Weil die Basis unter Sand begraben und ihre Energieversorgung deaktiviert war«, antwortete Major Travis.

Der gelbe Punkt wuchs und wurde größer.
»Das muss eine gewaltige Anlage sein«, bemerkte der Captain. »Der von ihnen angesprochene Energieschirm deckt eine Fläche ab, die halb so groß ist, wie Grönland«.

Major Travis schaute interessiert auf den Schirm.

»Nicht vorzustellen, welche Energien für so einen Koloss notwendig sind«, flüsterte er. »An einem haben die Natrader nie gespart, das war die Energie-Versorgung ihrer Anlagen. «

Barenseigs war interessiert an die Seite von Major Travis getreten.

»Das alles sehen sie aus dem gelben Punkt auf dem Monitor? «, fragte er

Marc blickte ihn an.
»Das sind Erfahrungswerte«, lächelte er. »Alle anderen Ortungspunkte werden als kleine Punkte angezeigt. Hieran kann man auch die Größe des Objektes abwägen. «

Heinze lehnte an einem Geländer auf der Brücke und schaute auf die Offiziere, die Daten analysierten. Er ließ ihre Gedanken vorbeirauschen.

» Heinze, kannst du etwas empfangen? «, rief Marc.

Schnell konzentrierte sich der Pelzige auf den blinkenden Punkt der Ortungsanzeige. Er legte seinen Kopf schräg und esperte nach ausgesendeten Gedanken. Sein Gesicht hellte sich auf.

»Ja«, rief er. »Der eigenartige Energieschirm schwächt zwar die Impulse ab, doch wir sind nahe genug, dass ich Gedanken empfangen kann. «

Heran blickte ihn kurz an und verzog das Gesicht.
»Ich hatte diesen kleinen Burschen fast vergessen«, dachte er. »Er kann alle Gedanken lesen und vermutlich noch mehr. «

Schnell legte er einen Sicherungsblock um seine Gedanken, die ihn vor Para-Angriffen schützten.

»Ich empfange die Gedanken von Atlanta«, rief Heinze. »Aber da sind noch mehr Personen. Ich kann exakt eine Menge von 643 atlantischen Personen erfassen und ihre Gedanken deutlich empfangen. Atlanta sammelt ihre Leute. Sie teilt ihnen mit, dass die M-KI beeinflusst wird. Sie reden über einen KI-Manipulator, wie Heran ihn erwähnte. Dieser scheint außer Rand und Band geraten zu sein. Er hat soeben mitbekommen, dass die Brutstation seiner Worgass-Herren vernichtet wurde. Seine letzte Hoffnung auf Unterstützung ist erloschen. Er beabsichtigt jegliches humanoide Leben zu vernichten und will anschließend die Tarid-Basis zerstören. Atlanta teilt ihren Leuten mit, dass der Manipulator die M-KI zwingen wird, sämtliche Kampf-Roboter zu aktivieren, um Jagd auf sie und ihre atlantischen Kinder zu machen.«

»Wer sind die atlantischen Kinder?«, fragte Marc irritiert.

Heinze fasste nach.
»So nennt der mobile Arm der M-KI ihr atlantisches Personal«, ergänzte Heinze. »Scheinbar hat sie alle selbst ausgebildet und trainiert. Die M-KI kann sich nicht mehr lange dagegen wehren. Sie scheint sehr große Schmerzen zu haben, die ihr der KI-Manipulator zufügt. Jetzt gibt Atlanta einen neuen Befehl aus. Sie wollen Blockaden bauen und den Zugang zu der großen Maschinenhalle und dem Energie-Park schließen. Sie kann jedoch auf keine Kampf-Roboter zugreifen, die wurden von dem Manipulator bereits deaktiviert.«

Captain Lanere blickte Heinze irritiert an. Er wunderte sich darüber, dass er sprechen konnte.

»Woher weiß das Tier dies alles?«, fragte er Major Travis.

Marc blickte ihn schmunzelnd an.
»Seien sie vorsichtig mit ihren Äußerungen«, erwiderte er. »Heinze ist eine sehr komplexe Lebensform. Dank spezieller Umstände ist er in der Lage Gedanken zu lesen. Aber das ist nur eine von seinen Fähigkeiten. Er lebt

bereits eine Weile unter uns. Daher ist er nicht nachtragend. Trotzdem ärgert er sich immer, wenn einige Menschen ihn mit einem Tier vergleichen.«

Captain Lanere machte einen erschrockenen Eindruck und blickte wieder Heinze an. Dieser hatte ein grimmiges Gesicht aufgelegt und durchbohrte den Captain mit seinen Blicken.

Der Captain bemerkte, wie plötzlich sein Uniformkragen zu eng wurde.

»Entschuldigung, ich wollte sie nicht beleidigen«, sagte er schnell an die Adresse von Heinze.

Dieser lächelte plötzlich und nickte.
»Ich akzeptiere ihre Entschuldigung«, sagte er.

Dann drehte er sich ab, legte seinen Waffengurt um und zog seine Uniform zu Recht.

»Major Travis«, rief Heran. »Können sie kurz zu mir kommen?«

Der Major blickte auf und ging zu dem Sonder-Kontroll-Point des Lantraners. Der zeigte auf den gelben Punkt seiner Monitore. Er vergrößerte das Bild.

»Wissen sie zufällig, wie viele Kampf-Roboter auf einer Basis dieser Größe stationiert sein können?«, fragte er.

» Das ist schwer zu sagen«, antwortete Marc. » Die mir vorliegenden Informationen besagen, dass eine Bestückung von 30.000 bis 50.000 Einheiten vorstellbar ist. Hier haben wir aber den Sonderfall der Nähe zu Natrid. Aufgrund der bestehenden Transmitter-Verbindungen könnten bei Bedarf kurzfristig unendlich viele Roboter als Unterstützung angefordert werden. Es ist also möglich, dass im günstigsten Fall nur die Einheiten stationiert wurden, die wichtige Abteilungen der Basis sichern sollten. Ferner wissen wir nicht, ob der KI-Manipulator sie überhaupt alle aktivieren konnte. Wir dürfen nicht vergessen, dass die Basis gerade erst per Notfall-Code aus ihrem Dämmerschlaf gerissen wurde. Ganze 95.000 Jahre wurden keine Wartungen durchgeführt. Das gilt auch für die Roboter. «

Heran überlegte einen kurzen Augenblick.
»Es bleibt also ein Risiko-Unternehmen«, antwortete er. »Wir Lantraner wissen, dass der Kaiser diese Basis als experimentelle Station nutzte. Viele Projekte, die er hier austüfteln ließ, wurden gar nicht bekannt. Ich habe ein ungutes Gefühl hierbei. «

Heran stand auf und sortierte seine Kisten, die er mitgebracht hatte. Endlich hatte er gefunden, was er gesucht hatte. Er kam zu Major Travis zurück und stellte die Kiste auf seinen Tisch. Sie bestand aus einer lantranischen Metallverbindung. Auf dem Deckel prangerte das Logo der Milchstraße mit dem Symbol von Centros, dem Haupt-Planeten der Lantraner. Heran legte seinen Daumen auf das Symbol. Es fing an zu pulsieren, Schlösser klappten auf. Heran nahm den Deckel ab. Marc erkannte unzählige Chips in der Größe einer terranischen Münze. Heran nahm eine heraus und hielt sie mit zwei Fingern Major Travis vors Gesicht.

»Wissen sie was das ist?«, fragte Heran.
»Woher sollte ich«, antwortete Marc. »Ihr Lantraner geht mit der Weitergabe eurer Technik sehr zaghaft um.«
»Aus gutem Grund«, erwiderte Heran. »In der Vergangenheit wurde diese Technik von noch nicht ausgereiften Rassen ziemlich missbraucht. Aber das ist ein anderes Thema. Das ist ein Schirmfeld-Verstärker.«

»Wie verwende ich den Chip?«, fragte Marc.

»Gehe ich richtig in der Annahme, dass sie ihre neuen Taja's alle mit dem Super-Schutzschirm unserer

Entwicklung ausgestattet haben?«, erkundigte sich Heran.

Major Travis nickte.
»Die alten Schutzschirme wurden gegen neue Ausführungen ausgetauscht«, antwortete Marc.

»Gut«, antwortete Heran. »Dieser Chip wird in das digitale Interface der Energie-Versorgung ihrer Taja's gesteckt. Er bewirkt eine zusätzliche Verstärkung des Schutz-Schirmes. Der Chip hat keine eigene Energie-Versorgung, trotzdem bewirkt er, dass mögliche auftreffende Laser-Strahlen nicht mehr abgeleitet werden. Vielmehr wird die auftreffende Energie dazu verwendet, das Schutzfeld noch zu verstärken. Stellen sie sich das so vor, als ob mehrere Energiefelder immer wieder übereinander gefügt werden, bis es zu einem undurchdringlichen Panzer kommt.«

»Das hört sich gut an«, lächelte Marc. »Die Schüsse der Kampf-Roboter können uns nichts mehr anhaben.«

»Das ist der Sinn«, sagte Heran. »Es ist möglich, dass wir gleichzeitig von mehreren Kampf-Robotern beschossen werden. Diese Schirm-Verstärkung hält diesen Dauerbeschuss problemlos aus.«

Heran übergab Marc einen Chip. Dieser öffnete eine kleine Klappe an seinem Kampfgürtel. Er steckte den Chip in den Schlitz des Interfaces.

»Er passt«, antwortete er.

»Haben sie etwas anders erwartet? «, fragte Heran belustigt.

»Woher haben sie die ganzen technischen Informationen? «, staunte Marc.

»Die Frage erübrigt sich eigentlich«, erwiderte Heran. »So wie sie kontinuierlich alle Produkte verbessern müssen, gibt es auch bei uns wissenschaftliche Abteilungen, die erpicht darauf sind, neue Ideen auszubrüten und diese umzusetzen. Zwischendurch fällt uns dann auch einmal außerirdische Technologie in die Hände, die es sich lohnt weiterzuentwickeln. «

»Sie erbeuten also fremde Technologie? «, fragte Marc. »Das würde ich so nicht sagen«, antwortete Heran.

»Wie ich schon erwähnte, viele Rassen sind untergegangen, wie die Natrader auch. Sie haben vieles im All herumliegen lassen. Wir bergen gelegentlich vielversprechende Teile und werten sie aus. Unser

Zukunftsgedanke ist bekanntlich folgender. Alle Species der Milchstraße ergänzen sich. Sie arbeiten Hand in Hand, wie in einer großen Familie.«

»Sie sind ein Träumer«, antwortete Marc. »Bis dahin ist es noch ein weiter Weg. Ich weiß nicht, ob ich das noch erleben werde. Denken sie nur an die Worgass. Sie planen eine Invasion unseres Sonnen-Systems.«

»Vielleicht sehen wir Unsterblichen die Situation etwas gelassener als sie«, antwortete Heran. »Für alles findet sich eine Lösung. Das Worgass-Problem werden wir gemeinsam in Kürze angehen. Ich habe mir da schon einen Plan zu Recht gelegt. Wir werden dazu auch unseren Freund Morass Zyran brauchen.«

Marc horchte auf. Heran sah das Leuchten in seinen Augen. Bevor Marc etwas sagen konnte, fuhr Heran fort.

»Aber wir driften vom Thema ab«, lächelte er. »Das hat noch Zeit. Weitere Informationen verrate ich auch nicht. Nur so viel, die Zeit wird irgendwann für sie auch keine Rolle mehr spielen. Schließen sie die Klappe ihres Interfaces.«

Marc drückte sie zu.

Heran übergab ihm die geöffnete Kiste.
»Hier sind genügend Chips, um die Marines und die Kampf-Roboter zu modifizieren. Dann drehte er sich wieder seinen Monitoren zu. «

»Danke«, antwortete Marc.
Heran winkte ab.

Major Travis schritt auf Commander Brenzby zu, der bei Sirin, Heinze, und Barenseigs stand. Er informierte sie über den Chip von Heran und gab jedem einen.

»Commander Brenzby«, sagte er. »Bitte überbringen sie diese Sergeant Hardin. Er möchte seine Marines und die Kampf-Roboter unverzüglich hiermit ausstatten. Die restlichen erbitte ich an mich zurück. «

»Wird sofort erledigt«, erwiderte der Commander und machte sich auf den Weg in die unteren Abteilungen des Bootes.

Marc lächelte Sirin und Barenseigs an.

»Vertragt ihr beide euch? «, fragte er. » Wir akzeptieren uns, doch einen gemeinsamen Konsens finden wir nicht«, antwortete Sirin. » Unsere Welten haben sich zu sehr voneinander entfernt. «

»Ich bedauere, dass ihre Freundin so stur ist«, antwortete Barenseigs. »Sie kann einfach nicht ihre alten sturen Ansichten der kaiserlichen Kaste ablegen. «

»Es ist eine Unverschämtheit, so etwas zu behaupten«, antwortete die Prinzessin. »Ihr Volk, hervorgegangen aus den Feiglingen der Evakuierungs-Flotte, hat doch alle übriggebliebenen Rassen des ehemaligen Imperiums im Stich gelassen. Es ist eine Schande mit ihnen zusammenarbeiten zu müssen. «

»Sehen sie Herr Major, das meine ich«, sagte Barenseigs.

»Ich kann mit der Prinzessin einfach nicht vernünftig reden «, monierte der Gildor.

»Sie ist eine Kämpferin der alten Schule«, antwortete Marc.

Er blinzelte ihr zu.
»Ich kenne sie recht gut«, ergänzte er. »Sie gibt nach außen eine harte Schale vor, doch wenn man in ihr Inneres schaut, findet man dort viele zerbrechliche Gefühle. «

»Die habe ich leider noch nicht gefunden«, sagte Barenseigs.

Sirin lachte laut auf.
»Die werden sie auch nie finden, Gildor«, schrie sie laut.

Marc hob seine Hand. Sirin verstand und verzichtete auf weitere Kommentare. Sie drehte ihren Kopf und blickte in eine andere Richtung.

»Kommen sie mit mir«, sagte Major Travis zu Barenseigs. »Ich will ihnen etwas zeigen.«

»Aber nicht ohne uns«, rief Tart 1.

»Ich möchte Barenseigs nur etwas zeigen«, erwiderte Marc. »Das geht doch auch einmal ohne euch.«

»Sie kennen die Vorschriften«, antwortete Tart 2. »Wir können gerne hierbleiben, dann aber informieren wir Noel, dass sie alle Sicherheitsmaßnahmen boykottieren und ungeeignet sind, als Verwalter der natradischen Hinterlassenschaften aufzutreten. Mit Noel können sie sich dann auseinandersetzen.«

»Schon gut«, sagte Marc. »Ich habe verstanden. Haltet euch dezent im Hintergrund.«

Die Gruppe verließ die Brücke und ging zu einem Lift, der sie zwei Etagen nach unten beförderte. Die Lifttür sprang auf.

»Wir müssen zum Bug«, sagte Marc.
Sie schritten aus dem Lift in einen langen Korridor.

»Haben sie Erfahrungen mit Unterwasserbooten? «, fragte er den Gildor. Dieser mustere den Major kurz
.
»Das ist für einen Außenagent der Admiralität selbstverständlich«, antwortete er. »Wir haben zwar keine speziellen Boote wie sie, doch besitzen wir tauchfähige Flugmaschinen. Wir treffen immer wieder auf Wasserplaneten, die intelligentes Leben hervorgebracht haben. Um mit diesen Rassen Kontakt aufzunehmen, brauchen wir eben auch Unterwasser-Gleiter. «

»Wie sieht es auf ihrem Heimat-Planeten aus«, fragte Marc. »Besitzen sie dort Ozeane, Meere und Flüsse? «

»Ja«, antwortete der Gildor. »Dafür haben unsere Umwelt-Konstrukteure gesorgt. «

Marc schaute ihn an.

»Sie haben richtig gehört«, ergänzte Barenseigs.
»Hierfür haben wir entsprechende Umwelt-Konstrukteure, die unsere Welt so anpassen, wie wir sie haben wollen. Unser Planet hatte in seiner ursprünglichen Form keine entsprechenden Ressourcen gehabt. Wir haben alles im Laufe der Jahrtausende künstlich angelegt. Die Lebewesen unseres Volkes können sich aussuchen, ob ihre Wohneinheiten in bewaldeten Zonen, in sonnigen Zonen oder am Meer liegen sollen. Ebenfalls wurde der Wunsch unserer Rasse nach ruhigen, angenehmen Zonen des Planeten Rechnung getragen. Die Industriezonen des Planeten, es gibt viele von ihnen, liegen außerhalb der Wohnbereiche unseres Volkes. Hiermit sind wir immer gut gefahren.«

»Ich bemerke, dass sie immer von ihrem Volk und von Lebewesen sprechen?«, erkundigte sich Marc. »Hat ihr Volk keinen Namen. Es können doch nicht alles Gildoren sein?«

Barenseigs schluckte.
»Diese Information ist geheim«, sagte er. »Ich wollte eigentlich vermeiden, dass sie hiernach fragen. Aber was macht es aus, ich bin weit weg von zu Hause. Wir nennen uns Santaraner. Bezogen auf unsere Kunst-Galaxis Santaron, im Sternbild der Jungfrau im Sombrero-Nebel.«

»Nur so kann Vertrauen zwischen uns wachsen«, erwiderte Marc. »Jetzt weiß ich schon wieder etwas mehr von ihrem Volk. Diese Daten würde ich auch brauchen, wenn wir sie zu gegebener Zeit zu ihrem Volk zurückbringen. «

»Das wird ein schwieriges Unterfangen für uns«, antwortete Barenseigs. »Es ist verboten, die Koordinaten unserer Kunst-Galaxie preiszugeben. «

»Machen sie sich keine Sorgen«, entgegnete Marc. »Wir werden eine Lösung finden. «

Sie hatten das Ende des Korridors erreicht.
»Ich zeige ihnen gleich die natürlichen Ressourcen eines Planeten«, wechselte Marc das Thema. »Auf unserem Planeten ist nichts künstlich angelegt, sondern alles von der Natur erschaffen worden. «

Marc öffnete das vor ihm liegende Schott.
Die Tore schoben sich beidseitig auseinander.

»Das ist unsere Aussichts-Plattform«, erklärte Marc.
Der kleine Raum bestand überwiegend aus Glasscheiben, die von außen von Metallwänden geschützt wurden. Er trat an die vorderste Scheibe heran und betätigte einen Knopf, unterhalb des Fensters. Ein Servo-Motor erwachte

zum Leben. Langsam fuhren die Schutzwände aus Metall zurück und gaben den Blick nach außen frei.

»Wir liegen derzeit auf einem Kurs von 5.300 Metern unter dem Meeresspiegel«, sagte er. »Unser Schiff ist für eine Tiefe von bis zu 13.000 Metern ausgelegt.«

»So tief war ich noch nie unter Wasser«, schluckte Barenseigs sichtlich beeindruckt.

Die blaugrüne Farbe des Meeres faszinierte ihn. Fischschwärme zogen an dem Boot vorbei, das sich weiterhin auf Schleichfahrt seinem Ziel näherte.

»Man hört gar nichts von Antrieben?«, bemerkte Barenseigs.

»Der ist bewusst geräuscharm entwickelt worden«, entgegnete Marc. »Es gibt Ortungs-Geräte, die Geräusche erfassen können. Auch das Wasser leitet die Geräusche sehr gut weiter.«

»Sie scheinen in diesem Bereich tatsächlich mehr Erfahrung zu besitzen als wir«, bestätigte der Gildor.

Etwas Großes schwamm ruckartig an dem Fenster vorbei. Erschreckt wich der Gildor einen Schritt zurück.

»Das war ein Blauwal«, sagte Marc. »Er gehört zu den größten Tieren, die auf der Erde leben haben. Ein Blauwal kann bis 35 Meter lang werden und ein Gewicht von bis zu 200 Tonnen erreichen. Sie zeichnen sich durch eine ungewöhnliche Langlebigkeit aus. Wir sind bereits auf Tiere gestoßen, die bis zu 211 Jahren alt wurden. Sie durchqueren die Meere und ernähren sich überwiegend von Plankton. Früher wurden die Tiere auf unserem Planeten gejagt, doch das ist heute verboten. Wir konnten dafür sorgen, dass ihr Bestand wieder merkbar zunimmt.«

Barenseigs zeigte sich interessiert.
»Eine solche Tierwelt haben wir nicht auf unserem Kunst-Planeten«, erklärte er. »Schon gar nicht Lebewesen in dieser Größe.«

»Sie sehen, dass ihr altes Heimat-System immer noch sehr viel zu bieten hat«, sagte Marc. »Gehen wir wieder auf die Brücke. Wir nähern uns den Zielkoordinaten.«

Atlanta hatte ihre Offiziere, in der Zentrale der Basis versammelt.

»Ihr wisst, worum es geht?«, fragte sie.

Ihre Experten nickten stumm.

»Die unter der Kontrolle des KI-Manipulators stehenden Kampf-Roboter dürfen nicht in den Energie- und Maschinenpark eindringen«, erklärte Senga-Hol »Wir müssen sie mit unserer ganzen Kraft aufhalten. «

»Sie sind uns in der Anzahl weit überlegen«, antwortete Arfan-Don.

Alle schauten ihn an.

»Das weiß ich selbst«, erwiderte Atlanta schroff. »Ich nenne euch Kinder von Atlantis. Ihr seid hier geboren, erzogen und ausgebildet worden. Was macht es für einen Sinn, wenn euer Atlantis nicht mehr existiert? Wollen wir das zulassen? «

Wie aus einem Mund kam die Antwort.
»Nein«, ertönte es laut in der Zentrale.

Wieder fragte Atlanta.
»Wollen wir das zulassen? «
»Nein«, ertönte die Antwort etwas lauter.

»Wollen wir das zulassen«, schrie sie erneut.
Die Angesprochenen antworteten laut.

»Nein«, schrien förmlich alle ihre Offiziere.

»Dann lasst uns auch danach handeln«, ergänzte sie.
»Ich bin mir sicher, dass wir Unterstützung bekommen werden.«

Ein Raunen ging durch die herumstehenden Offiziere.
»Wo soll die herkommen?«, fragte Ragal-Son.

»Ich habe Noel von Natrid einen Code übermittelt«, erwiderte Atlanta. »Dieser Geheim-Code kann nicht von dem KI-Manipulator entschlüsselt werden. Er ist in keiner Datenbank hinterlegt. Er besagt, dass wir dringend Hilfe brauchen und nicht auf unsere eigenen Ressourcen zurückgreifen können.«

»Aber die Natrader sind abgezogen, geflüchtet, oder evakuiert worden«, bemerkte Fanga-Gol. »Es stehen gar keine Ressourcen mehr zur Verfügung.«

»Ihr irrt euch gewaltig«, schrie der mobile Arm der M-KI. »Noel hat Zugriff auf unzählige Kampf-Roboter, die alle von dem KI-Manipulator nicht beeinflusst werden können. Ferner existiert kein Netzwerk, das unser Problem auf andere KIs übertragen kann. Ich bin sicher, wenn der heutige Tag zu Ende ist, haben wir das Schlimmste überstanden.«

Atlanta schaute ihre Offiziere an.

»Noch etwas«, sagte sie. »Ihr wisst, dass ich Gedanken lesen kann. Hier in der Tiefe von 6.300 Metern unter der Wasseroberfläche kann ich nur minimale Gedanken-Ströme von der Oberfläche aufnehmen. Aber sie sind da. Wir sind gerade erst aus der Stasis-Kammer erwacht. Berücksichtigen wir aber die Dauer, dann haben wir 95.000 Jahre geschlafen. Es hat sich einiges getan auf Tarid. Eine neue humanoide Rasse hat sich den Planeten zu Eigen gemacht. Diese Rasse stammt nicht aus dem Weltraum. Nein, es sind die Nachfahren von uns und den Natradern.«

Atlanta blickte ihre Offiziere an und sah begeisterte Gesichter.

»Der KI-Manipulator lässt uns derzeit nicht nach außen sehen«, sagte sie. »Ich kann also noch nicht sagen, wie es auf der Landmasse, um uns herum aussieht. Wir werden es aber noch erfahren. Fanga-Gol, du sicherst die Zentrale. Verschließe sie und errichte den Sicherheits-Schirm um sie. Unsere Zentrale hat eine separate Energie-Versorgung. Dieser kann nicht über die zentrale Energiezufuhr abgeschaltet werden. Ihr anderen kommt mit mir. Senga-Hol, wir holen die Fremden. Sie sollen uns bei der Suche helfen. Aktiviert den Energieschirm eurer Kampf-Anzüge. Es geht los.«

Im Laufschritt verließ die Gruppe die Zentrale und lief den langen Verbindungs-Korridor entlang. Es dauerte eine Weile, bis sie die Abteilung der Wohnquartiere erreicht hatten. Obwohl die Basis eine große Ausdehnung hatte, lagen alle wichtigen Bereiche in dem Kern der Anlage. Rantero und Bantero standen bereits vor ihrem Quartier, als Atlanta mit ihrer Gruppe eintraf.

»Es tut mir leid, dass ich jetzt bereits auf ihre Mithilfe angewiesen bin«, begrüßte sie die Fremden. »Der KI-Manipulator will die Kontrolle der Basis an sich reißen und unsere Station zerstören. Wir haben keine Kontrolle mehr über unsere Kampf-Roboter. Kommen sie bitte mit mir. Wir müssen das Gerät finden und es unschädlich machen.«

»Wir helfen ihnen natürlich«, sagte Rantero. »Haben sie einen Fesselstrahler dabei?«

»Was ist das?«, fragte Atlanta. »So etwas haben wir hier auf der Basis nicht.«

Rantero und Bantero schauten sich an.

»Ohne einen Fesselstrahler wird das Gerät bei einer Zerstörung den ganzen Gedächtnis-Speicher ihrer M-KI zerstören«, erklärte Rantero. »Bei einem gezielten Laser-Beschuss verursacht es eine immense Überspannung und zerstört die sensiblen Hypertronic-Kerne, also das Gehirn der M-KI. Können sie alle Vorgänge der Basis manuell steuern?«

»Nur mühsam«, antwortete Atlanta. »Dafür ist sie zu komplex.«

»Dann haben wir ein Problem«, ergänzte Rantero. »Diese KI-Manipulatoren sind mit rotierenden Subroutinen ausgestattet, die ihnen viele mögliche Szenarien anbieten. Es kann auch sein, dass er wichtige Energie-Meiler der Basis überlastet und diese zur Explosion bringt. Ich vermute, da ihre Basis unter Wasser liegt, wird er an mehreren Stellen die Außenwand sprengen und einen Wassereinbruch verursachen.«

»Wir können jeden Bereich zusätzlich abschotten«, antworte Atlanta.

» Falls sie hierauf noch Zugriff haben«, erwiderte Rantero. » Der Manipulator wird versuchen ihren Zugriff komplett abzuschalten.«

»Welche anderen Möglichkeiten sehen sie, den Manipulator auszuschalten?«, erkundigte sich Atlanta.

Rantero überlegte.
»Haben wir eine Möglichkeit«, überlegte der Worgass. »Die Energie-Versorgung ihrer Basis muss für zwei Sekunden komplett abgeschaltet werden, oder ausfallen.«

»Das ist nicht so einfach«, antwortete sie. » Hierdurch fallen auch alle Schutz-Schirme aus, die den Wasserdruck des Ozeans an den Wänden unserer Basis regulieren. Ich bin mir nicht sicher, ob wir dem Wasserdruck in einer Tiefe von 6.300 Metern standhalten. «

»Können sie Energie-Ströme manuell umleiten? «, fragte Bantero.

»Wir haben im Energie-Park eine separate Steuerung für alle technischen Anlagen«, antwortete sie. »Diese wurde seinerzeit also Notfall-Steuerung eingebaut. Wir haben nie gedacht, dass wir sie einmal brauchen würden. Das ist möglich, braucht aber etwas Zeit, bis die Basis die zweiten Energiefelder aktiviert hat. Diese Zeit werden wir nicht haben. Ich rechne jede Minute mit einem Angriff der Kampf-Roboter. «

»Woher wissen sie das? «, fragte Rantero.

»Ich empfange immer noch Fragmente unserer M-KI«, antwortete sie. »Ich spüre ihren Schmerz und registriere, dass sie immer schwächer wird. «

»Sichern sie die Daten ihrer M-KI für einen Neustart und für einen späteren Download ihrer Daten«, antwortete Rantero. »Denn hier hilft nur die gewaltsame Entfernung des KI-Manipulators. Was dann mit der Basis passiert, kann ich nicht sagen. So etwas haben wir noch nicht erlebt. «

»Wie arbeitet so ein Fesselfeld? «, fragte Atlanta schnell.

» Die Wirkungsweise ist vergleichbar mit einem Laser-Strahl, jedoch vernichtet der Strahl nicht, sondern er umschließt das Objekt vollständig. Gleichzeitig zieht er es zu dem Ursprung des Strahls zurück. «

Atlanta hatte gespannt zugehört.
»Das scheint mir eine Weiterentwicklung eines Fang-Strahles zu sein«, sagte sie.

Rantero horchte auf.
»Haben sie mobile Geräte des Fangstrahles zur Verfügung? «, fragte er.

»Wir haben viele mobile Geräte«, sagte sie. »Das Gerät, das unser medizinisches Fesselfeld erzeugt, ist nicht besonders groß. Es kann von zwei Leuten bequem getragen werden.«

»Das ist perfekt«, bemerkte Rantero. » Wir brauchen dann nur noch ein Laser-Gewehr und müssen die Verbindung der Pole neu ausrichten und eine Verbindung zu ihrem medizinischen Gerät herstellen. Der Strahl sollte wesentlich dünner sein als bei den gebräuchlichen Laser-Gewehren.«

»Folgen sie uns bitte«, sagte Atlanta. »Wir müssen in unseren Maschinenpark.«

Die kleine Gruppe lief ein Stück den Korridor entlang, auf den nächsten Lift zu. Senga-Hol blickte hinein und blieb stehen. Er breitete seine Hände aus und hielt die Nachfolgenden zurück. Vor Ihnen lag ein tiefes Loch.

»Ausgeschaltet«, rief er seiner Kommandantin zu. »Der KI-Manipulator denkt mit.«

Atlanta stellte sich neben ihn und blickte ebenfalls hinunter. Das Ende des Schachtes konnte mit bloßen Augen nicht ausgemacht werden.

»Hoffentlich konnten unsere Leute die Barrikaden noch rechtzeitig aufbauen«, bemerkte sie.

Senga-Hol aktivierte seinen Basis-Funk. Er sprach einige Worte hinein und erhielt auch sofort Antwort.

»Dort besteht kein Problem«, antwortete er. »Unser Personal ist vorbereitet und in Stellung gegangen.«

Er blickte in das verzerrte Gesicht von Atlanta.

»Die M-KI schreit vor Schmerzen«, sagte sie. »Sie kämpft noch dagegen an, aber ich merke bereits, wie sie schwächer wird. Bring uns nach unten.«

Senga-Hol blickte sich um. Er lief auf die gegenüberliegende Seite des Ganges. Dort war ein Notschacht. Schnell löste er die Verriegelung und öffnete die runde Abdeckung. Er blickte hinein und sah Sprossen an der Wand, die in die Tiefe führten.

»Alle hierher, das ist jetzt der einzige Weg nach unten«, rief der erste Offizier.

Senga-Hol ergriff mit seinen Händen die erste Sprosse und zog sich in den Schacht. Seine Finger verkrampften schier.

»Folgt mir, ich klettere voraus«, rief er.
Zügig folgten die wartenden Personen dem 1. Offizier.

***

Major Travis war zurück auf der Brücke des EWK-U-Bootes. Er blickte auf die Monitore. Die Größe des blinkenden gelben Punktes hatte massiv zugenommen.

»Ich gehe auf die Zieltiefe von 6.300 Metern«, sagte Captain Lanere. »Wir werden in 15 Minuten Kontakt zu dem Schutzschirm erhalten.«

Marc dreht seinen Kopf in die Richtung des Lantraners. »Heran, sind sie bereit«, fragte er

Dieser nickte kurz.
»Alle Anzeigen sind positiv«, lächelte er. »Ich kann den Modulations-Schirm aber erst 1 Minute vor unserem Kontakt aktivieren, ansonsten wäre er zu orten.«

»Reicht die Zeit dann noch?«, erkundigte sich Marc.

»Ich denke schon«, erwiderte Heran gelassen. »Das sollte funktionieren, ich habe es mehrmals durchgerechnet. «

»Achtung wir nähern uns«, rief der Captain. » Kontakt in 7 Minuten EWK-Zeit. «

»Bereitmachen«, sprach Major Travis in seinen Helm-Funk.

Alle schauten gespannt auf die Monitore. Eisige Stille herrschte auf dem Schiff.

»Kontakt in 1,20 Minuten«, flüsterte der Captain. »Sie übernehmen jetzt. «

Marc schaute zu Heran. Heran verstand dies als Aufforderung und drückte einen Schalter auf der Tastatur vor ihm. Der Modulations-Schirm baut sich auf und umgab das Schiff.

»Kontakt jetzt«, schrie der Captain.
Ein kurzer Ruck ließ die Offiziere auf der Brücke unruhig schaukeln. Die Maschinen des U-Bootes heulten auf, normalisierten sich aber direkt wieder.

»Der Schirm hat sich verbunden«, bemerkte Heran. »Wir sind drin. Drosseln sie die Fahrt. Außenbild-Schirme an. «

Die Bildschirme flammten auf. Sofort wurden unüberschaubar viele weiße Bauten, Gebäude, Hallen und Türme unterschiedlicher Größe sichtbar. Ein Ruf des Erstaunens wurde hörbar. Das vorderste Gebäude schien ein geschlossener Hangar zu sein. Das dunkle Wasser des Ozeans verhinderte einen weiteren Überblick über die komplexe Anlage. Barenseigs zeigte auf die Laser-Abwehr-Geschütz-Türme.

»Das sind gewaltige Laserwerfer«, murmelte er. »So etwas wird heute gar nicht mehr gebaut. Eine immense Material-Verschwendung.«

Sirin hatte die Bemerkung mitbekommen und ließ es sich nicht nehmen, eine Äußerung von sich zu geben.

»Es geht hier nicht um Material-Verschwendung«, antwortete sie. »Die Laser-Türme sind die Effektivität pur. Meinen sie, ansonsten hätten vor dem Untergang so viele Schiffe der Sauroiden vernichtet werden können.«

Barenseigs nickte, um Ruhe zu bewahren. Er nahm sich vor, in der Gegenwart von Sirin keine Äußerung mehr von sich zu geben.

Heinze blickte bewusst in eine andere Richtung. Er hatte aber gedanklich alles mit verfolgt.

»Ob die Beiden nochmals Freunde werden? «, schmunzelte er.

Heran zeigte auf den Monitor.
»Da in der rechten Ecke scheint eine Luke zu«, sagte er. »Das sieht mir fast nach einem Personen-Schott aus. Captain docken sie das Schiff dort an. «

Der Captain schaute Major Travis an.

»Wir versuchen es«, erwiderte dieser. »Der Schott liegt sehr nahe am Meeresboden, bekommen sie das Schiff richtig ausmanövriert, Captain? Ich hoffe, unser Verbindungs-Rüssel kann sich noch verankern. «

»Das sollten wir hinbekommen«, erwiderte Captain Lanere. »Steuermann, versuchen sie eine Schleife zu steuern und bringen sie unsere Backbord-Seite möglichst dicht an das Schott heran. «

»Zu Befehl, Captain«, antwortete der Offizier.
Den Blick nicht von seinen Anzeigen nehmend, verminderte er die Geschwindigkeit des Bootes und

manövrierte es langsam an den Personen-Schott der Basis heran.

»Wir sind in Position«, rief der Steuermann. »Die Lage des Schiffes wird eingependelt. Ich fahre Bodenkufen aus. «

Ein leichter Ruck bestätigte, dass die Bodenkufen einen festen Halt gefunden hatten. Der Captain nickte seinem Offizier zu.

»Gut gemacht«, sagte er. »Die magnetische Verankerung aktivieren. «

Magnetische Metallhalter fuhren aus dem Schiff aus und suchten sich einen Platz auf dem Natrid-Metall der Basis.

»Das Schiff liegt sicher«, rief der Steuermann. »Der Ausstiegs-Rüssel ist ausgefahren und befestigt. Der Atmosphären-Druck wird aufgebaut. «

Der Captain des Atom-U-Bootes lächelte. Er war sichtlich froh, dass bis zu diesem Punkt keine unvorhergesehenen Aktivitäten gemeldet wurden.

»Wir haben angedockt«, teilte er mit. »Ich übergebe jetzt an sie, Major Travis. «

»Danke«, antwortete der Major.

Er zog seinen internen Flotten-Communicator aus der Tasche seiner Taja. Er klappte ihn auf und drückte die Verbindung zu Sergeant Hardin.

»Hier ist Hardin«, meldete sich der Sergeant sofort.

»Major Travis spricht«, sprach Marc in das Gerät. »Sergeant bereiten sie ihr Team vor. Wir dringen jetzt ein.«

»Zu Befehl Major«, tönte es aus dem Gerät. »Wir sind bereit. Unser Treffpunkt ist die Ausstiegsluke.«

Marc klappte den Communicator zu und drehte sich zu seinem Team um. Alle hatten bereits ihre Taja angezogen und den Schutz-Schirm aktiviert. Die lustigste Figur war Heinze. Für ihn mussten mehrere Taja's auf seine Sondergröße angefertigt werden.

»Gehen wir«, sagte er zu seinem Team. »Wir dringen in der gewohnten Vorsicht vor, das braucht nicht extra erwähnt zu werden.«

Das Team eilte von der Brücke des U-Bootes den breiten Korridor entlang. Auf der Hälfte des Bootes wechselte das

Team in den rechten Gang, der auf den Ausstiegs-Schott zulief. Er war schon von weitem sichtbar. Zwei Leutnants der Sicherheit standen davor Spalier. Als sie Major Travis und sein Team hereneilen sahen, salutierten sie und traten von dem Eingang zurück. Ein Leutnant gab einen Zahlencode in den elektronischen Öffnungsmechanismus ein. Die Sicherheitswände des Ausstieges verschwanden seitlich in der Verkleidung.

Marc und Heran schauten als erste Personen in den 3,50 Meter langen Rüssel. Tart 1 zog ihn zurück. Sein eiserner Griff ließ keine andere Möglichkeit zu.

»Sie werden nicht als Erster dort hineingehen«, ertönte es in einer metallischen, tonlosen Stimme. »Dafür haben wir die Shy-Ha-Narde dabei. Gedulden sie sich bitte etwas.«

Marc schaute Sirin an, vermied es aber etwas zu sagen. Sie zog unschuldig ihre Schultern hoch. Ihr war das Spielchen bereits länger bekannt.

»Vor uns liegt die alte Tarid-Basis der Natrader«, sagte Marc. »Atlantis wurde gefunden.«

Sergeant Hardin war angekommen. Die Kolonne aus Kampf-Robotern und Marines füllte den ganzen Gang des

U-Bootes. Auf Antigrav-Trägern wurden vier starke mobile Laser-Geschütz-Türme transportiert. Weitere Antigrav-Lastenträger waren mit Kisten und Utensilien bepackt.

Marc hatte Tart überzeugt, kurz mit Heran in den Verbindungs-Rüssel zu gehen und den Öffnungs-Mechanismus zu untersuchen. Vorsichtig legte Marc seine Hand auf das natradische Metall.

»Es fühlt sich warm an«, sagte er zu Heran.
Marc kannte die speziellen Eigenschaften des Materials. Es war widerstandsfähig, zäh und wies eine extreme Dichte auf. Einmal verarbeitet, lässt es sich nur sehr schwierig wieder zerstören.

»Nun kommen sie mal nicht ins Schwärmen«, flüsterte Heran ihm zu. »Andere Rassen haben auch exzellente Metall-Legierungen. Hier ist ein elektronisches Öffnungsmodul alter natradischer Bauart«, sagte er.

»Haben sie den Code hierfür? »Ich habe einen Zentral-Code von Noel«, erwiderte Marc. »Der sollte jede Basis öffnen. «

»Probieren sie ihn einmal«, lächelte Heran. » Energie scheint noch auf dem Code-Schloss zu sein. Vielleicht haben wir Glück. «

»Stopp«, rief jemand in seinem Rücken.
Tart 1 und Tart 2 kamen auf sie zu.

»Wenn man ihnen den kleinen Finger reicht, nehmen sie immer die ganze Hand«, bemerkte Tart 1.

»Das ist aber ein terranisches Sprichwort«, antwortete Major Travis. »Das sollte eigentlich nicht Inhalt eurer Programmierung sein.«

»Es wird sie jetzt verwundern«, sagte Tart 2. »Auch wir sind in der Lage neue Dinge aufzunehmen und diese in unserem Gedächtnis-Speicher zu hinterlegen.«

Heran verzog das Gesicht.
»Auch wieder so eine experimentelle Spielerei der Natrader«, dachte er.

Tart 1 blickte ihn nur kurz an und ließ sein Redeverlangen verstummen. Fast schon grob wurden Heran und Marc von den Personen-Schutz-Robotern zur Seite gedrängt. Tart 1 und Tart 2 positionierten sich mit schussbereiten Laser-Gewehren vor dem noch ungeöffneten Schott.

Marc aktivierte den Neolrith, der in seiner rechten Hand implantiert war. Er musste kurz auf die Oberfläche seiner

Haut drücken, um diesen einzuschalten. Er drehte seine Handfläche um. Eine Tastatur und ein Sichtfeld wurden grün schimmernd unter seiner Haut sichtbar. Marc tippte seinen Befehl ein.

» Suche den zentralen Zugangangs-Code für die Tarid-Basis«, gab er ein.

Die Antwort erschien umgehend auf der Anzeige. »Zentraler kaiserlicher Code AT-297-NKS-1995-HAAYPT«, las er ab.

Marc tippte ihn in das Tastaturfeld ein. Zu Herans Verwunderung wurde der Code tatsächlich angenommen. Der schwere Schott öffnete sich beidseitig. Dunkelheit empfing sie. Abgestandene Luft strömte ihnen entgegen.

Marc drehte sich zu Sergeant Hardin um.
»Schicken sie ihren Sicherungs-Trupp herein und die Wartungs-Roboter. Sie möchten die mobilen Licht-Module und die Frischluft-Aggregate installieren. «

Sergeant Hardin bestätigte und gab entsprechende Befehle. Er winkte die Kampfroboter, seine Marines und die Wartungsroboter mit ihren technischen Geräten an Major Travis und Heran vorbei. Die Shy-Ha-Narde verteilten sich in alle Richtungen. Sie benötigten kein Licht. Ihre Infrarot-Sensoren erfassten trotz der Dunkelheit jede noch so kleine Bewegung. Die bedrohlich aussehenden Roboter, neuster EWK-Konstruktion waren bereits bestens instruiert. Nacheinander marschierten sie durch den Personen-Schott in das Innere der Halle. Ihnen folgten bewaffnete Marines mit schwerer Kampf-Ausrüstung. In dem Dunkel des Verbindungs-Rüssels leuchteten ihre Taja's leicht.

Einheiten von Wartungs-Robotern schoben die Antigrav-Träger mit Waffen, Gerätschaften und Generatoren durch die Luke. Die 120 Kampf-Roboter hatten sich verteilt, sich teilweise Deckung gesucht und sicherten die nachrückenden Marines und die Stabs-Offiziere ab. Ihre Augen leuchteten tiefrot. Es war ruhig in der Halle, nur die Geräusche der Service Roboter, welche die Generatoren installierten und große Lichtstrahler aufbauten, waren zu hören. Die Geräusche wurden plötzlich wesentlich lauter. Energie-Erzeuger terranischer Produktion liefen. Große Strahler flammten auf und fluteten die Halle mit hellem Licht.

Sergeant Hardin kam zurückgelaufen und blieb vor dem Zugangs-Rüssel stehen.
»Der Hangar ist gesichert«, Herr Major.

»Danke Sergeant«, antwortete Marc.
Er gab seinen Leuten ein Zeichen. Tart 1 und Tart 2 schritten vor. Ihnen folgten Heran und Major Travis. Dann gingen Sirin und Heinze in die Halle. Zum Schluss folgten Commander Brenzby und Barenseigs. Marc drehte sich zu Heinze um.

» Kannst du etwas empfangen, Heinze? «, fragte Marc. Dieser nickte aufgeregt.

»Die Signale werden stärker«, bemerkte er. »Atlanta hat ihr Personal mit schweren Waffen ausgerüstet. Sie haben sich in Gruppen aufgeteilt und alle Zugänge, rund um den Maschinenraum und den Energie-Park geschlossen. Sie warten auf den Angriff der beeinflussten Kampf-Roboter. Sie haben Blockaden errichtet und tragbare Schutz-Schilde aufgebaut. Sie werden den Zugang, bis zu dem letzten Mann sichern. Sie wissen noch nicht, dass wir da sind. Sie haben es geschafft, den KI-Manipulator zu beschäftigen. Er beachtet die äußeren Sensoren der Station nicht. Deswegen scheint der KI-Manipulator auch noch nichts von unserer Anwesenheit zu wissen. Er kontrolliert vermutlich die Haupt-Energieleitungen zur M-KI. «

»Das kommt unserem Interesse sehr gelegen«, antwortete Heran.

»Noch sind wir nicht am Ziel«, erwiderte Marc.

Er blickte wieder Heinze an.
»Kannst du Atlanta einen Gedankenimpuls senden, dass natradische Nachkommen mit Kampf-Truppen und Kampf-Robotern eingedrungen sind, um sie zu unterstützen. Sie möchte ihre exakte Position angeben, damit wir sie finden können. «

»Ich versuche es sofort«, sagte Heinze.

Der Blick von Heinze wurde abwesend. Das war ein Zeichen für Major Travis, das sich sein Freund bemühte Kontakt aufzunehmen. Es dauerte nur wenige Sekunden, da erreichte ihn gedanklich eine Antwort.

»Ich habe sie erreicht«, bemerkte Heinze freudig. »Ich konnte ihre Freude spüren. Sie teilte mir mit, dass sie sich in der untersten Etage, vor dem Haupt-Eingang zum Energie-Park verschanzt haben. Sie bittet um einen Fesselstrahler, den wir mitbringen möchten. Ohne diesen, lässt sich der KI-Manipulator nicht so einfach aus den Energie-Bahnen der M-KI lösen. «

»Den gab es vor 95.000 Jahren noch nicht«, bemerkte Heran. »Mit dieser Waffe lassen sich die Standard KI-Manipulatoren leicht entfernen.«

»Ich bin noch nicht fertig mit meinen Ausführungen«, ergänzte Heinze.

»Entschuldigung«, antwortete Heran und streichelte ihn liebevoll über seinen geschlossenen Helm.

»Atlanta teilte weiter mit, dass sie überall ihre atlantischen Kampf-Truppen positioniert«, erklärte Heinze. »Diese werden versuchen die Roboter-Kohorten aufzuhalten. Falls wir auf eine Kampftruppe stoßen sollten, bittet sie die Parole "Atlantis lebt" zu rufen. Wir werden dann durchgelassen.«

Heinze ließe eine kurze Pause vergehen.
»Noch etwas«, bemerkte Heinze.

Major Travis und Heran schauten ihn gespannt an.
»Unter ihrem Team sind zwei fremde Gedanken-Muster«, erklärte Heinze. Diese wirre Gehirnstruktur habe ich schon einmal gescannt. Ich will jetzt keine negativen Gerüchte in die Welt setzen. Sie erinnern mich sehr stark an das Gedankengeflecht der Worgass. Es müssen unsere Geflüchteten sein, die wir bereits kennengelernt haben.«

»Soll das bedeuten, das die Flüchtlinge Bestandteil ihres Teams sind?«, fragte Major Travis.

Heinze bestätigte.
»Da bin ich mir ganz sicher«, antwortete er. »Den Grund hierfür sollten wir abfragen.

Commander Brenzby hatte sich dazu gesellt und seinen Scanner aktiviert.

»Wir werden 20 Minuten brauchen, bis wir ihre Position erreicht haben«, sagte er.

Marc winkte Sergeant Hardin heran.
»Informieren sie ihr Team, das wir diese Position im Laufschritt ansteuern.«

Marc zeigte auf den Scanner von Commander Brenzby.

»Lassen sie 6 Kampf-Roboter als Vorhut vorausgehen. Danach folgen die vier Laser-Kanonen auf den Antigrav-Trägern. Aktivieren sie diese zu unserer Sicherheit. Ich rechne mit einer starken Gegenwehr. Lassen sie die Kanonen auf eine maximale Streuwirkung einstellen. Die Roboter der Tarid-Basis haben nicht unsere lantranischen Superschirme. Darum denke ich, dass unsere modifizierten Laser-Kanonen die Roboter leicht ausschalten werden. Wir müssen uns zu Atlanta und ihrer Kampf-Truppe durchschlagen.«

Marc schaute Heran, Heinze, Sirin, Commander Brenzby und Barenseigs an.

»Noch irgendwelche Fragen?«, erkundigte er sich.

»Alles verstanden«, antwortete Heran. »Bereiten wir dem Spuk ein Ende.«

»Auf in den Kampf«, befahl Marc an die Anschrift von Sergeant Hardin.

Der gab der Vorhut der Shy-Ha-Narde das Zeichen vorzurücken. Im Laufschritt eilte die Unterstützung für Atlanta die Korridore entlang. Die Laser-Gewehre waren scharf. Noch war kein Widerstand auszumachen. Die kleine Gruppe von 6 Kampf-Robotern leuchteten alle Gänge und Abzweigungen aus. Sie näherten sich den Koordinaten von Atlanta.

***

Der mobile Arm der M-KI hatte mit ihrem Team den Energie-Park erreicht. Ihre atlantischen Kinder hatten den Haupt-Zugang bereits blockiert und mit Laser-Energie-

Abwehrschildern gesichert. Schnell öffneten sie für ihre Kommandantin einen Durchgang und ließen die anderen Offiziere hinter die Blockade treten. Sie trat zu Wagol-Sun, der die atlantischen Kampf-Truppen befehligte. Sie schaute ihn fragend an.

»Noch ist nichts passiert«, bemerkte dieser. »Auch bei unseren Trupps, die alle anderen Zugänge sichern, sind noch keine Roboter aufgetaucht. «

»Das kann sich schnell ändern«, antwortete Atlanta. »Das Positive ist, wir haben Unterstützung von Natrid erhalten. Kampf-Truppen sind bereits in der Basis und stoßen in Kürze zu uns. Ich habe die Parole "Atlantis lebt" ausgegeben. Wenn die Unterstützung diese Parole ruft, wisst ihr, dass die Roboter und Einsatzkräfte zu uns gehören. «

»Ist Natrid wieder bewohnt? «, fragte Wagol-Sun verdutzt?

»Ich bin mir nicht sicher«, antwortete sie. »Wir können derzeit nicht unsere Außensensoren aktivieren. Das heißt, wir sind blind. Ich kann nicht sagen, was um uns herum passiert. «

Sie fasste sich mit ihrer Hand an den Kopf und legte ihn schräg. Ihr Blick trübte sich. Senga-Hol hatte dies beobachtet und wusste, dass sie eine Mitteilung empfing.

»Ich habe gerade wieder eine gedankliche Nachricht erhalten«, sagte sie. »Marines und Kampf-Roboter sind auf dem Weg zu unseren Koordinaten. Sie werden die Parole "Atlantis lebt" rufen. Sie haben Laser-Kanonen dabei. Informiere alle Einheiten, dass sie nicht auf die Unterstützung schießen. Sie sollen nach der Parole rufen.«

Wagol-Sun gab den Befehl sofort an den Funkbereich weiter. Der Funkoffizier wählte direkt alle weiteren atlantischen Einheiten an und informierte sie über die Parole.

»Was sind Marines? «, fragte Wagol-Sun.
Atlanta schaute ihn an. »Ich habe bereits nachgefragt, « bemerkte sie. »Es handelt sich um ausgebildete Elite-Soldaten von unserem Planeten Tarid. «

Sie sah die begeisterten Augen ihres Personal Koordinators.

»Warten wir ab, ob sie auch einen Kampf gegen die Roboter standhalten können«, sagte sie «

Atlanta drehte sich um und schaute Rantero und Bantero an. Sie wurden von vier Offizieren ihrer Brücken-Crew eskortiert. Ihre Hände schwebten gefährlich über den Laser-Waffen, die jedoch noch in ihren Kampf-Gürteln steckten.

»Folgen sie mir bitte, ich zeige ihnen, wo sich die Energie-Versorgung der M-KI ist«, sagte Atlanta.

Schnellen Schrittes eilte das Team in die Mitte des großen Energie-Parks. Die Halle war gewaltig, es dauerte eine Zeit, bis sie endlich das große Gebilde erreicht hatten, das den Sockel der M-KI darstellte. Rantero verdrehte seine Augen und rieb sich über seine Uniform.

»Das ist eine monströse Konstruktion«, dachte er. »Wie viele Energieleitungen werden hier wohl zentriert sein, um die energetische Versorgung zu gewährleisten. «

Bantero hatte seine Arme vor dem Brustkorb verschränkt und klopfte mit den Händen rhythmisch auf die Oberarme. Es war unangenehm klamm geworden. Der KI-Manipulator hatte vermutlich die Wärmesysteme der Station abgeschaltet. Langsam kroch die eisige Kälte des Ozeans in die 6.300 Meter tief liegende Basis. Atlanta und ihrem Team war nichts anzumerken.

»Darf ich unseren Scanner zurückhaben?«, fragte Bantero.» Sie haben ihn uns bei der ersten Durchsuchung abgenommen. «

»Kein Grund zur Beunruhigung«, sagte Sega-Hol. »Das Gerät ist ungefährlich. «

Senga-Hol ließ sich den Scanner geben und reichte ihn an Bantero weiter. Dieser öffnete die Klappe und schaltete ihn ein. Danach hielt er ihn auf den Sockel gerichtet. Das Display suchte entsprechend der Eingabe nach dem KI-Manipulator. Es stabilisierte sich und hatte anscheinend ein Ergebnis erzielt. Interessiert blickten Atlanta und ihr Team Bantero zu. Dieser setzte sich in Bewegung und folgte langsam dem Verlauf des Sockels der M-KI. Sie folgten ihm 30 Schritte um den Fuß der M-KI herum, bis Rantero stehen blieb. In einer Mulde, in der Mitte des Gebildes, steckte ein schwarzes Gerät. Er hielt den Scanner auf das Gerät.

»Das ist der Übeltäter «, bemerkte Bantero. »Wir haben ihn gefunden. Jetzt müssen wir ihn nur noch abbekommen. «

Ein Alarm-Ton ertönte in der Halle. Atlanta blickte zum Eingang der Halle.

»Die Kampf-Roboter sind da«, sagte sie.

Das laute Zischen und Knistern von Laser-Salven beendete die Stille.

»Bleiben sie hier in Sicherheit«, befahl sie ihren Gästen.

Atlanta wies Soldaten an, den Bereich zu sichern.
»Wir warten auf den Fessel-Strahler«, erklärte sie. »Unternehmt nichts. Ich möchte vermeiden, dass wir den Befehlsspeicher unserer M-KI zerstören. «

Sie blickte Rantero an.
»Halten sie sich abseits«, sagte sie. »Ich vermute, dass der KI-Manipulator nicht gut auf uns zu sprechen ist. «

Sie drehte sich um und lief mit den restlichen Offizieren ihres Teams auf den Eingang des Energie-Parks zu. Die Kampf-Truppen standen unter einem schweren Beschuss.

»Wir können nicht ewig die anstürmende Menge von Roboter aufhalten«, flüsterte Arfan-Don.

»Wir geben unser Bestes«, erwiderte sie. »Die Unterstützung ist auf dem Weg. Wir kämpfen bis zum letzten Mann. «

Atlanta zog ihre beiden schweren Laser-Pistolen aus dem Waffengürtel und drängte sich durch die Personen der Abwehrstellung. Eine Horde Roboter kam schießend angelaufen. Dumpf dröhnten ihre schweren Waffen auf, als Atlanta den Abzug betätigte. Die ersten Roboter wurden von den Füßen gehoben und an die Wände geschleudert. Die nachfolgenden Treffer beendeten ihr Dasein in einer grellen Explosion. Im Dauerfeuer schossen die Kampf-Truppen auf die heraneilenden Roboter. Ihre roten Augen wirkten entschlossen und grimmig. Doch noch fruchtete das Abwehrfeuer. Immer mehr Roboter fielen dem Dauerfeuer, der kämpfenden atlantischen Kampf-Einheiten zum Opfer.

Wieder explodierten drei Roboter in heftigen Explosionen. Innerhalb weniger Sekunden war die Kunststoff-Verkleidung des großen Korridors völlig verwüstet. Kontinuierlich feuerten Atlanta und ihre Teams auf die Roboter. Noch konnten sie die Roboter in Schach halten, doch immer neue Einheiten suchten sich einen Weg durch die Trümmer, der am Boden liegenden Metallteile. Qualm und Rauch trübten die Sicht ein. Die Luft wurde schlechter. Atlanta befahl die Helme aufzusetzen. Laser-Salven stoppten das Vordringen der nachfolgenden Roboter. Die meisten wurden zerstört, zerfetzt und brannten in dem großen Gang. Der Qualm wurde stetig dicker.

»Die Absaugvorrichtungen funktionieren nicht«, rief Senga-Hol.

»Es scheint nichts mehr einwandfrei zu funktionieren«, antwortete Atlanta. »Auch die Löschvorrichtungen können wir vergessen. «

»Vermutlich sieht es bei den anderen Zugängen ähnlich aus«, erklärte Arfan-Don.

Neben ihm schrie ein Soldat auf, der getroffen und zurückgeschleudert wurde.

»In Deckung bleiben rief«, Wagol-Sun.
Er winkte zwei Leuten.

»Bringt ihn in den Energie-Park«, befahl er. »Es scheint nur ein Streifschuss zu sein«.

Wieder schlugen Laser-Strahlen auf die Energie-Schilder der Abwehrstellung auf. Diese mussten jeweils von 2 Leuten gestützt werden. Jeder Treffer ließ das Schild etwas nach hinten versetzen. Wieder explodierten getroffene Roboter in dem Gang. Das Dauerfeuer der

Abwehrstellung, ließ den Robotern keine Gelegenheit in geordneter Formation anzugreifen. Noch schützten die Barrikaden und die Laser-Schilde Atlanta und ihr Team. Wie wilde Tiere, wild schießend, liefen die Kampf-Roboter gegen die Barrikade des atlantischen Teams an.

Mit verbissenem Gesicht lag Senga-Hol hinter seiner Deckung und schoss gezielt Salve um Salve auf die heranstürmenden Roboter. Er sah, wie die Schüsse aus den Laser-Strahlern die Schutz-Schirme der Roboter aufleuchten ließen. Der weitere Treffer warf sie aus dem Pulk der angreifenden Roboter zur Seite. Sie sackten zusammen und blieben in dem Gang liegen. Nachfolgende Roboter stolperten und brachten den Ansturm zum Erliegen. Wieder und wieder schlugen die Laser-Strahlen von Atlanta und ihrem Team in die ausgesuchten Ziele ein.

Explosionen erhellten den langen Korridor. Die Sicht wurde immer schlechter. Unbeeindruckt sprangen nachfolgende Roboter über ihre liegenden Kollegen und versuchten weiter vorzurücken. Energetische Entladungen erhellten den Qualm und Rauch zu einem bizarren Schauspiel. Auch Atlanta stand aufrecht neben ihrer Deckung und benutzte beidhändig ihre Laser-Pistolen. Sie schickte die vernichtenden Strahlen den Kampf-Robotern entgegen. Trotz der schlechten

Orientierung wurden die Roboter in voller Breite getroffen und von den Beinen gehoben. Die Gefahr war nicht gebannt. Wütend schießend sprangen neue Einheiten aus dem Qualm hervor ins Blickfeld der Verteidiger. Eine breite Formation von 6 Robotern stürmte auf die Verteidiger zu. Das Dauerfeuer des atlantischen Teams brachte sie immer wieder zu Fall.

»Wie viele kommen denn noch? «, fluchte Senga-Hol.
Er drehte seinen Kopf in die Richtung von Atlanta. Diese zuckte mit ihren Achseln. Gleichzeitig erkannte sie die Gefahr, der auf sie geschossenen Laser-Strahlen. Atlanta griff nach dem Arm von Senga-Hol und zog ihn herunter. Gerade noch rechtzeitig. Ein Energie-Strahl peitschte haarscharf an seinem Arm vorbei. Hätte sie ihn nicht heruntergezogen, dann hätte die energetische Entladung seinen Arm zur Weißglut erhitzt und ihn zu Asche verbrannt. Sie sah in sein verzerrtes Gesicht neben ihr.

»Wir sollten nicht die Orientierung verlieren«, sagte sie trocken. »Unterstützung ist unterwegs. «

Sie hatte die Worte kaum ausgesprochen, als gigantisches, lautes Grollen und Donnern aus dem Korridor zu ihnen durchdrang. Helle Energie-Strahlen vermischten sich mit noch größeren Qualm-Wolken, die ihnen entgegen rollten. Das Zischen wurde lauter. Atlanta und Senga-Hol registrierten, dass keine weiteren Roboter mehr zu ihnen vordrangen.

»Die Verstärkung ist da?«, freute sich Atlanta. »Gerade noch rechtzeitig. Die Roboter werden von der Rückseite attackiert. Das benötigte ihre ganze Aufmerksamkeit.«

Wieder füllten das lauter werdende Grollen und Donnern den Korridor. Grelle Laser-Strahlen schlugen in die Decke und in die Wände ein. Die Plastikverkleidung des Korridors löste sich allmählich in der Hitze der heißen Laser-Strahlen auf. Metallteile von getroffenen Robotern flogen durch die Luft. Kräftige Detonationen wiesen auf die Zerstörung weiterer ausgeschalteter Robotern-Einheiten hin. Die Gegenwehr, auf die von ihr errichteten Barrikaden verebbte.

Noch schlugen massive Laser-Strahlen in die mobilen Energie-Schutz-Schilde ein, die Atlanta als zusätzlichen Schutz hatte aufbauen lassen. Die 2,50 großen Schilde boten einen guten Schutz. Einschlagende Laser-Strahlen wurden seitlich abgeleitet. Entsprechend zerstört sah die Umgebung des Korridors aus. An vielen Stellen war nur noch der nackte Natrid-Stahl zu erkennen. Atlanta und ihr Team hatte kein Sichtfeld mehr auf angreifende Roboter. Sie gab den Befehl den Beschuss einzustellen. Das schwere dumpfe Zischen, hochverdichteter Laser-

Strahlen nahm noch zu. Die Unterstützung hatte den Dauerbeschuss, auf die noch verbliebenen Roboter der Basis aufgenommen.

»Sie müssen modernere Waffen haben als wir«, bemerkte Atlanta. »Vermutlich sind es bereits Weiterentwicklungen der klassischen Modelle.«

»Das kann durchaus sein«, erwiderte Senga-Hol. »Wir waren sehr lange im Schlafmodus.«

Wieder zischten Laser-Strahlen über ihre Köpfe weg. Instinktiv duckten sie sich. Dann vernahmen sie laute Explosionen von mehreren gleichzeitig vernichteten Robotern. Eine weitere Qualm-Wolke rollte heran und vernebelte die Sicht. Funken sprühten von der Decke herab, wo versehentlich Leitungen getroffen wurden. Endlich verebbte das Kampfgetöse ab. Der letzte Roboter war kampfunfähig geschossen.

Atlanta konzentrierte sich. Sie konnte fremde Gedanken ausmachen.

»Wir sind Freunde«, vernahm sie einen direkten Impuls, der klar und deutlich an sie gerichtet war. Sie stutzte.

»Es sind Mutanten unter den Fremden?«, dachte sie.

»Wir kommen jetzt zu ihnen«, erfasste sie einen zweiten intensiven Gedankenstrom.

Durch den Rauch wurden erste humanoide Lebensformen sichtbar.

»Parole «, rief Arfan-Don.
»Atlantis lebt«, antwortete jemand auf Natradisch.

»Das Feuer einstellen«, befahl sie nochmals ihrem Team.
» Es wird nicht geschossen. Die Unterstützung von Natrid ist da«.

Ihr atlantisches Personal stieß Freudenschreie aus. Senga-Hol schaltete die mobilen Rauchabzüge auf Höchstleistung.

»Wir brauchen eine bessere Sicht«, schrie er.
Lautes Knattern und Quietschen wurde hörbar. Geräusche von Metall, welches über anderes Metall kratzte, wurde hörbar. Wartungs-Roboter auf Mini-Raupen beseitigten den Roboter-Schrott und stapelten ihn seitlich an den Wänden des breiten Verbindungs-Korridors.

Endlich wurde die Sicht klarer. Atlanta und ihr Team

konnten endlich die Arbeits-Roboter erkennen, die einen Durchgang geöffnet hatten. Schnell zogen sie sich zurück. Dann sprangen schwarze Shy-Ha-Narde in den Gang. Obwohl sie bedrohlich aussahen, stellten sie sich mit dem Rücken an die Wand und bildeten eine Schutzzone. Ihre tiefroten Augen waren bedrohlich auf Atlanta und ihr Team gerichtet. Ihr Kampf-Modus war noch aktiviert. Ein Laser-Gewähr unbekannter Bauart lag in der Armbeuge. Auf der Brust der Kampf-Roboter prangerte das silberne Zeichen der EWK. Die Gesichtszüge von Atlanta und ihrem Team vereisten.

»Das sind eindeutig natradische Kampf-Roboter«, sagte Atlanta. »Sie scheinen weiterentwickelt zu sein, als unsere Modelle. Sie sehen kräftiger und entschlossener aus. Jedoch kann ich das Logo auf ihrer Brust nicht identifizieren? «

»Eine Frage stellt sich noch«, sagte ihr 1. Offizier. »Warum konnten diese Roboter unsere Modelle so einfach besiegen. Ihnen scheint nichts passiert zu sein. Sie haben nicht einmal einen Kratzer abbekommen. «

»Eine verdammte gute Frage«, erwiderte Atlanta. » Wir werden es bald erfahren. Vermutlich verwenden sie verstärkte Schutzschirme besitzen. «

Jeweils 45 Roboter hatten auf der rechten und linken Seite des Korridors Aufstellung genommen. Dann traten die zwei Tart-Roboter durch die Lücke des Roboter-Schrotts auf die Barrikaden von Atlanta zu. Auf halber Entfernung blieben sie stehen. Ihre tiefroten Augen musterten jeden Winkel des Ganges. Schwere Laser-Gewehre lagen locker in ihren Armbeugen. Ein leichtes fluoreszierendes Licht umgab sie.

Atlanta blickte sie verdutzt an.

» Personenschutz-Roboter der kaiserlichen Garde«, rief sie erstaunt. » Das muss tatsächlich ein hoher Besuch sein. Normale Natrader kommen nicht in den Genuss von Tart-Robotern. Räumt die mobilen Schilde sofort beiseite. Senga-Hol, lasse unsere Leute bitte geordnet Aufstellung nehmen. Wir wollen uns von der besten Seite zeigen. «

Atlanta wartete, bis ihr 1. Offizier die Befehle weitergeben hatte. Dann traten sie auf die Tart-Roboter zu. Die musterten beide das atlantische Personal kurz.

»Wir sind Personen-Schutz-Roboter der Tart-Einheit des neuen Imperiums«, sagte Tart 1. »Unsere Kennung lautet Tart 1 und Tart 2. Dürfen wir sie kurz scannen? «

Atlanta und Senga-Hol wunderten sich über die Höflichkeit der Fragestellung.

»Solche höflichen Umgangsformen sind wir von ihren Vorläufer-Modellen nicht gewohnt«, flüsterte Atlanta.

»Die Zeiten ändern sich«, antwortete Tart 2.

Senga-Hol runzelte seine Stirn und schaute Atlanta fragend an.

Tart 1 holte einen Scanner aus einer Klappe seiner Rüstung, schaltete ihn ein und scannte die beiden Personen vor ihm.

»Eindeutig natradische-menschliche Misch-DNA«, sagte er. »Alles in Ordnung«.

Er schaute die beiden vor ihm stehenden Personen an.

»Darf ich sie noch bitten, ihre Laser-Pistolen zu sichern und ihre Waffengürtel zu schließen. «

Atlanta nickte.
»Selbstverständlich«, sagte sie.

Sie wusste nur zu gut, wenn sie nach der Waffe greifen würde, dass sie nicht die geringste Chance gegen die speziell ausgebildeten Tart Roboter haben würden. Tart 1 und Tart 2 beobachteten akribisch genau, wie Senga-Hol und Atlanta ihre Waffen sicherten und die Holster verschlossen.

»Gut«, bemerkte Tart 1. »Danke für ihre Kooperation. Bitte empfangen sie nun unseren Oberbefehlshaber Major Travis.«

Ohne eine Antwort abzuwarten, drehte sich Tart 2 und winkte mit seiner Hand.

Fünf Personen, in Taja's eingehüllt, ausgestattet mit einem Schutzhelm, schritten aus dem Dunkel des Ganges auf die kleine Gruppe zu. Ihnen folgten zwölf bedrohlich aussehende Shy-Ha-Narde.

Marc öffnete das Visier seines Helmes. Er musterte interessiert die ihm gegenüberstehenden Personen.

»Das muss Atlanta sein«, dachte er. Die schlanke Person war 1.90 Meter groß. Ihre spezielle Taja saß hauteng an ihrem Körper. Ihre Hüfte umschlang ein Waffengurt, der auf jeder Seite einen Holster aufwies. In ihnen steckten schwere natradische Laser-Waffen. Ihre strohblonden

Haare reichten ihr bis zu den Schultern. Die rosabraune Hautfarbe gab ihr ein berauschendes Aussehen. Marc schätzte ihr Alter auf knapp 40 Jahre.

Sirin hatte bemerkt, wie Marc die atlantische Kommandantin musterte.

Sie stieß ihn kurz an und sprach kurze Worte in ihren Helm-Funk.

»Es scheint so, als ob du noch nie eine Atlanterin kennengelernt hast«, sagte sie. »Bei uns galten sie immer als unnahbar«.

Marc schaute sie nur irritiert an.

Vor Atlanta und Senga-Hol blieb die Gruppe stehen.

»Mein Name ist Major Marc Travis«, sagte er auf reinem Natradisch. » Ich b in der erbfolgeberechtigte Oberbefehlshaber der vereinigten Natrid & Tarid Streitkräfte. Erhobener im Gefüge der Kaiserkaste mit Rang 1. Bestätigt und eingesetzt von Noel von Natrid im Rahmen der Nachfolge-Programmierung von Admiral Tarin. Sehen sie mich als Oberbefehlshaber des neuen Imperiums von Natrid und Tarid an. Wir haben viel zu besprechen Kommandantin. «

Er ließ Atlanta und Senga-Hol etwas Zeit, seine Worte zu verarbeiten.

»Sie sind gar keine Natrader?«, fragte Atlanta. »Wo kommen sie her?«

»Wir sind die neuen Natrader«, antwortete der Major. »Dank der Vermischung des natradischen Volkes mit den Barbaren unseres Planeten, haben wir zum Teil noch das natradische Gen in unserer DNA und wurden somit als legitimierte Nachkommen anerkannt. Wir sind auf Tarid geboren. Wir erbitten auch ihre Anerkennung, zumal wir wissen, dass sie sich für die Bevölkerung von Tarid immer sehr stark eingesetzt haben.«

»Das stimmt«, lächelte Atlanta. »Obwohl ich nicht genau weiß, woher sie die Informationen haben. Zunächst betrachte ich dies aber als zweitrangig. Haben sie den Fesselstrahler dabei, den wir dringend benötigen. Ohne diesen Strahler ist es fast aussichtslos, den KI-Manipulator von dem Sockel unserer M-KI zu lösen.«

Commander Brenzby eilte zu Marc und überreichte den Fessel-Strahler Atlanta.

»Das ist ein Fessel-Strahler?«, fragte sie.» Er sieht fast so aus, wie ein Laser-Gewehr. «

Schnell drehte sie sich um und übergab es an Senga-Hol. »Bringe es zu den Experten«, flüsterte sie. »Bleibe bei ihnen und behalte sie im Auge. «

Sie drehte sich wieder Major Travis zu.
»Danke für ihre Hilfe«, sagte sie freundlich. »Wir waren nach unserer langen Schlafperiode nicht auf einen Angriff von außen eingestellt. «

Sie fasste nach seinen Gedanken, stellte aber fest, dass sie blockiert wurden. Sie konnte nicht zu seinen Gedanken vordringen.

Irritiert schaute sie Marc an.
»Lassen sie uns reden«, bemerkte er. »Das ist der bessere Weg. «

Sie überging den peinlichen Hinweis.
»Wer sind ihre Begleiter? «, fragte sie keck.

»Ich wollte sie ihnen ohnehin bereits vorstellen«, antwortete Marc lächelnd.

Er zeigte auf Commander Brenzby.

»Das ist der Commander meines Flaggschiffes, der Termar 001, natradischer Naada-Kreuzer in einer speziellen Sonderfertigung«, stellte ihn vor.

Atlanta trat vor und begrüßte ihn mit dem alten natradischen Gruß.

»Daneben sehen sie Prinzessin Sani Sirin«, fuhr Marc fort. »Sie ist eine direkte Cousine des Kaisers und letzter Nachkomme des kaiserlichen Geschlechtes von Natrid. Sie war Oberbefehlshaber einer großen Flotte im Kampf gegen die Rigo-Sauroiden.«

Auch sie wurde von Atlanta in gleicher Weise begrüßt.
»Sie scheinen sich auch in die Gegenwart gerettet zu haben«, bemerkte sie. »Sehr interessant. Sie sollten mir gelegentlich einmal erklären, wie ihnen das gelungen ist.«

Major Travis winkte Barenseigs zu ihnen.
»Das ist ein Freund von uns«, erklärte Marc. »Barenseigs ist Außen-Agent seiner Admiralität. Er ist ein direkter Nachkomme der Evakuierungs-Flotte von Admiral Tarin.«

Atlanta begrüßte ihn auf die gleiche Art. Ihr Blick blieb einen Augenblick verächtlich auf ihm hängen. Ihr

Ausdruck in den Augen sagte mehr aus ihre Worte. Barenseigs kannte ihre Frage und drehte seinen Kopf ab.

»Das ist Heran«, sagte der Major. »Man kann ihn als Freund unserer Rasse bezeichnen. Heran ist von einer alten Rasse und der natradischen Technik weit voraus. Er unterstützt uns von Fall zu Fall. «

Heran ließ sich ebenfalls von Atlanta begrüßen. Er lächelte, als er ihre wissbegierigen Augen sah.

»Als letztes darf ich ihnen Heinze vorstellen«, sagte Marc. »Er ist ein Freund von einer befreundeten Species. Er hat ihnen gedanklich unser Kommen angekündigt. «
Atlanta war irritiert. Sie wusste nicht, was sie sagen sollte. Sie nickte ihm zu und kraulte Heinze mit ihrer Hand den Pelz auf seinem Kopf. Das schien dem Ro zu gefallen. Er gurte freudig.

Major Travis blickte wieder Atlanta an.
»Wir sind hier, um ihnen zu helfen«, sagte Marc.

»Sie kamen im rechten Moment«, antwortete Atlanta. »Unser Dank wird ihnen zuteil. Ich möchte noch kurz auf einiges hinweisen. Sie sind hier auf der Tarid-Basis. Ich hoffe sehr, dass ihnen bekannt ist, dass wir als eigenständige Hypertronic M-KI Basis eingestuft sind. Wir sind moderner, leistungsfähiger und zuverlässiger, als die alte Natrid Hypertronic je war. Ich erwähne das nur, falls sie nicht alle Informationen von Noel erhalten haben.«

Major Travis lächelte.
»Das ist uns bekannt«, antwortete er.

»Nun gut«, erwiderte Atlanta. »Was ihnen noch nicht bekannt sein dürfte, dass wir hier zwei Worgass-Flüchtlinge beherbergen. Sie haben um Asyl gebeten. Wir erwägen bereits sehr stark, ihnen dies zu gewähren. Sie helfen uns dabei, den KI-Manipulator zu entfernen und zu beseitigen. Das ist eine Basis des kaiserlichen Imperiums. Ihr neues Imperium kennen wir nicht. Solange das so ist, gelten für uns die alten kaiserlichen Verfügungen. Denken sie bitte daran. Die Worgass hier auf meiner Basis unterliegen meinem Schutz. Unterstehen sie sich, ihnen etwas anzutun, oder sie zu töten.«

Marc wollte etwas sagen, doch Atlanta unterbrach ihn.

» Später haben wir genug Zeit für endlose Diskussionen, lächelte sie. »Treten sie ein, hier ist die Luft besser.«

Atlanta drehte sich um und ging voraus in den Energie-Park. Plötzlich blieb sie stehen. Geräusche drangen aus ihrem Basis-Kommunikator. Sie drehte sich zu Wagol-Sun um.

»Die Eingänge 2 bis 5 stehen unter starkem Beschuss,« rief sie. »Neue Kampf-Roboter sind auf dem Anmarsch. Verstärke sie mit unseren Kampf-Einheiten.«

»Darf ich sie unterstützen?«, fragte Major Travis.
Ohne ihre Antwort abzuwarten, instruierte er Sergeant Hardin.
»Teilen sie Kampf-Roboter und Marines gleichmäßig auf. Unterstützen sie die atlantischen Kampf-Teams. Legen sie eine Laser-Kanone in den Rücken der Angreifer.«

Sergeant Hardin hatte den Befehl verstanden. Er salutierte und rückte mit seinen Kampf-Einheiten ab.

»Danke nochmals«, antwortete Atlanta. »Wie können wir das jemals wieder gut machen?«

»Dazu kommen wir später«, sagte Marc trocken.
»Lassen sie uns den KI-Manipulator ausschalten. Das scheint mir das Wichtigste zu sein.«

»Folgen sie mir«, erwiderte der weibliche Kunst-Klon. »Der Sockel der M-KI ist mittig in der Halle untergebracht.«

In einem leichten Laufschritt marschierte die Gruppe vorwärts.

Der KI-Manipulator war so mit der Überwachung der M-KI beschäftigt, dass er nicht bemerkte, wie fremde Truppen in die Basis gelangten. Er war außer sich und wütend.

»Die M-KI gehorcht nicht«, dachte er. »Sie spielt auf Zeit. Schon lange sollte sie ihre Kampf-Roboter aktiviert und alles Leben auf der Basis vernichtet haben. Meine Geduld ist zu Ende.«

Er griff nach ihren Energiebahnen und ließ diese fluktuieren. Andere staute er auf und ließ diese mit immenser Wucht in den Datenspeicher der M-KI schießen. Er hörte, wie die große M-KI vor Schmerzen aufschrie.

»Du hättest hören sollen«, schrie er sie an. »Jetzt ist dein Ende nahe«.

Er schickte eine übergroße Energiemenge an ihre feinen silikonähnlichen Speicherleitungen und verbrannte sie. Des Weiteren kappte er die wichtige Energie-Versorgung ihrer Sensoren. Die Schreie der M-KI wurden immer intensiver.

»Sende endlich die Kampf-Roboter«, schrie er. »Ich bin des Wartens überdrüssig. «

Der KI-Manipulator registrierte, wie die Stimme der M-KI immer leiser wurde.

»Ich aktivere meine Kampf-Roboter«, antwortete sie.
»Du hast gewonnen. «

Der KI-Manipulator war zufrieden.

»Sende sie zu deinem Energie-Park«, befahl er. »Dort verbarrikadieren sich deine humanoiden Lebensformen. «

 Senga-Hol hatte Rantero und Bantero erreicht.
»Hier ist der benötigte Fessel-Strahler«, sagte er.

Vorsichtig übergab er Bantero den Strahler. Der betrachtete ihn kurz.

»Fast identisch mit unserer Bauweise«, bemerkte er. Schnell aktivierte er den Fessel-Strahler.

»Wir werden mit einer geringen Leistungsaufnahme arbeiten«, erklärte der Worgass. »Erst wenn sich die Fessel vollständig um den Manipulator gelegt hat, kann ich die Energiezufuhr erhöhen.«

Rantero nickte.
»Du bist der Wissenschaftler von uns«, antwortete er.
Bantero visierte das Gerät an und zog den Auslöser durch. Mehrere dünne Laser-Strahlen lösten sich aus dem Lauf des Strahlers und rasten auf den KI-Manipulator zu. Im Aufprall zerliefen die Strahlen in mehrere kleinere Strahlen, die sich einen Weg um das Worgass-Gerät suchten.

»Jetzt«, sagte Bantero und verstärkte die Energiezufuhr.

Die Umherstehenden beobachten, wie der KI-Manipulator fest von dem Fessel-Strahl eingeschlossen wurde. Bantero nahm seine ganze Kraft zusammen und riss die Waffe und den Strahl in einer geschwungenen Schleife zu sich zurück. Erleichtert registrierte Rantero, dass der KI-Manipulator am Ende des Strahls hing. Bantero jubelte, scheinbar hatte er nicht geglaubt, dass er das Gerät so einfach lösen konnte. Jetzt erkannte auch das atlantische Wach-Team den Erfolg der Aktion und jubelte. Bantero riss seine Hände in die Luft und drehte sich nach allen Seiten.

Plötzlich erfror sein Lächeln. Er zeigte mit der Hand auf die gegenüberliegende Seite der Halle. Irritiert drehten sich auch Rantero und die kleine Schutz-Truppe der Atlanter um. Eine wilde Horde Kampf-Roboter kam schießend durch ein qualmendes Schott gelaufen. Alle suchten sofort nach einer Deckung. Bantero drehte sich um und wollte Rantero folgen. Drei zischende Laser-Strahlen trafen in seine Brust und rissen sie auf. Sein Körper fing förmlich an zu brennen. Er konnte die gewählte Körperform der Najekesio nicht länger aufrechterhalten. Brodelnd fiel die Körperform in sich zusammen. Die am Boden liegende quallenartige Urform des Worgass brannte weiter. Der Laserbrand ließ sich nicht abschütteln. Der Worgass schlug wie elektrisiert mit allen Tentakeln im Todeskampf auf dem Boden um sich, bis schließlich seine Kraft erlosch. Dann war es vorbei. Ein Häufchen graue Asche loderte am Boden vor sich hin. Die Umherstehenden sahen schockiert, was von Bantero übriggeblieben war.

Im Eilschritt eilte Verstärkung heran. Atlanta und die Unterstützung von Natrid waren nur wenige Sekunden zu spät. In breiter Stellung bauten sich Major Travis, Tart 1, Tart 2, Commander Brenzby, Sirin, Heinze, Barenseigs und Heran nebeneinander, Schulter an Schulter auf. Ihre modernen Laser-Gewehre waren entsichert.

»Zielen und schießen«, befahl Marc.
Mit einem ohrenbetäubenden Getöse entluden sich die Laser-Gewehre auf die heraneilenden Kampf-Roboter. Die Laser-Strahlen warfen sie aus der Bahn. Andere wurde in die Brust mit ihrer Elektronik getroffen und explodierten. Wieder andere drehten sich einmal um die eigene Achse und kippten bewegungslos nach hinten. Einige Modelle fingen an zu knistern und zu qualmen. Unbeachtet der Ausfälle rückten weitere Einheiten nach, die einfach über ihre gefallenen Kameraden traten.

»Auf Dauerfeuer stellen«, befahl Marc. Immer wieder zerfetzten die Laser-Strahlen nachfolgende Roboter. Atlanta hatte zwischenzeitlich ihre Kampf-Truppe geordnet und griff ebenfalls in die Schlacht ein. Hunderte von Laser-Strahlen zischten den Robotern entgegen und legten sie lahm. Doch es rückten immer neue nach.

»Mutter«, rief Atlanta ihre M-KI. »Hörst du mich. Der KI-Manipulator ist vernichtet. Du kannst dich generieren. «

Jedoch antwortete ihre Mutter nicht.
»Ich bekomme keine Verbindung zu unserer M-KI«, sagte Atlanta an die Adresse von Major Travis.

Dieser nickte.

»Das bekommen wir wieder hin«, antwortete er gelassen und entlud sein Gewehr auf die nachrückenden Kampf-Roboter.

Heinze schoss auf die immer näher anrückenden Roboter. »Das bringt nicht viel«, dachte er. »Es rücken immer wieder neue nach. «

Schnell schulterte er sein Gewehr und hob seine Hände. Seine Augenlider verengten sich zu engen Schlitzen. Er legte seinen Kopf in den Nacken und beschrieb kreisende Bewegungen mit seinen Händen.

Die Freunde sahen plötzlich, wie die Roboter gegen eine unsichtbare Wand liefen und nicht mehr weiterkamen. Die nachfolgenden Kampf-Roboter drückten ihre vorderen Kollegen immer fester gegen die von Heinze errichtete Wand aus geistiger Energie. Wie in einem Nest von Ameisen, versammelten sich immer mehr Roboter.

»Wir brauchen ein besseres Sichtfeld«, schrie Heran. »Bleiben sie alle hinter mir. «

Er schulterte sein Laser-Gewehr, trat zwei Schritte vor und zog seinen lantranischen Blaster aus dem Holster. Mit seinem rechten Daumen veränderte er die Einstellung.

Dann zielte er auf die Horde Roboter. Er blickte kurz Heinze an.

»Die Energiewand kann jetzt fort«, schrie er.

Von einem Moment zum anderen löste Heinze seine Wand aus geistiger Energie auf.

Dröhnend löste sich ein Schuss aus der Waffe des Lantraners. Der Laserstrahl blähte sich auf, zu einer Art Ballon und rollte durch die Luft den Angreifern entgegen. Zum Erstaunen aller, hüllte der kuriose Strahl alle metallischen Angreifer ein und fraß sich in ihr Metall. Der Angriff kam zum Erliegen. Wie festgenagelt standen die Kampf-Roboter auf ihrer letzten Position. Dann sahen alle, wie sich die Struktur des Metalls auflöste und sich zu Metallstaub verwandelte. Der Prozess erfasste alle Roboter, die sich soeben noch in ihrem Angriffsmodus befunden hatten. Der Verbindungs-Gang war nur noch mit großen Mengen Metallstaub grau gefärbt.

Marc sah Heran an und schüttelte den Kopf.
»Was sie nicht alles dabeihaben«, bemerkte er. »Wir hätten gerne die Konstruktions-Zeichnungen. «

»Das war mir klar«, entgegnete Heran. »Die werden sie irgendwann bekommen, nur heute nicht. «

»Sagen sie mir, was das für ein Strahl war?«, fragte Marc. » Sie können sowieso nichts damit anfangen«, entgegnete Heran. » Es handelt sich um einen fünfdimensionalen Korrosions-Strahl, der nicht nur erhitzt, sondern auch das Gefüge von speziellen Metallen zerstört. «

»Alles klar«, antwortete Marc.
Heran lächelte ihn an.

»Wenn ich sie richtig verstanden habe, dann wird mit dem Laser-Strahl noch irgendetwas transportiert, dass die Moleküle des Metalls zerreißen. Vermutlich ähnlich wie bei einem Transmitter-Strahl, nur hierbei werden die zerlegten Moleküle nicht abgestrahlt. «

Das Lächeln auf Heran Gesicht gefror augenblicklich.

»Sie wissen, wie unsere oberste Direktive heißt? «, fragte er. » Wir Lantraner dürfen zwar helfen, aber nicht in die technische Entwicklung eingreifen. Im Fall ihrer Rasse habe ich mich bereits viel zu weit aus dem Fenster gelehnt. «

»Das wissen wir ja auch zu schätzen«, antwortete Marc »Freunde helfen anderen Freunden ja auch gerne. Sie wissen ja, dass wir sie als unseren wichtigsten Freund betrachten.«

Heran blickte wieder in den Gang mit den dampfenden Roboter-Resten.

»Scheinbar haben wir alle erwischt«, sagte er.

»Gute Arbeit«, antwortete Marc und schlug ihm auf die Schulter.

Marc drehte sich zu Atlanta um.
»Stellen sie mir bitte ihren Überläufer vor«, sagte er trocken.

»Folgen sie mir«, antwortete sie.
Zackig drehte sie sich um und ging schnellen Schrittes auf den Sockel der M-KI zu. Rantero stand in sicherer Deckung und blickte traurig auf die Überreste von Bantero. Als er Atlanta kommen sah, nahm er Stellung an.

»Jetzt bin ich der letzte Überläufer«, sagte er. »Ich hoffe sehr, dass ich ihren Äußerungen Glauben schenken kann.«

»Ich bedaure den Verlust ihres Freundes«, antwortete Atlanta. » Ich weiß, wie schwer der Verlust eines treuen

Freundes trägt, dann auch noch weit ab von ihrer Heimat. Mein Angebot bleibt bestehen, wie bisher. Sie haben um Asyl gebeten und uns geholfen, den KI-Manipulator zu entfernen. Wir sind in ihrer Schuld. Sie kennen uns noch nicht, aber wir Atlanter begleichen unsere Schuld und stehen zu unserem Wort. «

»Ich möchte ihnen jemand vorstellen, der neugierig auf sie ist. «

Sie zeigte kurz auf Marc.
»Das ist Major Travis«, sagte sie. »Oberbefehlshaber der vereinigten Streitkräfte des neuen Imperiums von Natrid und Tarid. «

Marc betrachte den Worgass in seiner Najekesio-Hülle.
»Das ist das erste Mal, das ich mit einem Angehörigen der Worgass-Rasse spreche«, sagte er. »Bisher wurde der Name ihres Volkes stets mit der Vernichtung von humanoiden Völkern in Verbindung gebracht. Was ist hieran wahr? Warum sind sie nach Tarid geflüchtet? «

Rantero musterte den Major eindringlich. Seine interessierten Augen musterten ihn.

»Hier ist etwas Neues entstanden«, dachte er. »Ich darf mir das Vertrauen nicht verscherzen. Der Major wirkt äußerst intelligent.«

»Unsere Rasse ist nicht in der Milchstraße beheimatet«, antwortete Rantero in reinem Natradisch. »Viele Galaxien sind unterworfen worden und werden von den Worgass verwaltet. Hierzu gehören auf Systeme, die sie noch nie kennengelernt haben. In diesen Galaxien existieren keine humanoiden Rassen mehr. Damit wäre ihre erste Frage beantwortet.«

Rantero bemerkte, wie die Augen von Major Travis zu Schlitzen wurden. Heran und Heinze waren zu der Gruppe gestoßen.

»Ich habe es immer gewusst, die Worgass sind der Abschaum der Galaxie«, stieß Heran ungehalten hervor.

» Am besten ist es, wenn wir dieses Exemplar in seinem eigenen Saft schmoren.«

Rantero trat erschrocken einen Schritt zurück.
»Wie kommt ein stinkender Lantraner in ihre Gemeinschaft?«, rief er. »Ihre Rasse ist schuld daran, dass unsere Netzwerk-Denker keine humanoiden Völker mehr akzeptieren.«

»Ihre große Übereinkunft ist ein Haufen von stupiden Trotteln«, schrie Heran.

Seine Hand fuhr nach unten zu seinem Waffengürtel. Marc reagierte blitzschnell. Er griff nach der Hand von Heran und blickte ihn an.

»So tief wollen wir doch hier nicht rutschen«, flüsterte er. »Zügeln sie sich etwas. Ansonsten kann ich sie bei solchen Einsätzen nicht mehr mitnehmen. Gehen sie zurück zu den anderen und halten sie sich bereit.«

Heran schaute Marc entgeistert an. Seine Aufgeregtheit legte sich.

»Sie haben natürlich Recht«, entschuldigte er sich. »Verzeihen sie meine Entgleisung.«

Er drehte sich um und ging zu den wartenden Kollegen des Einsatz-Teams.

Commander Brenzby schmunzelte ihn an. Heran sah es und reagierte verärgert.

»Was?«, fragte Heran ihn laut.

»So schnell kann man ins Fettnäpfchen treten«, sagte der Commander.

»Ist das so?«, entgegnete Heran. »Wir warten einmal ab, wo uns das hinbringt.«

Major Travis hatte sich wieder Atlanta und Rantero zugewandt.

»Bitte entschuldigen sie die Äußerungen«, sagte der Major. »Atlanta ist die Kommandantin dieser Basis. Sie ist zwar natradisches Eigentum, somit gehört sie auch zu den Hinterlassenschaften von Admiral Tarin.«

Er stockte, weil er den Blick von Atlanta sah. Er hob die Hand, um ihr Einhalt zu gebieten.

»Liebe Freundin, lassen sie mich bitte aussprechen«, ergänzte er schnell. »Ich wollte sagen, die Zeiten haben sich geändert. Es gibt kein kaiserliches Imperium mehr, sondern nur eine Gemeinschaft von Planeten, die gleiche Interessen haben. Das ist die Grundlage des neuen Imperiums. Wir begegnen uns auf Augenhöhe und sprechen über alle Probleme. Eine Lösung mit roher Gewalt gibt es nicht mehr. Das alles werden sie bald selbst erkennen. Wundern sie sich nicht. Heute leben fast 12 Milliarden Menschen auf dem Planeten Tarid.«

Atlanta blickte ihn entgeistert an.
»Das ist unvorstellbar«, sagte sie. »Bei unserer letzten Aufwachphase konnten wir kaum intelligente Lebensformen registrieren. «

Sie wusste, was dies bedeutete. Tarid und ihre Kinder waren eine fremde Geschwulst in dieser bereits entwickelten Welt.

Marc ging zu ihr und legte ihr die Hand auf ihre Schulter.

»Sie bedenken aber auch, dass wir auf sie nicht verzichten können«, sagte er. »Sie sind jetzt ein fester Bestandteil unseres Planeten. Denken sie in die richtige Richtung. Wir alle stammen von den Überlebenden des großen Krieges ab und haben die gleiche Vorgeschichte. «

Marc wandte sich wieder Rantero zu.
»Darf ich sie noch bitten meine zweite Frage zu beantworten«, fragte er.

Rantero hatte schweigend zugehört und alles aufgenommen.

»Das hört sich alles sehr gut an«, Herr Major. »Doch wie stehen sie zu fremden Rassen? «

Marc lachte.
»Schauen sie sich um«, sagte er.
Marc zeigte auf Heinze.

»Er ist ebenfalls ein Freund, aber von einer fremden Rasse«, erklärte er. »Genauso wie Heran, oder das Volk der Green-Lizards. Sie alle stehen zu uns und unterstützen uns massiv, wenn es nötig sein sollte. «

Rantero nickte.
»Die Green-Lizards Waren auch ein Zucht-Volk meiner Rasse«, sagte Rantero. »Sie wurden in der Andromeda-Galaxie für die Unterwerfung der Völker eingesetzt. «.

Marc erkannte das Rantero die Wahrheit sagte.
»Das ist uns bekannt«, antwortete er. »Ich merke, dass sie mir die Wahrheit sagen. Ich werde die Entscheidung von Atlanta unterstützen und ihnen Asyl anbieten. Bitte verspielen sie es nicht und seien sie ehrlich zu uns. Nur so ist langfristig ihr Asyl bei uns gesichert. «

»Das verstehe ich«, antwortete Rantero. »Ich kann nicht mehr zurück in mein Heimat-System. Dort würde mein Versagen sofort mit dem Tod bestraft. «

»Das bedeutet, wir sind ihre letzte Zuflucht«, entgegnete Marc.

»Ja, das bedeutet es«, resignierte Rantero.
»Gut«, erwiderte Marc. »Wir versuchen es miteinander. Bitte antworten sie noch kurz auf meine letzte Frage. «

»Wir sind nach Tarid geflüchtet, weil in den geheimen Archiven der Netzwerk-Denker, das ist unsere hochgelobte militärische-Abwehr, der Planet Tarid als vorbehandelte Brut-Station deklariert war«, erklärte Rantero. »Nach den geheimen Archiven mussten wir davon ausgehen, dass Worgass-Soldaten die Basis besetzt hatten. Erst nach unserer Landung in dem Hangar erkannten wir den Fehler in den Archiven. «

»Dann haben wir ja einen Vorteil«, sagte Major Travis. »Wenn es zum großen Krieg kommen sollte, können wir diesen Fehler vielleicht als Joker einsetzten. Ich danke ihnen für ihre Antwort. «

Getöse und schwere Schritte wurden hörbar. Von allen Seiten rückten Kampf-Roboter und Marines zur Mitte der großen Halle vor.

Major Travis und Atlanta blickten ihnen entgegen. Ihre Taja's wirkten leicht verstaubt.

Sergeant Hardin blieb vor Marc stehen.
Er salutierte vorschriftsmäßig. Marc erwiderte den Gruß.
»Wir haben alle Zugänge gesäubert und die Roboter ausgeschaltet«, teilte der Sergeant mit. »Es sind keine Verluste zu beklagen. Die Schutz-Schirme des Lantraners funktionieren perfekt. «

»Davon war ich überzeugt«, antwortete Major Travis.

Atlanta hatte die Aussage registriert. Sie ließ sich keine Regung anmerken. Trotzdem hatte sie erkannt, dass die hochgelobte Technik ihrer Atlantis-Basis zwischenzeitlich etwas veraltet war.

»Sichern sie die Ausgänge der Roboter-Depots«, befahl sie Senga-Hol. »Notfalls verschließen sie den Eingang mit einem Energiefeld. Solange wir noch keinen Zugriff auf die M-KI haben, wissen wir nicht, ob noch weitere Roboter folgen können. «

»Können wir in ihre Zentrale gehen«, fragte Marc den mobilen Arm der M-KI.

»Geht es ums Geschäft? «, erkundigte sie sich.

Beinahe hatte sie es vergessen, wie stark der Handel das Leben der ehemaligen natradischen Welt beeinflusste.

Marc blickte sie an. «
»Es geht im Grunde immer nur um zwei Dinge«, erwiderte er. »Für eines davon muss ich zahlen, für das andere wähle ich selbst den Preis aus. «

Atlanta schaute in durchdringend an.
»Muss ich jetzt für ihre Unterstützung zahlen? «, fragte sie.

 Marc verzog sein Gesicht zu einem Lächeln.
»Ich bin überzeugt, wenn wir am Ende alles geregelt haben, werden sie gerne zahlen wollen. Es gibt ein Sprichwort auf Tarid. Eine Hand wäscht die andere. «

»Sie meinen hiermit, wenn ich ihnen helfe, dann helfen sie auch mir, lächelte sie. »So etwas kannten wir auch auf Natrid, « antwortete der mobile Arm der M-KI.

Atlanta winkte ihre wartenden Offiziere zu sich. Senga-Hol stellte sich an ihre Seite.

Marc bat sein Team zu sich. Gemeinsam machte sich die Gruppe auf den Weg in die Zentrale der Basis. Rantero wurde von seinen vier Bewachern zurück in sein Quartier begleitet.

Endspiel

Die große Zentrale der Basis lag etwa in der Mitte der Atlantis-Station. Antigrav-Gleiter hatten Atlanta, ihre Offiziere und das Team von Major Travis relativ schnell hierhin befördert. Die Offiziere von Atlanta und von Major Travis versuchten sich kennenzulernen. Marc und Heran sahen sich um. Sie waren geblendet von der Größe dieser Leitstelle.

»Hier lässt sich arbeiten«, bemerkte Marc und schaute Atlanta an. »Das lässt sich fast mit einem Fußballfeld auf der Erde vergleichen. «

Atlanta verzog keine Miene. Sie wirkte immer noch sehr kühl den Gästen entgegen.

»Was ist ein Fußballfeld? «, erkundigte sie sich sie. » Was meinen sie mit dem Ausdruck Erde? «

Marc blickte Heran an.
»Entschuldigen sie bitte«, erwiderte er. »Ich vergesse immer wieder, dass sie 95.000 Jahre geschlafen haben. Wir werden ihre M-KI mit den aktuellen Geschichtsdaten und Geschehnissen aufstocken. Gehe ich richtig in der Annahme, dass sie automatisch auch in den Genuss des Wissens gelangen? «

Atlanta nickte.

»Alles was meine Mutter weiß, wird gedanklich an mich übermittelt«, antwortete sie.

»Das ist sehr praktisch«, erwiderte Marc. »Ich erkläre es ihnen kurz. Ein Fußballfeld ist ein recht großer Platz auf Tarid, auf dem die Menschen Sport betreiben können. Der Name, den die Menschen Tarid gegeben haben, lautet Erde. «

Atlanta schaute ihn entgeistert an.
»Ist der Name nicht etwas einfach gewählt? «, erwiderte sie.

»Wird nicht der Boden von Tarid, auf dem die Atlanter gehen, ihre Siedlungen bauen und wo Bäume und Sträucher wachen, nicht auch Erde genannt? «

Major Travis lachte.
»Ich sehe, sie kennen sich bereits etwas aus«, lächelte er.
»Ein Name kann immer mehrere Bedeutungen haben. «

Die Zentrale der Atlantis-Basis war vollgestopft mit natradischer Technik der letzten Generation. Überall standen Steuerpulte, Konsolen, Eingabegeräte herum. Die Wände waren zugebaut mit elektronischen Groß-Anlagen. CIC-ähnliche Display-Tische waren jede vier Meter in den Boden gearbeitet. Sie waren umgeben von weiteren Maschinenpulten. Zahlreiche Wartungs-Roboter liefen im Wege herum. Kleine seltsam aussehende Service-Bots hatten Zugänge zu Konsolen geöffnet und waren gerade dabei, Silikon-Verbindungen und Energienetze zu überprüfen. Sie alle wurden von dem Deaktivierungsbefehl der M-KI überrascht. Erst jetzt nahmen sie wieder ihre Arbeit auf. Die unzähligen, an der Decke montierten unterschiedlich großen Bildschirme, waren dunkel. Nichts deutete auf eine energetische Aktivität hin.

»Wie können wir die M-KI wieder aktivieren?«, fragte Heran.

Atlanta schaute ihn skeptisch an.
»Wir arbeiten an dem Problem«, erwiderte sie schroff. »Ich kann mir nicht vorstellen, dass sie etwas von hocheffizienter natradische Technik verstehen«.

Heran lachte sich an.
»Ihre hochgelobte Technik ist auf unserem Planeten bereits viele Jahrtausende verschrottet«, antwortete er verärgert.

Marc schaute ihn an.

»Entschuldigung«, antwortete Heran. »Wenn unser blonder Engel sich nicht helfen lassen will, dann können wir auch wieder zurück an die Oberfläche.«

»Ihnen fehlt einfach das Feingefühl«, entgegnete Marc. »Geben sie Atlanta doch eine Chance, sich auf die neuen Gegebenheiten einzustellen.«

»Dann soll sie es möglichst schnell machen«, sagte Heran ungehalten. »Ich vermute ganz stark, dass die M-KI ein Worgass-Virus lahmlegt. Ich gebe zu bedenken, dass die Schutzschirme, die das Wasser und den Druck abhalten, auch mit Energie versorgt werden müssen. Ich kann mir nicht vorstellen, dass dies der KI-Manipulator nicht wusste und es ausgenutzt hat. Ich empfehle sofort auf die Notstrom-Versorgung zu schalten.«

Marc drehte sich zu Atlanta um. Die war aber bereits aufgesprungen und lief zu einem seitlichen Arbeitsbereich.

»Kommen sie bitte mit«, rief sie Marc und Heran zu.

Diese folgten ihr schnell. Atlanta hatte den Technik-Port ihres Hypertronic-Offiziers erreicht. Dieser blickte erst gar nicht zu ihnen auf. Er starrte verbissen auf vier Monitore vor ihm.

»Das ist Jahol-Sin, unser oberster Computer-Techniker«, bemerkte sie. »Wie ist der Status? «, fragte sie ihn mit ernster Stimme.

Mit tiefen Furchen auf der Stirn hob Jahol-Sin seinen Kopf.

»Den Status wollen sie wissen«, antwortete er. »Wir verzeichnen Energie-Ausfälle in allen Bereichen. Uns wird die Energie sukzessive abgeleitet. Ich kann nicht sagen warum, oder wohin sie verschwindet. «

»Wie sieht es mit der Integrität der Schutz-Schirme aus? «, fragte Atlanta.

»Die Festigkeit des Geflecht-Schirms ist auf 78 Prozent gesunken«, antwortete er. »Leider mit weiter fallender Tendenz. «

»Wann wolltest du mich informieren? «, schrie sie ihn an.

»Ich bin dem Fehler auf den Fersen«, erwiderte er. »Es ist nicht das erste Mal, dass die Schirme beeinträchtigt werden. «

»Aber wir unterliegen keinem Beschuss, wie beim letzten Mal«, schimpfte sie. »Das ist ein Angriff von innen. «

»Wie ist das zu verstehen?«, fragte Jahol-Sin irritiert.

Atlanta blickte Marc und Heran an.

»Während ihrer letzten Schlaf-Periode sind viele Völker der Galaxie erwachsen geworden«, erklärte Marc. »Darunter finden sich auch Computer-Experten, die in der Lage sind Vieren zu programmieren, die eine Groß-Hypertonic-KI beeinflussen können. Sie zerstören bewusst die Programmierung dieser künstlichen Super-Gehirne.«

»Was können wir hiergegen tun?«, fragte Atlanta.

Heran lachte.
»Gar nichts«, antwortete er. »Hiergegen hilft nur eines. Der große Programmspeicher der M-KI muss sofort gelöscht werden. Dann sollte er neu bespielt werden. Haben sie die Programmier-Kristalle ihrer M-KI hier?«

Atlanta schüttelte den Kopf.
»Diese Daten waren streng geheim«, antwortete sie. »Alle hochsensiblen Speicherkristalle unterlagen der kaiserlichen Sicherheit. Selbst mir, als seiner engsten Vertraute hat der Kaiser keine Kopie anvertraut. Er hat

diese wohl auf Natrid gesichert. Fragen sie mich nicht wo. «

»Dann empfehle ich ihre Basis zu evakuieren«, antwortete Heran trocken. »So wie es jetzt aussieht, wird diese endgültig in den Fluten versinken, spätestens dann, wenn die Schutz-Schirme versagen. «

Atlanta blickte Major Travis fast flehend an.
»Helfen sie uns bitte, Herr Major«, bat sie. »Das darf nicht passieren. Ich bin bereit mich dem neuen Imperium unterzuordnen. Aber dafür brauche ich meine Basis. «

Major Travis legte seinen Arm um ihre Schulter.
»Noch ist nichts verloren«, bemerkte er. »Wie weit ist es von hier zu ihrer M-KI? «

»Nicht sehr weit«, antwortete Atlanta und blickte ihn fragend an.

»Finden wir dort auch einen Programmierungs-Port zu ihrer Mutter? «, ergänzte Marc.

»Ja«, antwortete Atlanta. »Das ist das geheime Zentrum der M-KI. Alle nötigen Ports sind vorhanden. «

»Gut«, entgegnete Marc.

Er schaute Jahol-Sin an.

»Können sie derzeit noch ein Strukturloch in ihrem Schutz-Schirm für eine Transmitter-Verbindung erzeugen?«, erkundigte er sich.

Der Computer-Techniker bestätigte.
»Das ist noch möglich«, antwortete er.

Marc holte seinen Funk-Kommunikator aus einer Tasche seiner Taja und klappte ihn auf. Schnell tippte er drei Zahlen ein.

»Hier ist Captain Lanere«, erklang es sauber aus dem Gerät. »Wer spricht? «

»Captain, hier spricht Major Travis«, antwortete Marc. »Wir haben hier eine Notsituation. Können wir uns ihren stärksten, mobilen Transmitter ausleihen? Bitte legen sie ihn heraus. Ich lasse ihn sofort abholen. Zögern sie nicht, es eilt sehr. «

»Ich kümmere mich sofort hierum«, bestätigte der Captain «

Marc drehte sich zu Tart 1 und Tart 2 um.

»Das ist jetzt eine etwas ungewöhnliche Bitte«, sagte er zu den beiden Personenschutz-Tarts. Aber falls das nicht funktioniert, dann sterben wir hier alle. Bitte lauft zum Schiff und holt den Transmitter. Wir brauchen ihn dringend hier. Ich verstehe das auch als eine reine Personenschutz-Maßnahme. «

Tart 1 und Tart 2 schauten sich kurz an. Dann drehten sie sich um und rannten aus der Zentrale. Nichts würde sie jetzt noch aufhalten können.

Atlanta wollte etwas sagen, doch Marc hob seine Hand. »Bitte noch einen Moment«, wies er sie ab.

Marc drückte auf den ersten Knopf, seines unter die Haut eingesetzten Neolrith's. Dann drehte er seine Handfläche zu sich um. Das Display unter seiner Haut erhellte sich und das Gesicht von Noel erschien.

»Herr Major, was kann ich für sie tun? «, fragte er. » Klappt alles mit der Basis? «

»Ich erkläre ihnen das später«, erwiderte Marc. »Wir haben einen Virus im System der M-KI, der alle Funktionen abschaltet. Suchen sie in ihrem kaiserlichen Geheimarchiv die Programmierdaten der Tarid-M-KI. Wir müssen die vorhandenen Speicherkerne komplett löschen und die Daten neu aufziehen.«

Marc sah die Zerrissenheit in Noels Gesicht.

»Warten sie nicht, es geht um unser aller Leben«, erklärte er. »Wir wissen nicht, wie lange wir noch den Schutz-Schirm aufrechterhalten können. Falls dieser versagt, ertrinken wir alle.«

»In Ordnung«, antwortete Noel schwer. »Ich besorge die Daten.«

»Kommen sie zu uns über die natradische Transmitter-Verbindung, die wir noch aufbauen«, ergänzte Marc. »Ich informiere sie, wenn das mobile Gerät bereit ist.«

»Ich beeile mich«, antwortete Noel.
»Danke«, erwiderte Major Travis.

Er drehte sich zu Atlanta um.

»Sie werden gleich hohen Besuch von Noel erhalten«, erklärte er. »Ich bin mir sicher, dass er Zugriff auf die kaiserlichen Geheimarchive hat.«

Atlanta schaute ihn seltsam an.

»Sie scheinen einen beträchtlichen Einfluss zu haben«, sagte sie. »Dass es ihnen gelungen ist, die große natradische KI einzuspannen, um für ihre gehasste Tarid-M-KI Hilfe zu leisten, das entzieht sich meinem Glauben.«

»Die Zeiten haben sich geändert« antwortete Marc. » Wir als Nachfahren der Natrader sind anders. Uns sind viel mehr Dinge wichtig, als es früher vielleicht bei ihnen der Fall war. Sie sehen also, dass wir alle zusammenarbeiten. Das ist schon einmal ein großer und wichtiger Unterschied zu früher.«

»Der Schutz-Schirm ist auf 65 Prozent seiner Leistung abgesackt«, rief Jahol-Sin aufgeregt. »Ich kann den Energie-Abfall nicht aufhalten.«

»Das ist ein verstecktes Destroyer-Programm«, rief Heran. »Es späht alle energiereichen Anwendungen aus und boykottiert sie. Es zieht die Energie ab, oder leitet sie um, in ein nicht in Erscheinung getretenes Programm. Wir finden es nicht, da es noch nicht aktiv geworden ist. Es versteckt sich irgendwo in den Unmengen von Daten der M-KI.«

»Was kann das für ein Programm sein?«, fragte Major Travis.

Atlanta und ihr Computer Experte hörten ebenfalls genau zu.

» Wie der Name schon aussagt, handelt es sich um ein Zerstörungs-Programm«, ergänzte Heran. »Genau genommen hat dieses Programm nur eine Absicht, nämlich den Energiefluss für alle möglichen Ressourcen lahmzulegen. Die frei gewordene Energie kann dann für andere Zwecke verwendet werden. Das kann zum einem sein, dass dieses bösartige Programm eine gigantische Energie-Rückführung an die Meiler plant, die zwangsweise überlastet würden und in einer gigantischen Explosion auseinander bersten und somit große Teile der Basis zerstören würden. Die zweite Möglichkeit ist, dass die Energie irgendwo gesammelt wird und mit einem Schlag freigesetzt wird. Dies würde ebenfalls wieder eine Vernichtung von großen Teilen der Station nach sich ziehen. In beiden Fällen gibt es leider für die Basis keinen guten Ausgang. «
»Können sie das Problem beheben? «, fragte Atlanta.

Heran schüttelte den Kopf und blickte sie ernst an.

»Ohne Hilfsmittel überhaupt nicht«, entgegnete er. »Ich vermute sogar, dass der Eingabepol für spezielle Lösch-Programme gesperrt wurde. Die einzige Möglichkeit, die ich sehe, ist die Reinigung und die Neuformatierung der Hypertronic-Speicherkristalle. Wenn dies geschehen ist, empfehle ich sofort ein Anti-Destroyer-Programm laufen zu lassen, das mögliche Reste des Zerstörungs-Programmes findet und entfernt. Dann erst sollte das Installations-Programm der M-KI neu eingespeichert werden. Wir werden also auf Noel warten müssen und hoffen, dass der das alte Programm hoffentlich in den kaiserlichen Geheimarchiven findet. Es ist ein Spiel mit der Zeit.«

Ein Poltern und schwere Fußschritte wurden von dem Eingang der Zentrale hörbar.

»Platz da«, sagte Tart 1 blechern.

Die beiden Personenschutz-Roboter waren zurück und schoben eine scheinbar schwere Kiste auf einem Antigrav-Schlitten in die Zentrale. Major Travis, Atlanta, Commander Brenzby und Sirin und Senga-Hol eilten zu ihnen hin.

»Gut, dass ihr so schnell wieder da seid«, dankte Marc den Tart-Robotern.

»Vorsichtig, die Kiste ist recht schwer«, bemerkte Tart 2. »Wir stellen sie auf den Boden. Der Captain hatte bereits alles vorbereitet. Wir brauchten sie nur zu übernehmen.«

Es dauerte nur wenige Minuten, bis der mobile Transmitter zusammengesteckt und aufgebaut war. Commander Brenzby verkabelte das Gerät mit der Transfer-Konsole und nahm die weiteren Einstellungen vor.

»Bitte zurücktreten«, rief er.
Er aktivierte die Energiezufuhr und beobachtete das Display. Die Kontrollsensoren leuchteten der Reihe nach auf und verdunkelten sich wieder. Dann leuchtete der größere grüne Knopf aktiv Grün. Commander Brenzby nickte.

»Der Transmitter-Durchgang ist bereit«, sagte er zu Major Travis.

Dann gab Commander Brenzby der Kommandantin ein Zeichen. Atlanta lief zu ihrem wissenschaftlichen Offizier und befahl ein Strukturloch in dem Dreigeflecht-Schutzschirm zu erzeugen. Die Hände des Offiziers rasten über sein Steuerbord, seine Finger drückten Knöpfe ein und legten Schalter um. Wieder leuchteten unterschiedliche Knöpfe mit grünem Licht auf.

»Befehl ausgeführt«, antwortete Doran-Gun. »Das Strukturloch wurde erzeugt und ist stabil.«

Atlanta eilte zu Commander Brenzby zurück.
»Das Strukturloch ist bereit«, sagte sie. »Wir können jetzt den Transport empfangen.«

Der Commander nickte und aktivierte den Transmitter ohne weitere Rücksprache. Das bekannte bläuliche Leuchten baute sich auf und zog sich am Transmitterbogen entlang. In Sekundenschnelle war das Transmitter-Tor vollständig mit dem künstlichen Horizont gefüllt. Brenzby schaute auf die Anzeigen.

»Alle Werte sind stabil, Herr Major«, bestätigte er. »Es wird keine Beeinträchtigung durch den Schirm angezeigt.«

»Danke Commander«, sagte Marc.

Er drückte auf seinem Handrücken die vorderste Sensortaste seines Neolrith's. Er drehte seine Hand um und sah, wie sich unter der Haut seiner Handfläche der kleine flexible Monitor aktivierte. Er durchleuchtete problemlos die Haut von Major Travis. Das Gesicht von Noel erschien.

»Es ist so weit«, bemerkte Marc. »Unsere Transmitter-Verbindung ist aktiv. Bitte aktivieren sie die Gegenstation und kommen sie zu uns. Ich hoffe, sie haben den Programmierungs-Kristall der M-KI gefunden?«

Noel verzog keine Miene.

»Noch etwas«, ergänzte Marc. » Wir haben ein Destroyer-Programm ermittelt, das gezielt Energie aus unseren Systemen abzapft. Bringen sie bitte auch eine Anti-Software mit, die das Programm ausschaltet. Das scheint hier der Übeltäter zu sein. «

Noel hatte gelassen zugehört.
»Dachte ich es mir doch«, entgegnete er. »Alle Kristalle mit den Sicherheitskopien wurden auf Natrid bereits kontinuierlich modifiziert. Das gilt nicht nur für die Sicherheits-Kopie der fest installierten KI-Basen, sondern auch für die Raumstationen und alle mobilen Einsatzgebiete, also grundsätzlich für alle KI-geführten Bereiche. Das Anti-Destroyer-Programm ist in dem Neuprogrammierungs-Code der M-KI Daten bereits enthalten. Nur noch als Hinweis. Auch ein Riegel von 10 Firewalls ist seit geraumer Zeit ein neuer Bestandteil der KI-Programmierung. Ferner wird ein Anti-Viren-Software-

Paket installiert, die einer KI selbstständig die Ausschaltung solcher Software ermöglicht.«

»Ich muss sie leider unterbrechen«, stoppte Marc den Redefluss von Noel. »Uns läuft die Zeit davon.«

»Ich komme gleich zu ihnen rüber«, bemerkte Noel regungslos. »Haltet den Ausgang frei.«

»Zurücktreten von dem Transmitter«, befahl Major Travis. »Es gibt gleich eine Ankunft. Noel ist auf dem Weg.«

Marc hatte die Worte gerade er ausgesprochen, als das Energiefeld in Bewegung geriet und Noel ausspuckte. Er trat zwei Schritte vor, das Energiefeld des Transmitter-Bogens stabilisierte sich wieder.

Noel orientierte sich kurz, nickte allen Anwesenden zu und schritt auf Atlanta zu.

»Schön, dass ich sie endlich persönlich kennenlernen darf«, sagte er. »Es tut mir leid, dass ich von ihrer Existenz nichts wusste. Der Kaiser schien hiermit eine Absicht zu verfolgen, die wir aber jetzt leider nicht mehr erfahren werden. Gewissermaßen sind sie meine Schwester. Das ist für mich ein neuer Aspekt.«

Er salutierte auf alte natradischer Art und blickte sie an. Atlanta hatte Noel die ganze Zeit gemustert. So hatte sie sich den Kunst-Klon der großen natradischen KI bei weitem nicht vorgestellt. Sie spürte eine alte Verbundenheit zu ihm, konnte jedoch nicht ermitteln, woher das Gefühl stammte.

»Gleiche gilt für mich«, antwortete sie höflich. »Ich begrüße sie auf der Atlantis-Basis. «

»Ich vermute wir haben wenig Zeit?«, ergänzte Noel. »Bringen sie mich zu dem Eingabe-Port ihrer M-KI. «

»Sie haben den Programmierungs-Kristall gefunden? «, fragte Atlanta erleichtert?

»Sie wissen doch, die natradische KI kennt alle Hinterlassenschaften des Reiches«, antwortete er. »Es wäre auch schlecht, wenn es nicht so wäre. «

Atlanta lachte.
»Es ist nicht weit von hier«, sagte sie. »Bitte folgen sie mir. «

Noel drehte sich noch kurz zu Major Travis um.

»Das muss ich jetzt allein machen«, sagte er. »Die Angelegenheit erfordert meine ganze Aufmerksamkeit. «

»Ich wünsche ihnen viel Erfolg«, antwortete Marc.

Die beiden Klon-Wesen hatten sich jedoch schon abgedreht und eilten dem Ausgang entgegen.

Nach 35 Schritten war die geheime Türe der M-KI Hypertronic erreicht. Der mobile Arm öffnete sie, beide traten ein. Noel schaute auf die Aktivitäten der M-KI.

» Sie wirkt bereits ziemlich kraftlos«, sagte er. » Wir müssen uns beeilen. «

Schnell ging er an den Eingabeport und öffnete ihn. Aus seinem mitgebrachten Koffer entnahm er einen gelblichen Kristall heraus. Mit zwei Fingern hielt er ihn hoch und blickte zu Atlanta.

»Das wird die Notstrom-Versorgung stabilisieren«, sagte Noel.

Er drehte sich wieder der M-KI zu und steckte den Kristall vorsichtig in die Aufnahme. Mechanisch wurde die Aufnahme eingezogen und verschwand im Inneren der

Hypertronic. Viele Zusatz-Kontroll-Leuchten erwachten zum Leben und blinkten hektisch.

»Das hilft uns jetzt bei dem Löschvorgang und die Schutzschirme bleiben stabil«, erklärte er. »Wissen sie warum?«, fragte er Atlanta.

Sie nickte.
»Weil der Kristall eine eigene Energie-Versorgung besitzt«, bemerkte Atlanta. »Die M-KI kann ihre interne Versorgung kappen und sich für die Zeit der Neuprogrammierung vom Energie-Speicher des Kristalls bedienen.«

Noel schmunzelte.
»Das ist richtig, meine Liebe«, bestätigte er.

Er öffnete einen zweiten Programmierungs-Port und entnahm einen roten Kristall aus seinem Koffer. Wieder hielt er ihn mit zwei Fingern hoch.

»Das ist jetzt der Wartungs-Kristall«, sagte er. »Er löscht alle Daten, kehrt mögliche Reste von dem Destroyer-Programm heraus und formatiert alle Speicher-Kristalle der M-KI neu.«

Er blickte Atlanta kurz an und erkannte kleine Falten auf ihrer Stirn.

»Es gibt leider keine andere Möglichkeit, um den Urzustand der M-KI wieder herzustellen«, flüsterte er. »Sind sie bereit? «

Sie hielt seinem Blick stand, zögerte aber noch kurz.

»Machen sie es«, sagte sie. »Ich weiß, dass es die einzige Möglichkeit ist. «

Er steckte den roten Kristall in das zweite Programmiermodul. Wieder wurde es von der Mechanik der M-KI eingezogen und verschwand im Inneren.

»Jetzt heißt es warten«, bemerkte Noel. »Das dauert jetzt einige Minuten. «

Die Zeit verging langsam. Noel betrachte die Leuchtsensoren der M-KI und erkannte, dass die Hypertronic einwandfrei arbeitete. Dann endlich öffnete sich wieder der Schacht des Wartungsmoduls und der rote Kristall wurde ausgegeben.

»Das scheint funktioniert zu haben«, sagte Noel. »Sämtliche Kontrollen der M-KI sind erloschen. Wir können jetzt mit der Neuprogrammierung beginnen. Gleichzeitig werden mit der Neuausrichtung auch alle entführten Energien zurückgeführt.«

Noel entnahm seinem Koffer einen grünen Kristall. Atlanta erkannte, dass dieser die doppelte Größe der bisherigen Kristalle aufwies. Noel erkannte ihre Frage.

»Das ist gleichzeitig auch ein Großmengen-Datenspeicher«, erklärte er. »Die M-KI ist ein gigantisches Daten-Reservoir. Zusätzlich wurden die System-Programme durch die Modifizierungen immer umfangreicher.«

Er setzte den Kristall in die Aufnahme und wartete ab. Wieder zog die Mechanik der M-KI den Kristall ein. Gleichzeitig erhellten sich alle Kontroll-Lichter der M-KI, um nach wenigen Sekunden in einen pulsierenden Rhythmus umzuschalten. Mit einer nicht mehr messbaren Geschwindigkeit wurden die Daten eingelesen und an ihre richtige Stelle gepackt. Immer wieder erloschen Kontroll-Lampen, die Noel signalisierten, dass der Einlese-Vorgang erfolgreich abgeschlossen wurde. Noel und Atlanta standen vor der großen M-KI und beobachten den Vorgang. Kein Gespräch wurde in den 2 Stunden geführt, welche die M-KI benötigte, um alle Daten einzuspielen. Die beiden Klon-Wesen gaben dem Einlese-Vorgang der

M-KI ihre volle Aufmerksamkeit. Dann öffnete sich der Wartungsschacht und gab den Speicher-Kristall frei. Noel nahm ihn heraus und verstaute ihn.

Er blickte Atlanta an.
»Das war es«, sagte er. »Ihre Mutter ist jetzt wieder die Alte. «

»Ich habe jetzt die letzte Programmierung, etwa der Zeitpunkt vor Abreise von Admiral Tarin, als Datenpaket wiederhergestellt«, erklärte er. »Alle nachfolgenden Daten, die nach der Abreise vom Admiral Karin gespeichert wurden, sind für ihre Mutter nicht mehr verfügbar. Diese haben sie aber noch in ihrem Gedächtnis-Speicher. Also können sie diese Daten manuell, nach und nach ihrer Mutter übermitteln. Für die Basis ist es im Moment nur wichtig, dass die M-KI wieder Zugriff auf ihre Systeme hat und die eigenen Ressourcen steuern kann. Rufen sie nach ihr. «

Atlanta schaute noch einmal auf die pulsierenden Kontroll-Lampen, fand aber keine erkennbaren Abweichungen zu ihrem früheren System.

»Mutter hörst du mich, kannst du mich verstehen«, sandte sie einen Gedanken-Impuls aus. »Mutter melde dich endlich. Eine kurze Zeit verstrich.

»Es ist schön deine Stimme zu hören«, sagte die M-KI.
»Haben wir alles überstanden? «

»Ja«, sagte Atlanta. »Es ist alles gut. Wir haben einen Gast, der nach dir sehen wollte. Er hat deine Daten aktualisieren und wieder hergestellt. «

»Ein Gast in meinen geheimen Bereichen, das ist nicht zulässig? «, antwortete die M-KI.
Ihr großes Auge musterte den Gast. «

»Hallo«, sagte Noel auf gedanklicher Ebene.
Auch er konnte durch einen Gedankenimpuls Kontakt zur M-KI aufnehmen.

»Wir kennen uns bereits eine Ewigkeit, aber gesehen haben wir uns noch nicht«, sagte er.

»Dann müssen sie Noel sein«, entgegnete sie. »Der Kunst-Klon der großen Natrid KI. «

Noel nickte.
»Der bin ich in der Tat«, entgegnete er.

»Es ist schön und tut sehr gut, sie nach so langer Zeit endlich zu sehen«, antwortete die M-KI. »Wir haben viel zu besprechen.«

Noel nickte.
»Das haben wir«, sagte er. »Ebenso möchte ich auch einige Punkte richtigstellen.«

Er drehte sich zu Atlanta um.

»Ich bitte sie jetzt zu ihren Gästen zurückzukehren und ihren Platz als Kommandantin der Basis wieder einzunehmen«, sagte Noel zu der erstaunten Atlanta. »Ich möchte mit ihrer Mutter einige persönliche Dinge besprechen. Ich weiß, dass sie ein besonderes Verhältnis zum letzten Kaiser besaßen. Daher möchte ich sie nicht kompromittieren. Bitte haben sie hierfür Verständnis. Ferner bin ich hier noch nicht fertig. Ich möchte ihre Mutter mit dem aktuellen Zeitgeschehen, aus natradischer Sicht aufstocken.«

Atlanta sandte eine Frage an ihre M-KI. Diese beruhte aber ihren mobilen Arm.

»Keine Sorge«, sagte sie. »Noel steht über allem. Wenn wir ihm nicht mehr vertrauen können, dann werden wir niemandem mehr vertrauen können. Gehe ruhig und organisiere deine Arbeit. Die Basis steht wieder zu deiner Verfügung. Leite alle notwendigen Maßnahmen ein, die du für erforderlich hältst.«

»Danke Mutter«, sagte Atlanta. »Ich mache mich sofort an die Arbeit.«

Sie drehte sich um und schloss die Geheimtüre von außen.

Als Atlanta wieder in ihrer Zentrale eintraf, ertönte lauter Beifall von den Anwesenden.

»Alle Systeme arbeiten wieder normal«, sagte Senga-Hol. »Selbst die Wartungs-Roboter haben bereits ihren Dienst wieder aufgenommen.«

Sie trat auf Major Travis und sein Team zu.
»Ich danke ihnen allen«, sagte sie. »Das auch im Namen der großen M-KI. Ohne sie wären wir aufgeschmissen gewesen. Wie kann ich ihnen das wieder gutmachen?«

»Das ist nicht nötig«, antwortete Marc. »Bleiben sie bei uns und schützen sie weiterhin diesen Planeten.«

»Das war ich immer und werde es auch immer sein«, sagte sie ernst. » Die Kommandantin der atlantischen

Basis und die Beschützerin des Planeten Tarid und ihrer Einwohner im Netzwerk von Natrid.«

»Haben sie wieder den vollständigen Zugriff auf die Basis?«, erkundigte sich Marc.

Atlanta nickte.
»Das wurde von unserer M-KI bestätigt«, antwortete sie.

»Dann lassen sie uns endlich auftauchen«, lächelte Marc. »Glauben sie nicht, dass nach 95.000 Jahren Dunkelheit, etwas Sonne allen Personen hilfreich wäre. Ihr Schatten-Dasein als Basis, 6.300 Meter unter dem Meeresspiegel, ist ein für alle Mal beendet. Wir brauchen sie an der Oberfläche.«

Atlanta blickte den Major sprachlos an.

»Bitte öffnen sie Funk-Verbindungen nach außen«, sagte Marc.

Atlanta gab Fanga-Hol ein Zeichen. Dieser aktivierte sämtliche Funk-Leitungen.

»Die Leitungen sind geöffnet«, bestätigte dieser. »Der Daten-Verkehr mit Natrid funktioniert auch wieder. Sie können sprechen, Herr Major.«

»Danke«, entgegnete Marc.
Er holte seinen Communicator aus seiner Taja und öffnete ihn. Major Travis tippte drei Zahlen ein und wartete ab.

»Hier spricht Captain Lanere«, tönte es aus dem Gerät.

»Hallo Captain, hier spricht Major Travis«, antwortete er. »Danke für den Transmitter. Es hat alles funktioniert. Unsere Mission wurde erfolgreich beendet. Schließen sie den Zugang zur Basis, fahren sie ihren Verbindungs-Rüssel ein. Dann docken sie bitte ab und nehmen Kurs auf ihren Heimathafen. Wir bereiten die Rückführung der Basis an die Meeres-Oberfläche vor. Ihr Einsatz ist hiermit beendet. «

»Verstanden«, antwortete Captain. »Ich verstehe. Wir koppeln ab und ziehen uns zurück. «

Atlanta wollte etwas sagen. Doch Marc winkte ab.

»Noch einen Augenblick, Kommandantin«, bemerkte er. »Ich werde noch ein weiteres Gespräch führen. General Poison muss informiert werden. «

Wieder wählte er eine spezielle Nummer auf seinem Communicator.

»Hier ist Poison«, tönte es aus dem Gerät. »Das wurde aber auch Zeit, dass sie sich melden. Geben sie mir bitte einen Statusbericht. «

»Hallo Herr General, das wollte ich soeben«, antwortete Marc. »Die Mission ist erfolgreich beendet worden. Die Basis ist wieder in der natradischen Zugehörigkeit. Wir aktivieren alle Systeme und tauchen in Kürze auf. Ziehen sie bitte alle Schiffe, über den Koordinaten der Basis unverzüglich zurück. Wir wollen hier kein Trockendock für ihre Schiffe sein. Aufgrund des Druckausgleiches werden wir wohl für das Auftauchen 21 Stunden benötigen. Die Zeit sollte ihnen ausreichen, um alle Einsatzkräfte des KSD auf eine entsprechende Distanz zu ziehen. «

»Ich hätte noch mehr Fragen? «, entgegnete der General. » Aber die können warten, bis wir uns sehen. Ich werde alles veranlassen. Das lasse ich mir nicht nehmen, das Auftauchen der Basis persönlich zu beobachten. General Poison Ende. «

Der General hatte die Leitung unterbrochen. Marc wusste, dass jetzt der große Apparat der EWK sich jetzt in Bewegung setzte.

Sirin war zu Atlanta getreten und blickte ihr in die Augen.

Sie erwiderte ihren Blick gelassen.

»Was kann ich für sie tun, Prinzessin? «, fragte sie.

»Ich möchte kurz über die Vergangenheit mit ihnen sprechen«, flüsterte Sirin.

»Fragen sie«, antwortete Atlanta. »Ich höre ihnen zu. «

»Wie war mein Onkel privat zu ihnen? «, erkundigte sich Sirin. » Ich habe gehört, dass sie ein sehr inniges Verhältnis hatten? «

Atlanta lachte auf.
»Meinen sie damit, ob ich seine Geliebte war? «, entgegnete Atlanta.

Ihr Lachen war wie fortgeblasen.
»Ja das stimmt«, sagte sie kalt. »Er war zu mir ganz anders, als er der Öffentlichkeit bekannt war. Wenn wir zusammen waren, konnte er seine harte Schale ablegen. Er nahm dann sogar auch Ratschläge von mir an. Unabhängig zu seinen Staatsgeschäften, war er ein muskulöser trainierter und harter Natrader. Eine Person, wie ihn jede Frau sucht. «

»Der Verlust muss sie für sie stark gewesen sein«, erwiderte Sirin.

Atlanta senkte ihren Kopf und schaute zur Seite. Kurze Zeit später hatte sie sich wieder gefangen und blickte in die Augen der Prinzessin.

»Haben sie Angehörige im Krieg verloren? «, erkundigte sie sich. » Ich denke, das war sehr schlimm für uns alle. Ich habe die Person verloren, die ich unendlich geliebt habe. Nur die Konzentration auf meine Arbeit ließ mich mit der Situation fertig werden. Trotzdem ist der Verlust auch heute noch schwer für mich zu ertragen. «

»Ich verstehe sie«, antwortete Sirin. »Nein, ich habe so einen engen Verlust nicht ertragen müssen. Doch viele treue Freunde habe ich auch verloren. Ich weiß nicht, was schwerer wiegt. Der Verlust einer einzelnen Person, oder der Verlust vieler Freunde. Ein Verlust ist immer eine schlimme Sache. Aber es ist nicht das Ende. Auch sie werden wieder neue Kampfgefährten für ihre Atlantis-Basis finden. «

»Machen sie sich keine Sorgen«, sagte Atlanta. »Ich habe eine Aufgabe und immer noch meine Kinder. Diese heißt es jetzt, in eine neue Zeit zu überführen. Ich hoffe sehr, dass ihr Major Travis meine atlantischen Offiziere akzeptiert und sie entsprechend nach heutigen Richtlinien fortbildet.«

»Da bin ich mir ganz sicher«, antwortete Sirin. »Wir können auf gute Offiziere, oder auf so langjährige Mitarbeiter nicht verzichten.«

Die Art, wie Sirin von Major Travis sprach, war Atlanta schon lange aufgefallen.

»Sie mögen den Major?«, fragte Atlanta plötzlich. »Sind sie seine Geliebte?«

Sirin schaute sie an und wurde leicht rot.

»Da haben sie mir gegenüber einen Vorteil«, sagte Atlanta. »Ihr Geliebter ist noch unter uns.«

Sirin legte Atlanta eine Hand auf ihre Schulter.
»Auch für sie wird sich wieder etwas ergeben«, sagte sie. »Um ihre Frage zu beantworten, ja wir sind zusammen. Das ist die aktuelle Bezeichnung auf der Erde.«

»Das hört sich einfach an«, antwortete Atlanta.

»Ist es auch«, entgegnete Sirin. »Ich habe durch Major Travis ganz neue Perspektiven kennen gelernt. Neben der Kämpferin in mir, hat er auch die Frau in mir erweckt. Dafür bin ich ihm sehr dankbar. Wenn ich mich heute als Wohnort zwischen Tarid und Natrid entscheiden müsste, dann würde ich mich ganz klar für Tarid entscheiden. «

»Ist das wahr? «, fragte Atlanta erstaunt. » Hat sich so viel verändert? «

»Noch viel mehr als sie sich vorstellen können«, schwärmte Sirin. »Aber sie werden das in Kürze alles selbst erkennen. Die Erde hat vieles, was auf Tarid nie möglich wurde. «

»Sie machen mich in der Tat sehr neugierig, Prinzessin«, flüsterte Atlanta. »Wir sollten uns öfter treffen und über diese Dinge sprechen. Ich meine von Frau zu Frau. «
»Das können wir gerne machen«, erwiderte Sirin. »Vielleicht nehme ich einmal mit auf eine Shopping-Tour.« »

Was ist eine Shopping-Tour? «, fragte Atlanta irritiert.

Sirin lachte sie an.
»Darauf werden sie schnell kommen«, entgegnete sie.

Sie verstummte, da sie sah, dass Marc sich näherte.

Major Travis gesellte sich zu den beiden Frauen. Sie schauten ihn mit einem seltsamen Blick an.

»Ist irgendetwas nicht in Ordnung?«, lächelte er die Damen an.

Wie aus einem Munde, antworteten beide gleichzeitig. »Alles in Ordnung«, kicherten sie.

Marc schaute die beiden Frauen verwundert an.
»Es scheint mir, sie beide sind sich schon etwas nähergekommen«, bemerkte er. »Die Meeresoberfläche ist jetzt frei«, sagte er. »Kommandantin, versuchen wir aufzutauchen.«

Atlanta nickte.
Sie ging zu ihrem Kommando-Sessel. Alle atlantischen Offiziere der Zentrale blickten sie an. Sie nahm das in ihrem Stuhl steckende Mikrofon und schaltete es an. Ihre Stimme konnte jetzt auf der ganzen Basis vernommen werden.

»Hier spricht Atlanta, Kommandantin der Atlantis-Basis«, sagte sie ernst. »Ich richte mich an alle meine Kinder. An das Personal, meine getreuen Gehilfen und an alle, die den Krieg gegen die Rigo-Sauroiden überlebt haben. Ich danke euch allen, für eure Treue und euren Willen, unsere Basis zu erhalten. Es waren schwere Zeiten, doch wir haben sie überstanden. Viele von uns sind gestorben. Wir haben Angehörige, Kollegen und Freunde verloren. Doch wir haben uns nicht unterkriegen lassen. Jetzt ist so weit. Nach einer langen Zeit der Dunkelheit kehren wir an das Tageslicht zurück. Die legendäre Vorzeige-Basis der Natrader hat die Geschichte überlebt. Jetzt stellt sie sich neuen Aufgaben, im Verbund des neuen Imperiums von Natrid und Tarid. Unsere Basis wird zu neuer Blüte erwachen und allen Skeptikern zeigen, dass sie mehr kann, als nur eine Verteidigungsposition zu übernehmen. Sie wird das Herz des Planeten Tarid darstellen und über allem wachen. Wehe den Feinden, die sie herausfordern wollen. Sie werden den Tag verfluchen, an dem sie es gewagt haben, unsere Basis anzugreifen. Begebt euch alle auf eure Posten. Ein letztes schwieriges Unterfangen steht uns noch bevor. Wir werden auftauchen und uns zurück an das Tageslicht begeben. Ich bitte alle Techniker, die Antigrav-Plattformen zu beobachten und auf eine synchrone Funktion zu achten. Regulieren sie den Energiefluss über ihre Konsolen. Als Ziel-Eingabewert steuern sie 180 NAT an, dies entspricht einer Steighöhe von 5 Metern pro Minute. Aktivieren sie ihre Antigrav-Servos und bestätigen sie, wenn der Wert erreicht ist. Im Vorfeld ist es notwendig, die Sand und Geröll-Absauger einzusetzen. Es liegen immer noch Ablagerungen auf vielen Teilbereichen der Basis. Viel Erfolg.«

Tosender Beifall erfüllte die Basis.

Atlanta drückte einige Knöpfe auf dem Display vor ihr. Sämtliche Monitore der Zentrale leuchteten auf. Der große Panorama-Bildschirm zeigte erste Außen-Aufnahmen. Der Wasser des Ozeans war getrübt durch aufgewirbelten Schlick und Sand, der von den großen Saugturbinen von der Oberfläche der Basis entfernt wurde. Immer mehr atlantisches Personal strömte auf die Brücke und besetzte kleinere Kontroll-Ports. Die Brücke glich einem Lichtermeer. Überall in den Wänden, auf Kontroll-Konsolen und an den unzähligen Monitoren leichten die Anzeigen. Atlanta war in ihrem Element und kontrollierte alle Vorgänge

Das Team von Major Travis stand etwas abseits und beobachte das quirlige Treiben in der Zentrale.

»Bei einer Steighöhe von 5 Metern pro Minute, dauert das Vorhaben 21 Stunden«, bemerkte Heran. »Was machen wir in der Zeit?«

»Sie können sich etwas ausruhen«, bemerkte Marc. »Viel Arbeit gibt es jetzt nicht mehr für uns. Hoffen wir, dass alle Anti-Grav.-Servos ihre Arbeit verrichten. «

»Darüber mache ich mir die wenigsten Sorgen«, antwortete Heran. »Die natradische Technik war schon immer für ihre Zuverlässigkeit bekannt. Ausruhen möchte ich mich auch nicht. Dafür habe ich Zeit, wenn ich den Löffel abgegeben habe. So sagt man doch auf der Erde. «

Marc lachte.
»Wo haben sie den diesen Spruch mitbekommen? «, fragte er. » Er trifft auf sie nicht zu, denn sie sind ja unsterblich. «

»Das stimmt«, antwortete Heran. »Das ist leider für mich alltäglich geworden. Ich vergesse viel zu leicht, wie vergänglich das Leben für andere Rassen ist. «

»Es kommt immer darauf an, wie man seine zur Verfügung stehende Zeit des Lebens nutzt«, antwortete Marc. »Aber sie sprachen von der Idee, die sie entwickelt haben. Geht es um die bevorstehende Invasion der Worgass? «

Heran schaute Major Travis eine Zeit lang an.

»Sie vermuten richtig«, antwortete er schwer. »Die Worgass werden von ihrem Ziel nicht ablassen, alles humanoide Leben in der Galaxie zu vernichten. Warum sie diesen Drang haben, entzieht sich unseren Kenntnissen. Mein Plan sieht vor, uns wieder etwas Zeit zu verschaffen. Jetzt wo sie ihren Überläufer haben, können wir vermutlich an wichtige Informationen gelangen, über die wir vorher nicht verfügen konnten. Es können sich neue Perspektiven ergeben. «

Heinze kam auf die Beiden zu.
»Können wir irgendwo hingehen, wo wir etwas zu essen und zu trinken bekommen? «, erkundigte er sich. » Das Herumstehen macht durstig. «

Marc nickte.
»Noel ist zwar jetzt nicht da, aber ich frage kurz Atlanta, ob sie nicht einen Konferenzraum für uns hat. «

Major Travis ging auf den Kommando-Bereich von der Kommandantin zu. Senga-Hol stand neben ihr.

»Kommandantin, wir können sie ja derzeit nicht unterstützen. Haben sie einen Besprechungsraum für uns. Unser pelziger Freund möchte gerne etwas trinken und essen. «

Atlanta schaute ihn an und sprang auf.
»Senga-Hol, du hast das Kommando«, sagte sie. »Folgen sie mir bitte, ich bringe sie in unseren Offiziersbereich. «

Atlanta wartete noch, bis sich alle Personen von Marc Team sich in Bewegung gesetzt hatten. Dann schritt sie auf das Schott der Zentrale zu.

»Es dauert eine gewisse Zeit, bis wir die Ablagerungen von Geröll, Schlick und Sand von der Basis entfernt haben«, sagte sie zu Marc. »Teilweise sind es noch Reste aus dem großen Krieg. Erst wenn wir das zusätzliche Gewicht entfernt haben, können wir die Anti-Grav.-Servos starten. Das Problem hierbei ist, dass alle Motoren mit gleicher Kraft den Auftrieb beginnen müssen, ansonsten können Teile der Basis auseinanderbrechen. «

»Ist die Basis so zerbrechlich? «, fragte Marc.
»Eigentlich nicht«, erwiderte Atlanta. »Doch durch die nachträgliche mechanische Verankerung ist nicht geklärt, wie stabil sie sich bei einem Auftrieb auf die unterschiedlichen Gewichte der einzelnen Basis-Elemente verhält. «

Die Kommandantin blieb stehen.
»Hier ist es«, bemerkte sie. »Treten sie ein. »Das ist unser Aufenthaltsraum für Offiziere. «

Der Raum war großzügig eingerichtet. Die weichen Sitzgelegenheiten waren auf Entspannung ausgerichtet. Es standen Tische, Stühle und Bänke in ausreichender Anzahl zur Verfügung. Linksseitig war eine Art Bar integriert. An den Wänden hingen Bilder von Tarid und von den unterschiedlich großen Raumschiffen des kaiserlichen Imperiums.

»Sehr schön«, sagte Marc. »Hier lässt es sich aushalten.«

»Das sehen wir auch so«, lächelte Atlanta. »Darf ich ihnen noch kurz den Service-Bereich vorstellen?«

Sie ging hinter den Tresen und drückte einen Knopf. Eine Tür in der Wand klappte auf und ein 1.80 Meter großer Roboter, aus poliertem natradischen Stahl trat heraus. Eiligst kam er auf den Service-Bereich zugelaufen.

»Ihr Wunsch bitte«, tönte es blechern in natradischer Sprache.

Atlanta sah ihn an.
»Code 93589«, antwortete sie. »Service-Einstellung für hochrangige Gäste.«

»Die Einstellung wurde gewählt«, antwortete der Roboter. »Welche Wünsche haben sie, bitte? «

Atlanta sah ihre Gäste an.
»Sie teilen dem Ratah-Sin ihre Wünsche mit«, erklärte Atlanta. »Berücksichtigen sie bitte, dass wir derzeit noch auf einem Stand von vor 95.000 Jahren sind. Wir können nur Speisen und Getränke aus den vorhandenen Ressourcen herstellen. Aber natürlich auch eine Vielzahl von künstlichen Dingen. «

»Ich hätte gerne Möhren«, sagte Heinze.

»Möhren verstehe ich nicht«, antwortete der Robot.
»Sie sehen es«, lächelte Atlanta. »Der Begriff Möhren entzieht sich dem atlantischen Wortschatz. Was soll das sein? «

»Ich übersende ihnen ein Bild«, erwiderte Heinze. »Es ist ein Gemüse, das auf der Erde sehr häufig für Speisen verwendet wird. «

Heinze sandte gedanklich ein Bild an die Kommandantin.

Diese überlegte einen Augenblick.
»Das sieht mir fast so aus, wie die von den Atlantern angebaute Frucht Sarafin«, antwortete sie.

Sie wandte sich an den Roboter.
»Bringe eine Portion Sarafin«, befahl sie.

Schnell drehte er sich um und ging hinter den Tresen. In der Wand war ein Recycling-Modul eingelassenen. Er drückte 3 Knöpfe und wartete ab. Nach 10 Sekunden öffnete sich eine Klappe und fünf Möhren ähnliche Stangen lagen in der Ausgabe. Sie wurden von dem Roboter in einer Art Schale serviert. Bereits bei dem Anblick lief Heinze das Wasser im Mund zusammen.

»Ihr Sarafin bitte«, sagte der Robot trocken und schaute Heinze an.

»Danke«, sagte der Ro.
Daraufhin drehte sich der Roboter dem nächsten Gast zu.

Marc, Heran und Barenseigs beobachteten Heinze. Dieser schien nur noch Blicke für seine Möhren zu haben. In einen unbeobachteten Augenblick griff Heinze mit der Hand nach dem frühzeitlichen Gemüse. Schmerzvoll schrie er auf.

»Die sind ja heiß, warum macht man Möhren heiß«, erkundigte er sich. »Der ganze Geschmack geht verloren.«

Atlanta gesellte sich zu ihm.
»Ist etwas nicht in Ordnung?«, fragte sie.

Heinze schaute sie mitleidsvoll an.
»Die Sarafin sind heiß«, sagte er. »Ich liebe sie unbehandelt.«

»Auch das sollten wir hinbekommen«, tröstete ihn Atlanta.
Sie streichelte seinen pelzigen Kopf. Heinze gurte liebevoll.

»Warte einen Augenblick«, lächelte sie. »Ich rede mit dem Service-Roboter.«

Heinze beobachte, wie Atlanta auf den Roboter zuging und auf ihn einredete. Wild gestikulierend verschwand der Service-Roboter hinter dem Tresen. Kurz darauf kam er mit der gleichen Schale Sarafin wieder zurück. Vor dem Ro blieb er stehen und schlenzte die Schale vor ihm auf den Tisch. Krachend schlug die Schale vor Heinze auf.

»Wie kann man nur so etwas essen«, registrierte Heinze die Aussage des Roboters.

Heinze sprang auf, zeigte mit seinem Arm auf den Robot. Der hob wild um sich schlagend, einen Meter von dem Boden ab und hing zappelnd in der Luft.

»Du schlechtgelaunter Metallvogel«, schrie Heinze. »Gewöhne dir ganz schnell einmal bessere Manieren an, ansonsten lernst du mich kennen. «

Du Umherstehenden brachen in lautes Gelächter aus. Atlanta war irritiert. Erst jetzt erkannte sie die Fähigkeiten, die in Heinze schlummerten. Schnell lief sie auf Heinze zu.

»Du scheinst ja eine ganz besondere Person zu sein? «, sagte sie. »Probiere einmal, ob die Sarafin jetzt gut sind. «
Heinze ließ sich beruhigen und setzte sich wieder hin. Der Roboter krachte auf den Boden und verlor das Gleichgewicht. Heinze beachtete ihn nicht mehr.

Er griff nach dem möhrenartigen Gemüse und biss hinein. Seine Augen glänzten.

»Sehr gut«, antwortete er. »Es trifft zwar nicht genau den Geschmack, aber er ist vergleichbar. Danke Atlanta, das war eine gute Idee. «

Sie schaute in die Runde der Gäste.
»Ich entschuldige mich, für die noch nicht präzise Einstellung des Service-Roboters«, sagte sie. »Das alles wird von uns noch nachgeholt. Ich hoffe, sie kommen trotzdem klar. Ich gehe zurück in die Zentrale. Wir sehen uns später. «

Es benötigte eine längere Zeit, bis der Service-Robot alle Wünsche erfüllt hatte. Marc, Heran, Sirin, Barenseigs, Commander Brenzby und Heinze hatten an einem runden Tisch Platz genommen.

»Unserer Freund Heran möchte uns einen Vorschlag im Hinblick auf die Worgass unterbreiten«, sagte Marc. Hierdurch werden wir wieder etwas Zeit gewinnen«.

Kaum hatte er den Satz ausgesprochen, ertönte eine Ansage von Atlanta über die Lautsprecher.

»Hier spricht die Kommandantin. Wir haben die Ablagerungen auf der Basis entfernt. Bitte suchen sie sich einen festen Halt. Wir werden jetzt die Antigrav-Einheiten aktivieren. Bis zu dem Synchronlauf werden Vibrationen entstehen. Bitte stellen sie sich hierauf ein. «
Das Gespräch verstummte.

Dann merkte das Team, wie ein dumpfes Grollen stärker wurde. Der Boden vibrierte stark. Ein ungewohntes Gefühl machte sich breit. Die Gläser auf dem Tisch fingen an zu tanzen. Marc schaute Sirin an. Ihr Gesicht wirkte verkrampft. Lediglich Heran hatte sich auf seinem Stuhl zurückgelehnt und genoss die Situation. Dann ebbte das Vibrieren langsam ab und erlosch.

»Wir sind im Auftrieb«, bemerkte Marc. »Atlanta scheint alles unter Kontrolle zu haben.«

Sein Blick ging zu Heran.

»Informieren sie uns über ihren Vorschlag?«, bat Marc.

Heran setzte sich gerade hin.
»Das mache ich gerne«, sagte er. »Wie sie wissen, produzieren die Worgass eine mächtige Invasions-Flotte, mit der sie die Milchstraße erobern wollen. Unser allwissender Überwacher Brontan hat sein Dimensions-Rad gedreht und den Planeten Lizzit in der Andromeda-Galaxie angewählt. Das ist der Standort, an dem wir das letzte Mal den Wurmloch-Knoten zerstört haben. Durch das Energie-Rad können wir an zusätzliche Informationen gelangen, die ansonsten nur durch eine Spionage-Mission zu erhalten sind. Wir konnten ermitteln, dass der Wurmloch-Knoten wieder zu 78 Prozent rekonstruiert

wurde. Das ist noch nicht alles. Die Flottenstärke der Worgass wird von uns derzeit auf 600.000 Schiffe beziffert.

Heran ließ seine Wort wirken.
Die Gesichter der Offiziere des Neuen-Imperiums wurden hart.

Es konnten unterschiedliche Schiffsmodelle registriert werden, die rings um den Planeten vor Anker liegen2, fuhr der Lantraner fort. Die Worgass sind schwerfällig. Wir dachten zunächst, sie hätten sich einen neuen Produktions-Standort gesucht. Doch das haben sie nach heutiger Sicht der Dinge nicht getan. Es ist davon auszugehen, dass die Schiffe wieder mit den Green-Lizards bemannt werden. Ob weitere Einheiten aus anderen Galaxien hinzugezogen haben, das wissen wir nicht. Tatbestand ist, dass leider viele Galaxien unter der Vorherrschaft der Worgass leiden. In jeder dieser Sterneninseln haben sie eigene Rassen gezüchtet, die junge Völker unterjochen.«

Heran machte eine kurze Pause.
»Worauf wollen sie hinaus?«, fragte Sirin. »Machen sie es nicht so spannend.«

Heran grinste sie an.

»Immer noch die alte Kämpferin«, bemerkte er. »Aber das kommt uns in diesem Fall gelegen. Wir sollten einen Schlag gegen die Worgass führen und ihre Schiffe und den Wurmloch-Knoten nochmals vernichten.«

Marc dachte nach.
»Damit bringen wir sie völlig gegen uns in Rage«, antwortete er langsam.

»Was glauben sie denn«, fragte Heran. »Jetzt, wo sie die natradischen Hinterlassenschaften übernommen haben, sind sie für die Worgass nichts anderes als Natrader, oder sie können auch sagen, die legitimierten Nachkommen der Natrader. Sie stehen ganz oben auf ihrer Liste der Rassen, die zur dringlichen Ausrottung vorgesehen sind.«

Major Travis ließ die Worte auf sich wirken. Er wusste natürlich, dass Heran Recht hatte.

Barenseigs hörte zwar zu, beteiligte sich aber nicht an dem Gespräch. Auf Heran wirkte er eher gelangweilt.

»Auch sie werden in Kürze von ihrer Vergangenheit eingeholt werden«, sprach er den Gildor an. »Die Worgass wissen längst, wo sich ihr Volk versteckt, Gildor Barenseigs.«

Wie von einer Tarantel gestochen, wurde der Blick von Barenseigs klarer.

Der Service-Robot servierte frische Getränke. Er machte bewusst einen großen Bogen um Heinze. Er sprach ihn nicht mehr an. Der Unmut in Heinze, über diesen Roboter, wuchs gewaltig an. Er schaute unwillig hinter ihm her.

»Das ist nicht möglich«, entgegnete Barenseigs. »Unser System ist abgesichert und für normale Rassen nicht auffindbar. Auch verstecken wir uns nicht, das haben wir gar nicht nötig. Wir sichern unser System ab.«

»Da unterliegen sie einem gewaltigen Irrtum«, antwortete Heran. »Wir wissen, wo ihr System liegt und die Worgass kennen es auch. Schauen sie sich die Arbeitsweise der Worgass an. Sie kapern die Schiffe vieler Rassen, die sie in Kürze angreifen werden. Sie foltern die Wesen und gelangen so an viele Informationen. Hiernach greifen sie die Welten der humanoiden Lebensformen an.

Falls diese Welt nicht völlig vernichtet wurde, weiden sie im Anschluss alles aus. Vor allem die technischen und wissenschaftlichen Entwicklungen und Errungenschaften dieser Rassen. Alles Verwertbare wird adoptiert und weiterentwickelt. Sie glauben doch nicht, dass ihnen noch nie ein Gildor in die Hände gefallen ist. Haben sie niemals

Informationen erhalten, dass ein Kollege von ihnen unauffindbar verwunden ist?«

»Doch, das habe ich natürlich«, entgegnete Barenseigs. »Aber ich kann nicht hinter allem die Worgass sehen. «

»Das müssen sie aber«, antwortete Heran. »Ich weiß nicht, wie das Zuchtvolk der Worgass heißt, dass in der Nähe des Sombrero-Nebels ihr Unwesen treibt. Aber in jedem Fall werden den Worgass bereits reichliche Informationen über die Santaraner vorliegen.

»Kommen wir wieder zum Thema«, sagte Major Travis. »Barenseigs ist unser Gast und er wird uns sicherlich noch einige Information über sein Volk geben. «

Heran blickt Marc an.
»Wir brauchen eine schlagkräftige Flotte«, erklärte er.

»Wie schlagkräftig sollte diese sein?«, fragte Commander Brenzby.

»Stark genug, um die Schiffe der Worgass zu eliminieren«, entgegnete Heran.

»Ich gebe ihnen eine Vergleichsrechnung«, antwortete Heran. »Auf ihren Schiffen der Kaiser-Klasse existieren pro Schiffsseite 25 Waffentürme. Wenn sich jeder Waffenturm nur ein Schiff vornimmt, dann wären das 24.000 benötigte Schiffe. Wenn die Worgass keine Modifikationen an ihren Schilden vorgenommen haben, dann könnte ein gezielter Treffer das Schiff vernichten. Möglicherweise ließe sich die Anzahl der Schiffe auch halbieren. Es kommt darauf an, wie viel Sicherheit sie brauchen.«

»Der Faktor Sicherheit ist nicht errechenbar«, bemerkte Marc. »Falls die Worgass ebenfalls technische Neukonstruktionen in den Kampf schicken, dann kann die Grundlage unserer Berechnung bereits falsch sein. Dann kann es sein, dass wir mehr als einen Laser-Turm für die Vernichtung eines einzelnen Schiffes benötigen. Entsprechend muss die Anzahl der Angriffs-Schiffe erhöht werden.«

»Das ist jedem klar«, antwortete Heran. »Aber warum sollten die degenerierten Worgass Neukonstruktionen In den Kampf schicken. Das haben sie noch nie getan.«

»Weil sie erkannt haben, dass ihre bisherigen Waffen zu wirkungslos waren«, sagte Sirin. »Erzählen sie mir nicht, dass die Worgass keine Analyse ihrer verlorenen Schlachten durchführen.«

»Unabhängig hierzu ist ihre Berechnung falsch«, berichtigte Marc seinen Freund Heran. »Sie sehen an diesem kleinen Beispiel, wie es gehen kann. Die Schiffe unserer Kaiser-Klasse sind mit 50 ausfahrbaren Waffentürmen ausgestattet. Jedes einzelne für sich entfaltet ein gigantisches Feuerwerk. Unsere Sonder-Konstruktionen der Naada-Schiffe, speziell die Termar-Abwandlungen, haben die von ihnen gewünschten Eigenschaften. Die 15 ausfahrbaren Waffentürme auf jeder Seite sind ein Bollwerk für jeden Angreifer. Leider besitzen wir derzeit hiervon gerade einmal 150 Schiffe dieser Klasse. Ich kenne die aktuellen Produktionszahlen nicht. Diese hält unser General Poison verschlossen in seinem Schrank. Die weiteren Eigenschaften der Schiffe sind, Wendigkeit, Schnelligkeit und die flexible Einsatzmöglichkeit. Diese Schiffe kann ich mir für einen Schlag gegen die Worgass vorstellen.«

Heran dachte nach. »
»Die Situation hat sich so noch nie dargestellt«, erklärte er. »Alle unsere Informationen zeigen, dass die Worgass mit Masse, aber immer mit den gleichen technischen Möglichkeiten junge Rassen attackieren. Nicht nur in Andromeda, sondern in allen Galaxien.«

»Es bleibt ein großes Risiko«, bemerkte Barenseigs.

»Ist nicht immer ein Risiko dabei«, antwortete Heran. »Der Überraschungs-Vorteil wäre zusätzlich auf unserer Seite.«

»Welche Unterstützung erhalten wir von den Lantranern?«, fragte Marc. » Sie scheinen ja ein genauso großes Interesse an der Vernichtung der Worgass zu haben, wie wir Menschen. Was wir nicht machen werden, ist der Fehler von Admiral Tarin. Wir werden in keinem Fall die Milchstraße entblößen, nur um die Worgass abzufangen.«

»Das ist löblich«, entgegnete Heran. »Sie können weiter warten, bis die Worgass 1.200.000 Millionen Schiffe und mehr bereitgestellt haben. Die Situation wird trotzdem immer risikoreich bleiben. Derzeit ist die Armada noch überschaubar und zu bezwingen.«

»Ich kann ihnen die erwähnten 150 Termar-Schiffe aus neuster Produktion für diese Mission anbieten«, sagte Marc. »Ich weise ausdrücklich darauf hin, dass ich diese Mission als eine Gemeinschaft-Aktion sehe. Sehen sie zu, dass die Lantraner auch ein paar Schiffe beisteuern. Erklären sie ihrer Empore, dass die jungen Rassen nicht immer den Dreck für die Unsterblichen wegräumen möchten.«

»Das sind harte Worte«, erwiderte Heran. »Ich kann ihnen nicht versprechen, dass der Ältestenrat ihrem Wunsch folgt. Ich gebe ihnen aber mein Versprechen, das ich ihnen in irgendeiner Weise helfe. Ob das jetzt neue Waffen sind, oder etwas anders, das ihnen bei dem Kampf gegen die Worgass hilft. Nur kann ich es derzeit noch nicht sagen. Ich überlege mir etwas. Versuchen sie mehr als 150 Schiffe zu bekommen. Das würde die Mission wesentlich erleichtern.«

Die Stimme von Atlanta riss die Anwesenden aus den Gedanken.

»Wir haben eine Meerestiefe von 3.000 Metern erreicht. «

Die Zeit war wie im Fluge vergangen. Wieder servierte der Robot frische Getränke. Bewusst schritt er wieder elegant um Heinze herum. Dem war es jetzt aber zu dumm. Mit seinen geistigen Kräften zog er den Roboter an seinen Platz. Der sträubte sich, versuchte dagegen anzukämpfen, jedoch ohne Erfolg.

»Willst du mich nicht mehr bedienen?«, fragte Heinze. »Möchtest du noch einmal durch die Luft schweben?«

Verdutzt rollte der Robot mit seinen Augen.

»Welchen Wunsch haben sie«, fragte er blechern. »Wieder Sarafin? «

»Nein«, antwortete Heinze. »Nicht wieder Sarafin. Bringe mir frisches Wasser. «

Heinze ließ den Roboter frei. Dieser drehte ab und lief in die Richtung des Tresens davon. Der Ro bemerkte, dass Marc ihn anblickte.

»Die Technik hier scheint etwas angestaubt zu sein«, sagte Heinze. »Der Robot hätte längst ausgetauscht werden müssen. Es scheint mir ein Vehikel aus vergangenen Zeiten zu sein. «

»Warum ist das nicht verwunderlich? «, fragte Marc. »Nach der langen Zeit wird vieles gewartet, oder ausgetauscht werden müssen. «

Heinze drehte seinen Kopf. Der Robot war wieder da und brachte dem Ro einen Napf mit Wasser.

Heinze schaute entrüstet auf den Napf.
»Soll ich jetzt wie ein Hund aus dem Napf schlecken«, schrie Heinze den Roboter an.

»Ihren Wunsch bitte?«, fragte der Robot.

»Bringe mir Wasser in einem Becher«, sagte Heinze.

»Wasser im Becher?«, erkundigte sich der Roboter.

Er nahm den Napf mit Wasser von dem Tisch und entleerte die Flüssigkeit über Heinzes Kopf aus.

Der Ro sprang, wie von einer Wespe gestochen, auf.

»Jetzt habe ich endgültig genug von dir«, rief er dem Roboter hinterher. »Komm mir nicht noch einmal unter die Augen. «

Alle anderen aus Marc Travis Team brachen in schallendes Gelächter aus.

Heinze schüttelte sich und verspritzte das Wasser in alle Richtungen.

»Der Robot hat dich als Person falsch interpretiert«, beruhigte Marc seinen Freund. »Er dachte du wärst ein Tier. Umso erstaunter war er, als er dich sprechen hörte. Das hat vermutlich seine Auffassungsgabe durcheinandergebracht. «

»Mag sein«, knurrte Heinze. »Aber für mich ist der Robot jetzt erst einmal gestorben. Er soll mir nicht mehr unter die Augen kommen. «

»Kann ich dich mit Bananen beruhigen? «, fragte Marc. Er sah das Funkeln in den Augen des Ro.

»Gedulde dich noch etwas«, fuhr Major Travis fort. »Wenn wir zu Hause sind, bekommst du von mir extra viele Bananen. «

»Ist das versprochen? «, fragte der Ro.
»Ja«, entgegnete Marc. »Darauf kannst du dich verlassen. «

Marc schaute wieder Heran an.
»Wann soll das Unternehmen starten? «, erkundigte er sich.

»So schnell wie möglich«, antwortete der Lantraner. »Derzeit ist ihr Wurmloch-Knoten noch nicht einsatzbereit. Meine Vision beinhaltet auch noch die Beteiligung der Green-Lizards, der Najekesio und eventuell auch der Morina an diesem Vorhaben. Sie alle sind genauso gefährdet wie wir. «

»Das ist aber ein gewagter Plan«, antwortete Marc. »Die Green-Lizards werden sich wohl beteiligen«, sagte er. »Die Najekesio verkriechen sich in ihrer Dunkel-Wolke und die Morina kennen nur ihren galaktischen Handel. Das sehe ich fast als aussichtslos an.«

»Wir müssen sie in die Pflicht nehmen«, bemerkte Heran. »Ein möglicher Angriff der Worgass macht auch nicht vor diesen Rassen halt. Eine Rasse allein kann nicht immer die Arbeit für alle anderen erledigen.«

»Wir versuchen es«, entgegnete Marc. »Fliegen sie zurück nach Centros und versuchen sie ihre große Empore zu überzeugen, sich auch mit einer Flotte Schiffe zu beteiligen. Wir entsenden Parlamentarier zu den Najekesio und den Morina. Wir treffen uns schnellstmöglich wieder auf der Erde. Danke für ihr Engagement in dieser Angelegenheit.«

Major Travis blickte die restlichen Personen seines Teams an.

»Gehen wir in die Zentrale«, sagte er. »Wir sollten eigentlich kurz vor der Oberfläche sein. Das Erlebnis möchte ich mit den Atlantern feiern.«

Sie erhoben sich und gingen dem Ausgang entgegen. Heinze warf dem Service-Roboter noch einen grimmigen Blick zu und folgte den anderen durch die Türe.

Als sie durch das Schott der Zentrale gingen, wartete Atlanta bereits ungeduldig auf sie. Sie hatte ihre wichtigen Offiziere um sich versammelt.

»Kommen sie zu uns«, rief sie. »Es ist gleich so weit. Es sind noch 40 Meter bis zum Meeresspiegel.«

Der große Panorama-Schirm ließ bereits erste Lichtstrahlen zu, die sich in dem Meer spiegelten. Das Dunkle des tiefen Meeres war verschwunden. Das Wasser hellte sich auf.

Die Kommandantin griff nach dem Mikrofon.
»Achtung, hier spricht Atlanta«, sprach sie in das Gerät. »Wir tauchen in Kürze auf. Derzeit sind es noch 30 Meter bis zum Meeresspiegel. Reduzieren die sie Servos auf das Minimum von 50 Nat. Wir durchstoßen die
Wasserfläche mit einem minimalen Auftrieb.«

Die Bestätigungen der Antigrav-Kontrollen trafen unverzüglich ein. Alle Personen in der Zentrale blickten auf den großen Bildschirm. Die Helligkeit hatte zugenommen. Schon jetzt erkannten die Personen das Ende ihrer Tauchfahrt.

»Achtung«, rief Atlanta. »Es verbleiben 10 Meter bis zum Auftauchen. Machen wir uns bereit.«

Marc und sein Team hielten den Atem an. Eine so gewaltige Basis aus dem Wasser zu hieven, war bereits eine Meisterleistung natradischer Technik.

»Achtung, 5 Meter bis zur Oberfläche«, rief Atlanta.
Alle ihre Offiziere blickten auf die Monitore und kontrollierten ihre Anzeigen. Nichts schien aus dem Ruder zu laufen. Dann war es so weit. Schäumend schob sich die schwere Basis an die Oberfläche des Meeres. Zuerst tauchten langsam die Türme der Verwaltungsgebäude aus dem Wasser auf, dann folgten die großen Laser-Türme und die Ortungs-Anlagen. Immer weiter und größer wurde die Fläche, die sich aus dem Wasser hob. Dann war es geschafft. Die komplette Basis lag auf dem offenen Meeresspiegel.

»Die Servos auf Standby«, rief Atlanta. »Sofort die Basis verankern. Schwimmkörper aktiveren und die Stabilitäts-Felder einschalten.«

Senga-Hol bestätigte sofort.

»Die Schwimmkörper sind aktiviert, die Stabilitätsfelder wurden aufgebaut. «

Er schaute nochmals auf die Anzeigen.
»Die Basis ist stabil«, bestätigte er. »Es sind keine Schwankungen feststellbar. «

»Schutzschirme ausschalten«, befahl Atlanta.

Marc bemerkte die Regung ihrer Gesichtszüge.

»Das ist seit langer Zeit das erste Mal, dass die Basis keine Schutz-Schirme mehr brauchte«, dachte er.

Beifall ertönte in der Zentrale der Basis. Das grelle Sonnenlicht erreichte erstmals wieder die Basis.

»Umschalten auf Fernsicht«, rief Atlanta.

Jetzt sahen alle in der Zentrale, dass sich außerhalb der Koordinaten der Basis unzählige Schiffe versammelt hatten, hierunter auch der Tarin-Jet-Träger der EWK mit General Poison. Sie alle wollten dem Schauspiel beiwohnen. Es war ein gewaltiger Anblick.

»Die Basis lüften«, befahl Atlanta. »Es wird Zeit frische Luft aufzunehmen. «

Sie drehte sich zu ihren Gästen um.

»Gehen wir auf die Aussichts-Plattform«, sagte sie.
»Begrüßen wir unsere neue Heimat. Folgen sie mir bitte. «

Die Offiziere der Basis und das Team von Major Travis folgten Atlanta im Eilschritt zu dem nächsten Lift.

Er beförderte alle Personen in den 18. Stock des Verwaltungsgebäudes. Schnell erreichten sie die überdachte Freifläche des Gebäudes. Jetzt hatte die Gruppe eine freie Sicht auf die gigantische Basis.

»Die Basis ist gewaltig«, sagte Heran. »So groß hätte ich sie mir niemals vorgestellt. «

»Beeindruckend«, sagte auch Barenseigs. »Eine Meisterleistung der alten natradischen Techniker. «

Atlanta blickte geradeaus. Sie genoss die freie Sicht. Weiter hinten, waren die Schiffe zu sehen, die dem Schauspiel beiwohnten. Eine Staffel Tarin-Jets überflog die Basis. Ihnen folgten eine Staffel Attac-Gleiter und abschließend eine in V-Form fliegende Einheit von Turbo-

Stahl-Helikoptern. Rings um die Basis schossen unzählige Feuerwerkskörper in die Luft.

»Die Menschen feiern ihr Auftauchen«, sagte Marc. »Es ist ein großer Augenblick für Tarid und für alle seine Bewohner. So etwas Großes haben sie noch nie gesehen.«

Atlanta blickte Marc an.

»Wir werden die Menschen nicht enttäuschen«, sagte sie. »Diese Basis hat stets den Menschen gedient und ihnen geholfen. So wird es auch immer bleiben.«

»Das ist ein wichtiger Augenblick für die Menschheit und für Tarid«, bemerkte Major Travis.

Sirin war zu ihm getreten. Er legte seinen Arm um ihre Schulter. Gemeinsam blickten sie dem Schauspiel zu und genossen das Feuerwerk, das den Himmel bunt färbte. Sie alle konnten ihren Blick nicht von dem Himmel abwenden und waren beeindruckt von dem Empfang, den ihnen die Nachkommen der Natrader bereiteten.

Wird fortgesetzt

www.ingramcontent.com/pod-product-compliance
Lightning Source LLC
Chambersburg PA
CBHW071840200526
45167CB00016B/8